21 世纪高职高专系列教材

Java 语言程序设计

第 2 版

赵国玲　王 宏　柴大鹏　编著

机 械 工 业 出 版 社

本书通过大量实例，深入浅出地介绍了 Java 语言的特点和基本语法、面向对象编程的基本概念和技术，以 Java 为载体介绍了面向对象程序设计的方法及对象、类、包、接口、继承等基本概念和实现方法，并介绍了 Java Applet、图形用户界面的创建与实现、事件的响应及处理、多线程、网络编程技术和数据库访问等。

本书概念清楚，层次分明，结构合理。书中列举的大量实例都具有较强的实用性，便于初学者模仿和借鉴。每章后均配有小结和习题，附录中还配有相应的实训练习。

本书既可以作为高职高专计算机专业的教材，也可作为广大 Java 爱好者的参考用书。

图书在版编目（CIP）数据

Java 语言程序设计 / 赵国玲，王宏，柴大鹏编著．—2 版．—北京：机械工业出版社，2010.3（2022.7 重印）

（21 世纪高职高专系列教材）

ISBN 978-7-111-29737-6

Ⅰ．J…　Ⅱ．①赵…　②王…　③柴…　Ⅲ．JAVA 语言－程序设计－高等学校：技术学校－教材　Ⅳ．TP312

中国版本图书馆 CIP 数据核字（2010）第 023913 号

机械工业出版社（北京市百万庄大街 22 号　邮政编码 100037）

责任编辑：王海霞

责任印制：李　昂

北京捷迅佳彩印刷有限公司印刷

2022 年 7 月第 2 版·第 10 次印刷

184mm×260mm·19.75 印张·490 千字

标准书号：ISBN 978-7-111-29737-6

定价：49.00 元

电话服务	网络服务
客服电话：010-88361066	机　工　官　网：www.cmpbook.com
010-88379833	机　工　官　博：weibo.com/cmp1952
010-68326294	金　　书　　网：www.golden-book.com
封底无防伪标均为盗版	机工教育服务网：www.cmpedu.com

前　言

Java 语言的诞生对 IT 产业带来了一次变革，从某种意义上讲对人们的日常生活也产生了深远影响。由于其平台无关性和与互联网发展的紧密结合，Java 语言已成为互联网和计算机应用的主流语言。目前，国内电子商务、金融、证券、电信等行业的大部分系统都正在或者准备采用 Java 技术来实现。Java 语言正逐步成为程序设计人员必须掌握的一种编程工具。

为了适应这一社会需求，Java 语言程序设计已成为高职高专计算机及相关专业的必修课程，旨在培养学生面向对象的编程思想，使其掌握使用 Java 语言进行程序设计的基本方法。为此，我们于 2004 年编写了《Java 语言程序设计》。但是，随着近几年 Java 技术的飞速发展和广泛应用，书中所使用的 JDK 版本已经落后，有些内容已经不能适应当前的实际应用，所以我们对《Java 语言程序设计》进行了修订。本书在保留原书特点的基础上，主要对以下内容进行了修改。

1）本书更新了 JDK 版本，以 JDK 5.0 为蓝本。

2）为了更好地培养学生面向对象的编程思想，突出面向对象程序设计这一主线，本书压缩了 Java 的基础语法，加强了面向对象编程思想的内容。

3）本书加强了教材的实用性，每一个主题中都有一个实用性较强的实例。这些例子大多数是从实际程序开发中提取出来的，有较强的实用性和模仿性。最后还附有课程的实训指南。

4）本书增加了网络和 JDBC 编程。

本书简要介绍了 Java 语言的基本语法，并介绍了面向对象程序设计的基本概念、特点和方法，在此基础上介绍了 Java 中各种面向对象技术的实现及各种实用程序的编写。通过学习本书，读者不仅可以掌握 Java 的语法知识，还可以理解面向对象程序设计的基本思想，掌握面向对象程序设计的方法，并为以后的进一步提高打下扎实的基础。

全书共分为 11 章：第 1 章介绍 Java 语言的特点及工作机制，并通过实例介绍 Java 程序的结构和 JDK 开发工具的使用；第 2 章主要介绍 Java 的基本语法知识，包括基本数据类型、常量变量的定义、运算符及数据的基本输入输出、数组及字符串；第 3 章主要介绍面向对象的基本概念及 Java 类、对象的建立和使用；第 4 章介绍继承、接口、抽象类等技术；第 5 章介绍 Java 中的异常类、异常处理机制以及异常的捕获、抛出等；第 6 章全面介绍 Java Swing 组件的创建、布局、使用及事件处理方法；第 7 章介绍 Java Applet 程序的创建和实现；第 8 章从线程的基本概念、实现机制、线程的状态和控制以及线程的同步 4 个方面对多线程进行介绍；第 9 章从输入输出流和文件与目录管理两个方面对 Java I/O 系统进行介绍；第 10 章介绍网络编程中的基本概念及一些网络编程类的使用；第 11 章对 JDBC 的基本概念、数据库的连接及访问进行详细的介绍。书中的重要章节都配有综合性较强的实例，每章都配有相应的小结和习题。附录中给出了与各章节对应的实训练习。

本书第 1 章和第 3～7 章由赵国玲编写，第 2 章由王宏编写，第 8~11 章由柴大鹏编写，附录由赵国玲、王宏、柴大鹏共同编写，全书由赵国玲统稿。为了提高实用性，编者在内容和实例的选取上征求了山东鸥玛软件公司软件研发人员的意见，并进行了改进。

在本书的编写过程中还得到了山东电子职业技术学院各级领导和广大教师的大力支持和协助，在此表示由衷的感谢。

由于编者水平有限，书中难免存在错误和疏漏，恳请各位专家和读者批评指正。

为了配合教学，本书免费提供电子教案，读者可以从机械工业出版社教材服务网 http://www.cmpedu.com 下载。

编　者

目　录

第1章 认识Java

Java 语言作为一种优秀的面向对象程序设计语言，目前已在网络编程中广泛使用。有专家预言，不久的将来，全世界90%的程序代码将用Java语言重写或改写。本章介绍Java的产生、发展和特点，并通过Java Application和Applet程序实例了解Java 语言、认识Java程序的基本结构。

本章学习目标

- 了解Java及其发展历史
- 熟悉Java开发和运行环境
- 创建、编译、运行Java程序
- 认识Java Application程序
- 认识Java Applet程序
- 了解常用Java集成开发环境的使用

1.1 Java的发展及应用

1.1.1 Java的产生及发展

Java是由Sun公司研发的进行网络、嵌入式项目开发的新一代程序设计语言。早在1991年，Sun公司就由Patrick Naughton和James Gosling成立了Green项目组，为家用消费类电子产品开发分布式代码系统，解决家用电器的通信和控制问题。该项目组本来是以C++语言作为设计软件的程序语言，但是他们随后发现C++太复杂，而且安全性差。经过一番研究及通力合作，项目组最后基于C++开发了一种新的语言。

Java在它被设计成功之时名字叫Oak，是因Sun公司玻璃窗外的一棵橡树而得名的。但后来设计小组发现Oak已被其他公司注册了。工程师们一边喝着咖啡，一边讨论取什么新名字。这种咖啡产于印尼爪哇岛。看着手上的咖啡，他们突然灵机一动，就叫它的英文名Java好了。这就是Java名称的由来。正因为此，Hot Java的图标是一杯正冒着热气的咖啡。

1995年春季，Sun公司公布了完整的Java技术规范，其“Write Once，Run Anywhere”的口号使得Java一出现就得到了各WWW厂商的大力支持，他们纷纷在浏览器内部嵌入了用Java编写的Applet(小应用程序)。Sun和Netscape联合推出了开放式、与平台无关的对象脚本语言JavaScript，使Web页面上出现了更丰富多彩的动画、图像。一时间“连Internet，用Java编程”成为技术人员的一种时尚。

任何编程语言都离不开相应的开发工具和程序库，所以Sun公司于1996年发布了包括运行环境和开发工具在内的JDK(Java Developer Kit) 1.0，之后又陆续发布新版本JDK 1.1、JDK 1.2、Java 2 SDK(Software Development Kit)1.3、Java 2 SDK 1.4、Java 2 SDK 5.0等。

从诞生到现在，Java不断完善，并得到了广泛的应用。据伊文斯公司预计，北美地区使用Java的开发人员超过61%。目前中国有50%以上的软件是使用Java开发的，而且持续保持增长的势头。

说明：Sun 公司于 1998 年 12 月发布了 Java 2，它是应用 Java 最新技术的核心品牌。JDK1.2 支持 Java 2 技术，自 JDK1.2 之后的 JDK 版本正式更名为 Java 2 SDK。由于多数程序员已经习惯了名字 JDK，所以本书中 Java 2 SDK 和 JDK 可以相互替换。

1.1.2 Java 的广泛应用

Java 已成为 21 世纪最重要和最具前途的网络编程语言，它使网络资源得到了最大限度地使用。Sun 公司根据不同的计算机系统和用户的不同需求，开发了不同级别的 Java 工具软件。目前 Java 2 已发展出以下几个版本。

- J2EE：Enterprise Edition，Java 2 企业版，适用于企业开发的企业应用。
- J2SE：Standard Edition，Java 2 标准版，适用于个人开发的桌面应用。
- J2ME：Micro Edition，Java 2 微型版，适应于移动、手持设备开发的嵌入应用。
- Java Card：适用于 IC 卡使用的版本，是为了用 Java 开发智能卡应用程序而制定的开发和运行环境标准。

所以，Java 不仅可以用于网络程序的开发，也可以用来开发桌面应用系统和嵌入式系统等程序。概括起来，Java 主要应用在以下几个方面。

1）基于 Internet 的信息综合服务。

2）基于 Java 芯片的智能卡及嵌入技术。

3）Java 电子商务。

4）可视化应用软件。

由此可见，学习、了解和使用 Java 语言已经成为时代的趋势。只有掌握并利用好 Java 语言才能跟上计算机技术发展的潮流。

1.2 Java 语言

Java 语言的迅速发展和广泛应用归功于它的设计和程序特征，特别是一次书写、多处运行更是其他程序设计语言无法比拟的。正如 Sun 公司在 Java 语言白皮书中所说，Java 是简单的（Simlpe）、面向对象的（Object-oriented）、分布式的（Distributed）、解释型的（Interpreted）、健壮的（Robust）、安全的（Secure）、结构中立的（Architecture-neutral）、可移植的（Portable）、高效的（High-performance）、多线程的（Multithreaded）、动态的（Dynamic）。下面我们先简单了解一下这些概念，以便对 Java 语言有一个总体的认识。

1.2.1 Java 语言的特点

1. 简单

实际上没有一门计算机语言是真正简单的，只是相比于其他面向对象程序设计语言，Java 更简单一些。Java 部分地模仿了 C++，但是进行了极大的简化和改进，丢弃了 C++中的指针，并用一种称为接口（Interface）的简单概念取代了 C++的多重继承。Java 采用自动分配和回收内存，而 C++要求程序员去分配和回收内存。另外，清晰的语法使得 Java 程序容易编写和阅读。

2．面向对象

早期的程序设计语言被认为是面向过程的（Procedural Programming Language），使用这种语言开发的软件系统是以过程实例为基础的，程序设计注重的是解决问题的过程。而面向对象程序设计（Object-oriented Programming，OOP）是以对象为模型描述现实世界。任何事物都能抽象为对象，一件物品、一个人、一个窗口图标，甚至一张提货单据都可以认为是一个对象。

用 Java 编写程序主要进行对象创建、对象处理，并使对象协调工作，所以 Java 是面向对象的。

3．分布式

分布式计算涉及几台计算机在网络上一起工作。Java 一开始就设计了网络工作的能力，从而使得分布式计算变得容易起来，编写网络程序如同在文件中存取数据一样。如图 1-1 所示，3 个程序运行在 3 个不同的系统上，它们为完成 1 个共同的任务相互通信。

4．解释型

运行 Java 程序需要一个解释器（解释程序）。Java 程序被编译成 Java 虚拟机（Java Virtual Machine，JVM）编码，这种编码称为字节码（Byte Code）。如图 1-2 所示，这种字节码是独立于计算机的，它能在任何具有 Java 解释器的机器上运行。

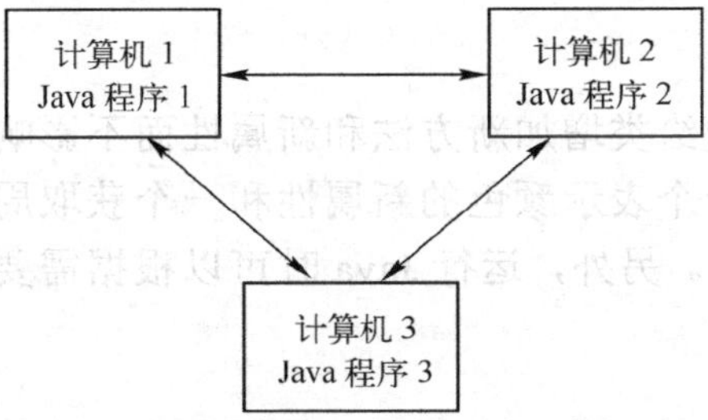

图 1-1　Java 程序在不同系统上共同工作

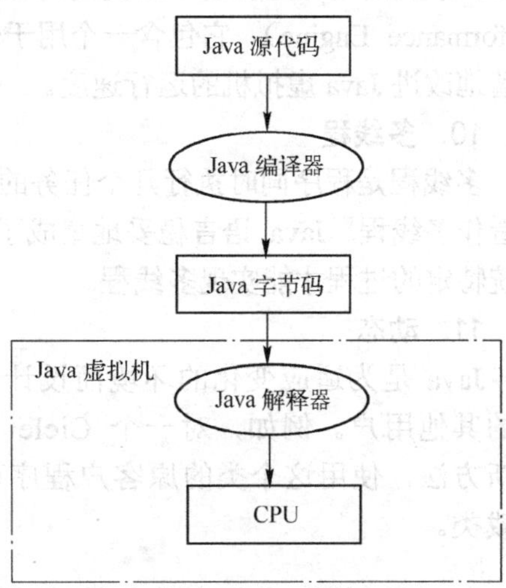

图 1-2　Java 解释器执行 Java 字节码

5．健壮

“健壮的”是指可靠的（Reliable）。任何一门程序设计语言都不能保证是绝对可靠的。Java 语言非常重视及早检查错误。Java 编译器可以查出许多其他语言运行时才能发现的错误。Java 语言丢弃了其他语言中容易引起错误的某些数据类型，如指针等，从而避免了因重写内存而造成数据破坏的可能性。

Java 具有实时异常处理功能，有助于提高程序的可靠性。Java 强制程序员编写处理异常的代码，所以它能够捕获并响应意外情况，在发生错误时使程序正常执行错误处理代码，从而使程序能够稳妥地结束。

6．安全

作为 Internet 程序设计语言，Java 用于网络和分布式环境，因此 Java 可以执行多层安全机制用以保护系统不受恶意程序破坏。

7．体系结构中立

Java 引人注目的特点是体系结构中立，也称与平台无关。利用 Java 虚拟机可以编写任何平台上都能运行的程序，这成为 Java 应用软件便于移植的良好基础。

目前，Sun 公司为了适应不同的平台（Windows、OS/2、Macintosh、各种 UNIX），一种产品常常开发多个版本，大多数操作系统上也都安装了 Java 虚拟机。所以使用 Java 时，开发者只需编写一个版本就能在各种平台上运行。

8．可移植

Java 程序不必重新编译就能在任何平台上运行，从而具有很强的可移植性。同时，Java 也没有平台特有的特征。有些语言的最大整数随平台不同而变化，而 Java 中整数的范围在每个平台上都一样，数值范围固定使得程序可以移植。

9．高效

因为 Java 是解释型的，字节码不在系统上直接运行，而是通过解释器执行，所以字节码的运行速度较之 C++之类的编译语言稍有逊色。但是随着 Sun 公司对 Java 技术的不断改进，Java 虚拟机的运行速度也不断提高。例如，Sun 公司开发了 Java HotSpot 运行引擎（Java HotSpot Performance Engine）。它包含一个用于优化常用代码的编译器，可以嵌入 Java 虚拟机，从而显著地改进 Java 虚拟机的运行速度。

10．多线程

多线程是程序同时执行几个任务的能力。例如，一边下载视频文件一边播放录像就可以被看作多线程。Java 语言稳妥地集成了多线程程序设计技术，而其他语言必须通过调用操作系统特定的过程才能实现多线程。

11．动态

Java 是为适应变化的环境而设计的，可以随便给类增加新方法和新属性而不影响该类的其他用户。例如，对一个 Cicle 类可以增加一个表示颜色的新属性和一个获取周长的新方法，使用这个类的原客户程序可以照常运行。另外，运行 Java 时可以根据需要来装载类。

1.2.2 Java 的语言规范和运行机制

1．Java 的语言规范

计算机语言都有严格的使用规则，编写程序时必须遵守这些规则，否则计算机不能编译执行。Java 语言规范是这门语言的技术定义，包括它的语法、构成和预定义类的应用程序接口（Application Programmer Interface，API）。Java 语言的语法和构成是相对稳定的，而伴随着 JDK 新版本的不断推出，API 也一直在不断扩展。在 Java 软件的官方网站（Java.Sun.com）可以查看 Java 的语法规范、最新版本和 Java API 的更新。

Sun 公司使用称为 JDK 的 Java 开发工具箱发布 Java 的各个版本。JDK 是一个简单的命令行工具集，包括软件库、编译 Java 源代码的编译器、执行 Java 字节码的解释器、测试 Java Applet 的浏览器，以及其他实用工具。

2. Java 的运行机制

Java 语言之所以具有良好的跨平台性和可移植性，关键在于其独特的运行机制。在前面认识 Java 的特点时我们已经逐渐了解到这方面的一些内容，在此再对这一技术进行进一步归纳。

由 Java 语言编写的源程序代码经过编译后会生成一种二进制的中间代码，称为字节码，然后，通过运行与操作系统平台环境相对应的“Java 解释器”，字节码转化为特定系统平台下的机器码，最后系统解释执行这些代码。而其他语言则不同。例如，在 Windows 下编译一个 C++程序，编译器生成的可执行代码只能在 Windows 平台下运行。Java 程序与其他高级语言程序运行过程的区别如图 1-3 所示。

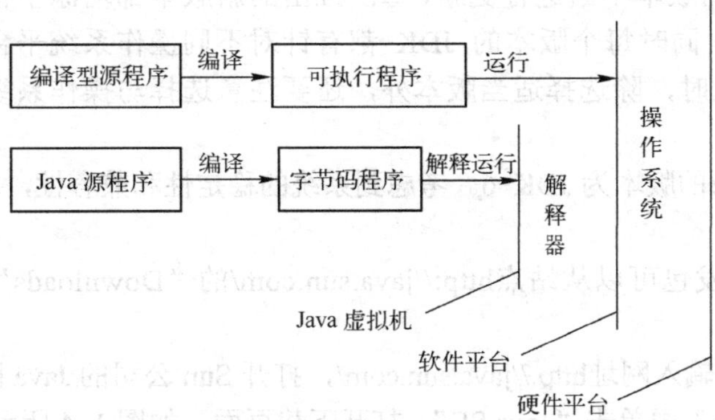

图 1-3　Java 程序与一般编译型程序的运行机制

Java 解释器又称为 Java 虚拟机（JVM），是驻留于计算机内存的逻辑计算机，实际上是一段负责解释执行 Java 字节码的程序。每个支持 Java 的计算机系统都有一个与本身操作系统和处理器相适应的 JVM，由它从字节码流中读取指令，并进行解释执行。所以，从这一意义上说，Java 也可以称为是一种“解释型”的高级语言。

Java 虚拟机是 Java 成为网络应用首选语言的秘密所在。当 Java 的字节码程序在网络上的不同机器上运行时，它接触到的是完全相同的解释器，从而避免了为不同的平台开发不同版本的应用程序，软件的升级和维护工作也大大简化。

1.3　Java 开发工具

“工欲善其事，必先利其器”。进行程序开发，首先要安装与程序开发相关的软件，并且熟悉这些工具软件的基本使用。随着 Java 语言的迅速发展，各大厂商纷纷推出了功能强大的开发工具。目前，Java 开发领域的开发工具呈现出百花齐放的局面，主要包括 Sun 公司的 JDK 软件包、Microsoft 公司的 Visual J++、Borland 公司的 Jbuilder、IBM 公司的 Visual Age for Java 和 WebSphere Studio、Oracle 公司的 Jdeveloper、WebGain 公司的 Visual Cafe、TogetherSoft 公司的 Together，以及几种小的编辑器（如 Jcreate、UltraEdit 等），还有开放源代码的 Eclipse、NetBeans 等。

本书介绍的是基于 Windows 平台的 Java 程序开发环境，使用的开发工具是 Java 2 JDK 5.0。

1.3.1 Sun JDK 软件包

Sun 公司不仅为 Java 提供了一个丰富的语言和运行环境，而且还提供了一个免费的 Java 开发工具集 JDK。开发人员和最终用户可以利用这个工具来开发 Java 程序。

JDK(Java Developer Kit)，也称为 J2SDK(Java 2 Software Development Kit)，是 Sun 公司提供的基础 Java 语言开发工具。该工具软件包含 Java 语言的编译工具、运行工具以及执行程序的环境(即 JRE)，编程人员和最终用户可以利用这个工具来开发 Java 程序或调用 Java 内容。

Sun 公司对 JDK 的版本不断进行更新，每次推出的新版本都增添了很多新的类库并对原有的类进行了加强。同时每个版本的 JDK 都有针对不同操作系统平台的相应开发包，所以下载 JDK 工具包时，除选择适当版本外，还要注意选择与操作系统平台相适应的软件包。

目前，JDK 的最新的版本为 JDK 6。考虑到系统的稳定性和兼容性，本书以 JDK 5.0 为蓝本。

首次获取 JDK 开发包可以从站点http://java.sun.com/的“Downloads”下载，操作过程如下。

1）在 IE 浏览器中输入网址http://java.sun.com/，打开 Sun 公司的 Java 网站。

2）在“Downloads”中单击“Java SE”，打开下载页面，如图 1-4 所示。

图 1-4　JDK 下载页面

3）页面中显示的是当前最新的 JDK 版本。要下载 JDK 5.0，需要单击“Previous Releases”打开显示早期 JDK 版本的页面，选择其中的“J2SE 5.0 Downloads”，打开 JDK 5.0 的下载页面，如图 1-5 所示。

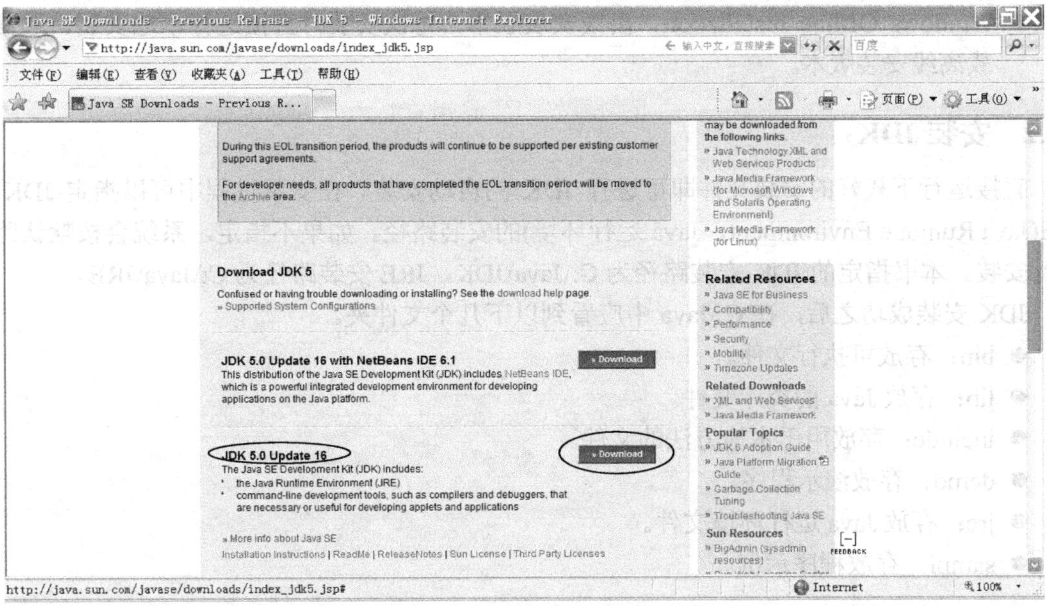

图 1-5　JDK 5.0 下载页面

4）单击"Download"按钮，打开如图 1-6 所示的窗口。其中，"Platform"选择 Windows，"Language"选择 Multi-language，勾选接受许可协议，单击"Continue"按钮，打开下载连接页面。

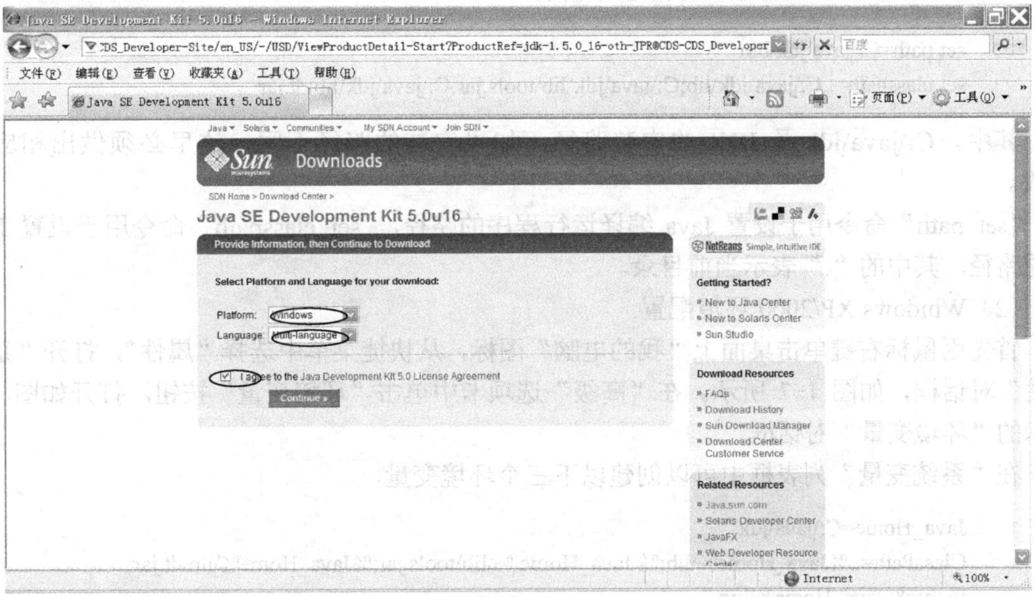

图 1-6　选择 JDK 平台和语言

5）这里有以下两个下载连接。

- Windows Online Installation：在线安装版本。每次安装时都从网上下载安装程序，下载完成后进行实际的安装。

- Windows Offline Installation：离线安装版本。每次安装时直接进行本地安装。通常下载离线安装版本。

1.3.2 安装 JDK

直接运行下载好的安装文件即可进行 JDK 的自动安装。在安装过程中可以指定 JDK 和 JRE(Java Runtime Environment，Java 运行环境)的安装路径。如果不指定，系统会按默认路径进行安装。本书指定的 JDK 安装路径为 C:\Java\JDK，JRE 安装路径为 C:\Java\JRE。

JDK 安装成功之后，在 C:\Java 中应看到以下几个文件夹。

- bin：存放可执行文件。
- lib：存放 Java 的类库文件。
- include：存放用于本地方法的文件。
- demo：存放演示程序。
- jre：存放 Java 运行环境文件。
- sampl：存放程序示例。

1.3.3 配置 JDK

为了正确使用 JDK，需要手工配置一些环境变量。Windows 98 与 Windows XP/2000 的配置方法有所不同。

（1）Windows 98 环境配置

在 C:\autoexec.bat 文件中，添加以下内容。

```
set path=C:\java\jdk\bin
set classpath=.;C:\java\jdk\lib;C:\java\jdk\lib\tools.jar;C:\java\jdk\lib\dt.jar
```

其中，C:\java\jdk 是 JDK 的安装路径。如果安装的路径不同，这里必须做出相应的修改。

“set path”命令用于设置 Java 编译运行程序的路径，“set classpath”命令用于设置 Java 包的路径，其中的“.”表示当前目录。

（2）Windows XP/2000 环境配置

首先用鼠标右键单击桌面上“我的电脑”图标，从快捷菜单中选择“属性”，打开“系统属性”对话框，如图 1-7 所示。在“高级”选项卡中单击“环境变量”按钮，打开如图 1-8 所示的“环境变量”对话框。

在“系统变量”列表框中可以创建以下三个环境变量。

```
Java_Home=C:\java\jdk
ClassPath=.;%Java_Home%\lib;% Java_Home %\lib\tools.jar;%Java_Home%\lib\dt.jar;
Path=;%Java_Home%\bin
```

这是一种相对路径的设置方式，用%Java_Home%代替 JDK 的安装路径 C:\java\JDK。这样，当安装路径发生改变时，只需修改 Java_Home 的值，其他两个变量的值会随之改变。

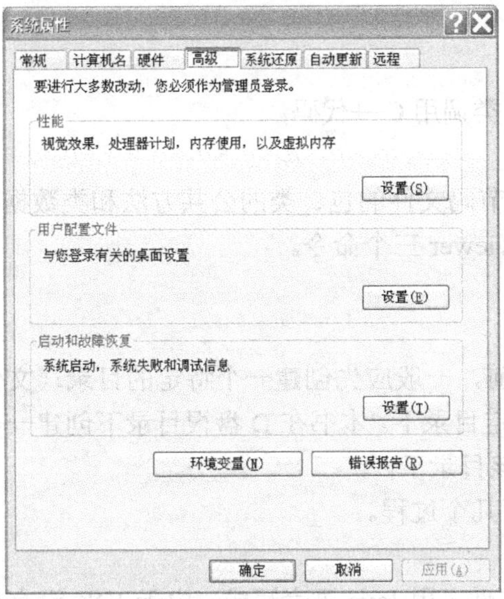

图 1-7 “系统属性”对话框

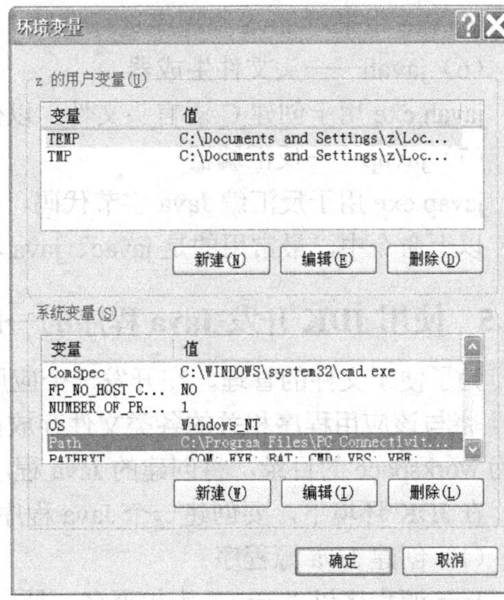

图 1-8 “环境变量”对话框

需要注意，在配置“Path”路径时，因为该变量已在列表中存在，所以不能再新建该变量，而应选中此变量之后进行“编辑”，将值“;%Java_Home%\bin”追加到原变量值的末尾。三个变量配置完成之后，单击“确定”按钮，保存所作的设置。

最后可以打开“DOS 窗口”，在 DOS 命令行输入“javac”并按<Enter>键，检验环境变量配置是否正确。如果执行“javac”命令后，屏幕只显示命令参数，则说明环境变量配置成功。

1.3.4 JDK 的常用工具

JDK 提供的是一种命令行方式的程序编译环境，它提供的常用命令（或工具）主要有以下几种。

（1）javac——Java 编译器

javac.exe 是 Java 语言的编译器。所有 Java 程序都是通过在命令窗口中执行命令

```
javac    源代码文件名
```

进行编译的。Java 源代码文件的扩展名为“.java”，编译之后生成以“.class”为扩展名的字节码文件。

（2）java——Java 字节码解释器

java.exe 是 Java 语言的解释器。在命令窗口中执行命令

```
java   字节码文件名
```

可以运行 javac 编译好的程序。输入命令时，字节码文件的扩展名不用输入。

（3）appletviewer——小程序浏览器

appletviewer.exe 为小应用程序 Java Applet 提供运行环境，在其中可以对小应用程序进行测试。

（4）javadoc——API 文件生成器

javadoc.exe 用于从 Java 源文件中获取注释和类声明，自动生成 API 文档。

（5）jdb——Java 调试器

jdb.exe 用来对 Java 源程序进行调试。

（6）javah——头文件生成器

javah.exe 用于创建 C 语言头文件，以便从 Java 类调用 C++代码。

（7）javap——反汇编器

javap.exe 用于反汇编 Java 字节代码，可显示字节码文件的包、类的公共方法和类数据。

以上命令中，最常用的是 javac、java 和 appletviewer 三个命令。

1.3.5 使用 JDK 开发 Java 程序的一般过程

为了便于文件的管理，在开发一个应用程序之前，一般应先创建一个特定的目录（文件夹)，将与该应用程序相关的各类文件存放在这一特定目录下。本书在 D 盘根目录下创建一个名为 workspace 的目录，将创建的 Java 程序存放在该目录下。

在 JDK 环境下，要创建一个 Java 程序需要以下几个过程。

（1）创建 Java 源程序

Java 源程序以“.java”为扩展名，是一个文本文件，用 Java 语言写成。由于 JDK 没有提供专门的编辑工具，所以可以用任意文本编辑器创建编辑 Java 源程序。最简单的一种编辑工具就是“记事本”。也可以从网上下载其他编辑软件，如 UltraEdit 等。

（2）编译源程序

Java 编译器 javac 读取 Java 源程序后，将其编译成 Java 虚拟机能够识别的指令集合，且以字节码的形式保存在文件中。通常字节码文件以“.class”作为扩展名。

（3）运行字节码文件

Java 解释器读取字节码文件，取出指令并翻译成计算机能执行的代码，完成运行过程。

以上过程会反复执行。如果程序有编译错误，必须通过修改程序来纠正错误，然后重新进行编译；如果程序运行错误或者运行结果不正确，也必须修改程序，并重新编译、运行。整个过程如图 1-9 所示。

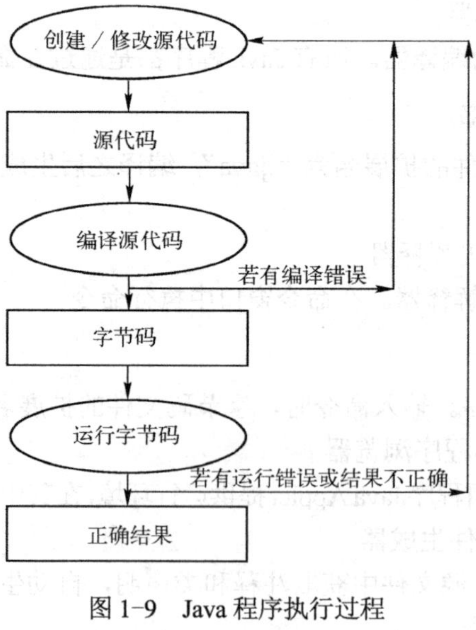

图 1-9　Java 程序执行过程

1.3.6 几种常用的 Java 集成开发环境

JDK 简单易学，可以通过任何文本编辑器（Windows 记事本、UltrEdit、Editplus 等）编辑 Java 源文件，然后在 DOS 下通过 javac 命令将 Java 源程序编译成字节码，通过 Java 命令来执行编译后的 Java 文件。从初学者角度来看，采用 JDK 开发 Java 程序能够很快理解程序中各部分代码之间的关系，有利于理解 Java 面向对象的设计思想。所以，Java 初学者一般都采用这种开发工具。

但它的缺点是进行大规模 Java 程序开发时非常困难，不能进行复杂的 Java 软件开发，也不利于团体协作。所以，在 Java 开发领域还有众多厂商推出的各种集成开发环境（Integrated Development Environment，IDE）。

目前比较流行的几种 Java IDE 主要有Eclipse、Netbeans、Jbuilder 和 Jcreator。

1. Eclipse

Eclipse 是一种可扩展的开放源代码 IDE。2001 年 11 月，IBM 公司捐出价值 4000 万美元的源代码组建了 Eclipse 联盟，并由该联盟负责这种工具的后续开发。Eclipse 是一个可扩展开发平台，其本身只是一个框架和一组服务，用户通过组件构建开发环境。Eclipse 允许在同一 IDE 中集成来自不同供应商的工具，并实现了工具之间的互操作性，从而显著改变了项目工作流程。

Eclipse 软件包可以在 Eclipse 官方网站 www.eclipse.org 下载。Eclipse 属于绿色软件，不需要运行安装程序，不需要往 Windows 的注册表中写入信息，只需要将下载的 Eclipse 压缩包解压就可以运行 Eclipse。

2. Netbeans

Netbeans 是 Sun 公司自己的开源 Java IDE，适用于各种客户机和 Web 应用。Sun Java Studio 是 Sun 公司最新发布的商用全功能 Java IDE，支持 Solaris、Linux 和 Windows 平台，适于创建和部署 2 层 Java Web 应用和 n 层 J2EE 应用的企业开发人员使用。

3. Jbuilder

Jbuilder 是 Borland 开发的 Java IDE，它在 Eclipse 和 Netbeans 出现之前就非常流行了，因为那时 Jbuilder 是唯一能够真正称得上 IDE 的产品。使用 Jbuilder 环境开发程序非常方便，它是纯粹的 Java 开发环境，适合企业的 J2EE 开发。其缺点是一开始人们往往难于把握整个程序各部分之间的关系，对机器的硬件要求较高，比较占用内存，运行速度较慢。

4. Jcreator

Jcreator 是一个轻量型的 Java IDE。Jcreator 为用户提供了相当强大的功能，例如项目管理、工程模板、代码完成、调试接口、高亮语法编辑、多功能编译器、使用向导以及完全可自定义的用户界面。通过 Jcreator 可以不用激活主文档而直接编译或运行 Java 程序。Jcreator 最显著的优点就是运行速度快、占用资源少。

Jcreator 的界面与 Windows 类似，用户对它的界面会比较熟悉，因而是一种初学者很容易上手的 Java 开发工具。其缺点是只能进行简单的程序开发，不能进行企业 J2EE 的开发应用。

Jcreator 可到其官方网站http://jcreator-xinox.appspot.com/download.htm进行下载。

Java 集成开发工具种类繁多并各有特点，因此要依据自己将要从事的领域及需求选择合适的开发工具，而不是盲目地认为那种工具好，那种工具不好。

1.4 认识 Java 程序

根据程序结构组成和运行环境的不同，Java 程序分为 Java Application（Java 应用程序）和 Java Applet（Java 小程序）两类。Java Application 是完整的程序，需要独立的解释器来解释运行；而 Java Applet 则是嵌在 HTML 编写的 Web 页面中的非独立程序，由 Web 浏览器内部包含的 Java 解释器来解释运行。

下面我们就来认识一下这两类程序，并了解它们的结构与执行过程。

1.4.1 Java Application 程序

1．程序实例

下面是一个简单的 Application 程序。

【例 1-1】 在显示器上显示一行信息：欢迎进入 Java 世界！

程序源代码如下。

```
import java.io.*          //引入 Java 的一个包
public class Hello       //定义类
{
  public static void main(String[] args)         //定义主方法
    {
       System.out.println(" 欢迎进入 Java 世界！");   //在屏幕上输出字符串
    }
}
```

（1）编辑源程序

利用记事本编辑本程序，如图 1-10 所示。将该源程序保存在 D:\workspace 目录中，文件名为 Hello.java。文件名必须与程序中定义的类名相同，且大小写要一致。

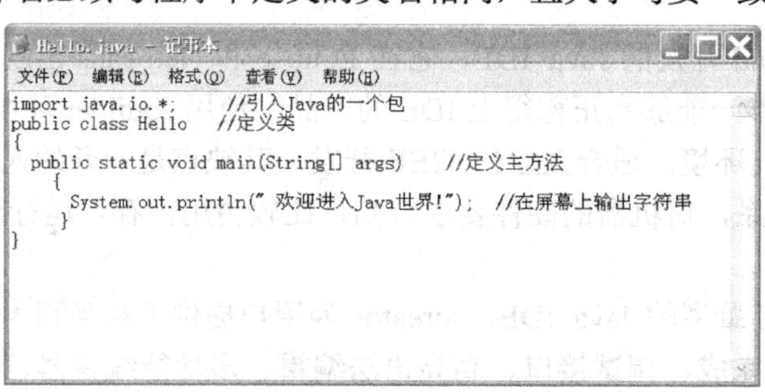

图 1-10 用记事本编写的 Java 源程序

Java 语言是区分大小写的，无论是 Java 文件名还是程序中的代码，都要注意大小写是否正确。习惯上，类名的第一个字母要大写。程序格式应错落有致，通过行缩进展现出程序的层次性。

说明：保存 Java 源文件时，一定要加上扩展名.java，保存类型选择“所有文件”。

（2）编译程序生成字节码文件

对源程序代码进行编译的过程就是利用 Java 编译器程序 javac.exe 对源代码进行编译，生成相应的字节码文件 Hello.class。

执行这一步时，要从 Windows 转换到 DOS 方式，并使 Hello.java 文件所在的目录 D:\workspace 成为当前目录，然后在 DOS 命令行键入以下命令

```
D:\workspace> javac   Hello.java
```

这里 javac 就是编译命令，空格之后紧跟着的就是要编译的源文件的文件名（必须加扩展名）。

编译时，系统会检查源代码是否有语法错误。如果有错误，则在屏幕上显示错误出现的行号和主要错误信息；如果没有语法错误，则生成 Hello.class 的字节码文件，没有任何提示，表示编译成功。

编译成功之后，查看 D:\workspace 目录，应包括 Hello.java 和 Hello.class 两个文件。

如果一个源程序中包含多个类，编译成功的结果将是一个或多个字节码文件，每个字节码文件对应源程序中定义的一个类，其文件名就是该类的名字，并以.class 为统一的扩展名。

（3）运行程序

运行一个编译好的 Java 字节码程序，需要调用 Java 的解释器程序 java.exe。例如，要运行本例中的程序，可在编译后使用如下的命令来运行已生成的 Hello.class 文件。

在 DOS 命令行键入以下命令

```
D:\workspace>java   Hello
```

其中 java 为执行命令，空格之后紧跟着的就是要执行的字节码文件的文件名（这里不需要加扩展名）。

程序正确执行之后，结果会在屏幕上显示，如图 1-11 所示。

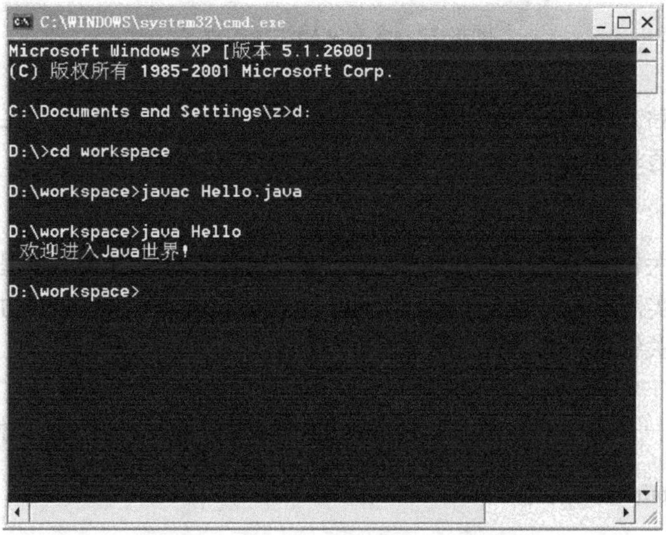

图 1-11　例 1-1 的运行过程及结果

至此，整个程序运行结束。

2．实例分析

通过例 1-1 可以看出，Application 程序包含类的导入（Import）、注释（Comment）、保留字（Reservwd Word）、语句（Statement）、类（Class）、方法（Method）等内容。要编写一个程序，必须了解这些基本元素。

（1）类的导入

实例中的第一行通过 import 将 java.io 包导入，这就意味着将该包中所有的类都加载到当前程序中。所以在 Java 程序中，import 的作用就是导入已定义好的类或包，在当前程序中可以使用这些类的操作，而不用重新编写代码。被导入的类（包）可以是 Java 类库中的类（包），也可以是用户自己编写的类（包）。

提示：import 的作用类似于 C 语言中的#include。

（2）注释

注释是对程序所作的一些说明，有利于提高程序的可读性，它们不被编译和执行。Java 中有多种注释符号，单行注释以 // 开始，以行末结束；多行注释以 /* 开始，以 */ 结束；由/** 和 */括起来的内容则为 Java 文档注释。图 1-12 是一个包含多种注释的程序。

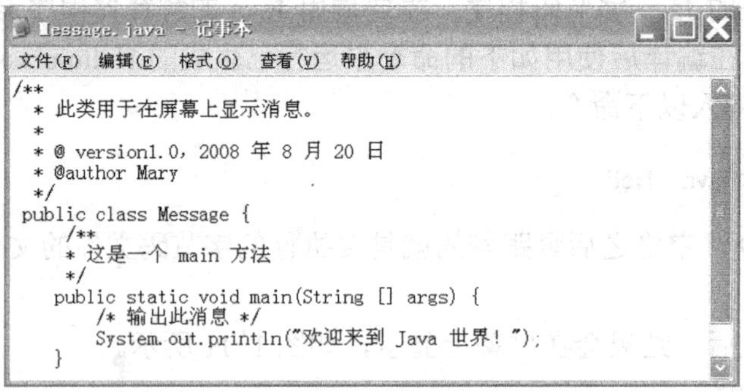

图 1-12　含有文档注释的程序

说明：Java 文档注释是一种特殊的注释，它以/**开始，以*/ 结束，主要用于描述类、数据和方法。它可以通过 JDK 的 javadoc 命令转换为 HTML 文件。

（3）保留字

保留字也称为关键字（Key Word），是指对编译器具有特殊意义、在程序中不能用作其他目的的字，例如本实例中的 class、public、static、void、import 等，它们的作用将在后续课程中介绍。Java 中的关键字可参见第 2 章。

（4）语句

一条语句表示一个或一系列操作。Java 中的语句以分号（;）结束。本实例中的语句

```
System.out.println("欢迎进入 Java 世界!");
```

通过调用 println()方法，在标准输出设备（显示器）上输出一行字符。

（5）类

类是 Java 的基本概念，程序由一个或多个类组成。类由关键字 class 来定义。本实例中的

类名为 Hello，它是一个公共类（public）。一个 Java 程序至少包含一个类，类中包含数据和方法。

类定义由类头部分和类体部分组成，类体部分以“{”开始，以“}”结束。

（6）方法

方法类似于函数，用以完成特定的功能。本实例程序中的 public static void main (String [ ] args)定义了一个 main()方法。

任何一个 Java 应用程序都必须要有一个 main()方法。main()方法是整个应用程序的入口，它只能由解释程序来调用，而且只能调用一次，并且是自动调用的，不用人工干预。因此，main()方法对于一个 Java 程序来讲，是必需的，也是唯一的。

3. Java Application 程序结构

综上所述，Java Application 程序结构有如下特点。

1）所有的 Java 程序都是由类或者说是类的定义组成的。用关键字 class 来标志一个类定义的开始，class 的前面可以有若干标志该类属性的限定性关键字，class 后面跟着这个类的名字。

2）一个 Java 源程序可以定义多个类（class），但最多只能有一个类可以使用 public 来声明，当然也可以没有。这些类经过编译后，每个类都将生成一个类文件（.class），这些类存放在同一文件夹中。

当 Java 的源程序中没有使用 public 来声明的类时，源文件可以任意命名。当 Java 源程序中有使用 public 来声明的类时，源文件的文件名必须与该类名完全一致（包括大小写）。

3）每个类可以定义多个方法，方法的标志是方法名后面紧跟的一对小括号，小括号里面可以定义方法的参数，如 main()中的参数 args，也可以不定义。方法名前面可以添加标志该方法属性的限定性关键字和方法的返回类型。

4）对 Java Application 程序来说，main()方法是必需的，也是唯一的。程序执行从 main()方法开始，main()方法所在的类称为主类。通常情况下，将 main()方法所在的类说明为 public 类。

5）每一条 Java 语句都必须用分号结束，类和方法中的所有语句必须用一对大括号（{}）括起来。

6）Java 是区分大小写的语言，关键字的大小写不能搞错。如果把 class 写成 Class 或者 CLASS，都会导致错误。

7）源程序编写好之后，应该以文件的形式进行保存，称为源程序文件或源文件。这个源文件的名字不是随便取的，它必须与程序中 public 类的名字一致，并且以.java 为扩展名。

1.4.2 Java Applet 程序

下面通过一个实例介绍 Java Applet 程序的编辑、编译、运行过程及程序结构。

1. 程序实例

【例 1-2】 本实例将在图形界面或浏览器中显示信息“欢迎进入 Java Applet 世界！”。

Applet 程序源代码如下所示。

```
import java.awt.Graphics;           //导入 Graphics 类
```

```
import java.applet.*;           //导入与 Applet 有关的包
/* 定义一个类，该类继承 Applet 类*/
public class HelloApplet extends Applet
{ public void init() {    }
   public void paint(Graphics g)   //屏幕绘图方法
     { g.drawString("欢迎进入 Java Applet 世界！",20,30);
                    //图形模式下显示（绘制）字符串
     }
}
```

（1）Applet 源程序的编辑与编译

Java Applet 虽然是一类不能独立运行的程序，但是它的源程序编辑、编译生成字节码的过程与 Java Application 相同。同样可以用记事本进行编辑，并将其以“HelloApplet.java”为文件名保存在 D:\workspace 文件夹中，保存方法与前述相同。

保存之后，仍然需要使用 javac 命令对其进行编译。方法是进入 DOS 系统，使 D:\workspace 成为当前目录，在命令行输入以下命令

```
D:\workspace> javac   HelloApple.java
```

如果编译成功，则生成字节码文件 HelloApple.class。

（2）编写 HTML 文件

由于 Applet 程序中没有 main()方法，不能够独立运行，需要在 Web 页中嵌入与其对应的 HTML 标记。其中<applet>标记用于将 Applet 嵌入 Web 页中。为了使本程序能够运行，编写如下 HTML 文件。

```
<html>
<head>
<title>    Java Applet </title>
</head>
<BODY>
<applet code="HelloApplet.class"    width=400 height=50>
</applet>
</body>
</html>
```

用记事本对此文件进行编辑，并将它以“HelloApplet.html”为文件名保存在 D:\workspace 目录下。

说明：HTML 文件名不一定与 Applet 类文件名相同，但二者应放在同一目录下。

（3）Applet 程序的运行

运行 Applet 程序有两种方式，一种方式是用 JDK 提供的 Applet 浏览工具来运行；另一种方式是在支持 Java 的浏览器上运行。

使用 JDK 提供的 Applet 浏览工具时，在 DOS 命令行输入以下命令

```
D:\workspace> appletviewer   HelloApple.html
```

这时，屏幕上弹出一个窗口，其中显示：欢迎进入 Java Applet 世界！。显示结果如图 1-13 所示。

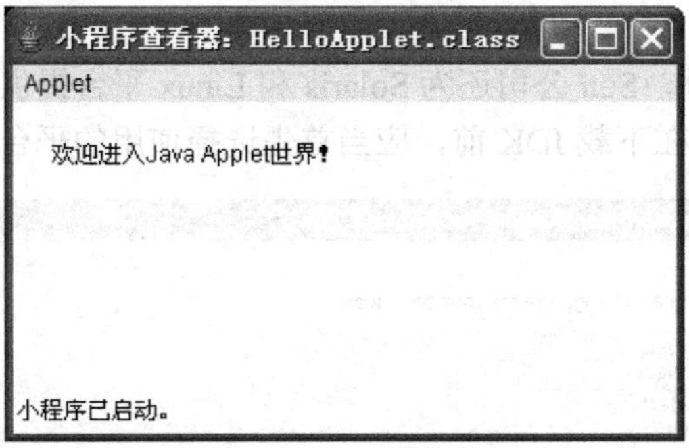

图 1-13　使用 appletviewer 运行 Applet 程序的结果

利用浏览器打开 HelloApple.html，运行结果如图 1-14 所示。

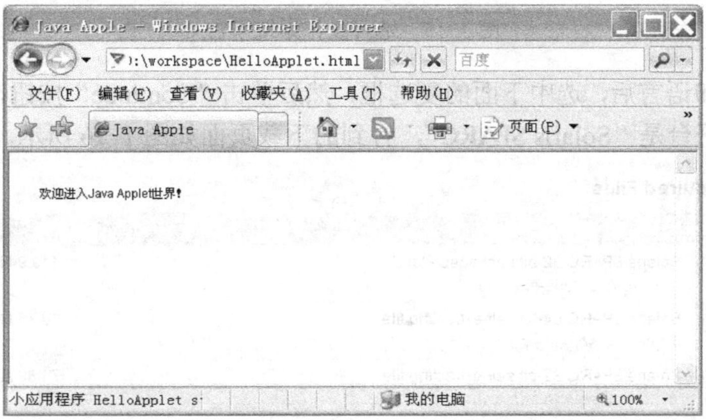

图 1-14　在浏览器中浏览 Applet 程序运行结果

由图可以看出，Web 页的标题为“Java Apple”。

2．实例分析

Applet 是一种特殊的 Java 程序，与 Application 有很多相似之处。本实例中，首先用 import 语句引入程序需要的类和包，然后声明一个公共类 HelloApple，用关键字 extends 指明它是 Applet 类的子类。paint()方法是一个具有绘图功能的方法，其中参数 g 是 Graphics 类的对象，在 paint()方法中，调用 g 的方法 drawString(),在坐标（20，30）处开始绘制字符串“欢迎进入 Java Applet 世界！”，坐标是用像素点来表示的。

这个程序中没有 main()方法，这是 Applet 与 Application 的主要区别之一。

3．Java Applet 程序结构

通过以上实例可以看出，Java Applet 也是由若干个类组成的，其中必须有一个类是系统类 Applet 的子类，该类称为 Applet 程序的主类。执行 Java Applet 时，需要先将编译生成的 Java 字节码文件嵌入到 HTML 文件中，并使用 JDK 提供的工具或内置 Java 解释器的浏览器来解释执行这个字节码文件。

1.5　Solaris 和 Linux 平台下 JDK 的安装

1. 下载 JDK

除了 Windows 平台外，Sun 公司还为 Solaris 和 Linux 平台提供了 Java 2 标准版（J2SE）的最新、最完全的版本。在下载 JDK 前，应当首先选择使用的平台，如图 1-15 所示。

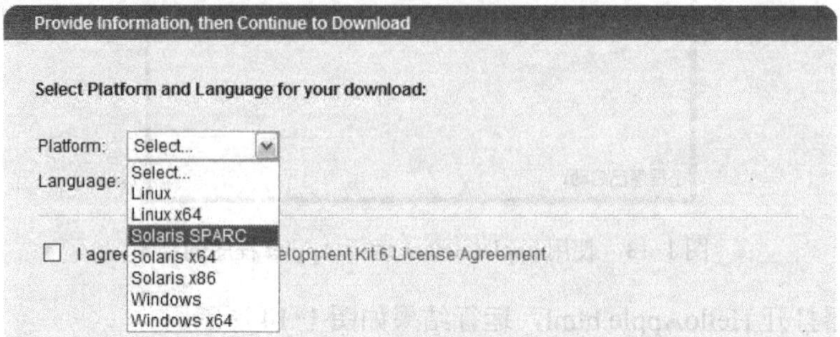

图 1-15　选择操作系统平台

选择好平台和语言后，选中下面的复选框，然后单击“Continue”按钮，就会进入下载页面。如果选择的平台是“Solaris SPARC”，看到的下载页面如图 1-16 所示。

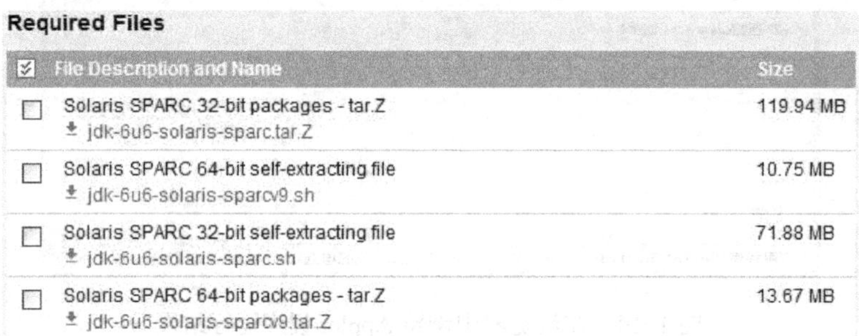

图 1-16　Solaris SPARC 平台的下载列表

如果选择的平台是“Linux”，看到的下载页面如图 1-17 所示。

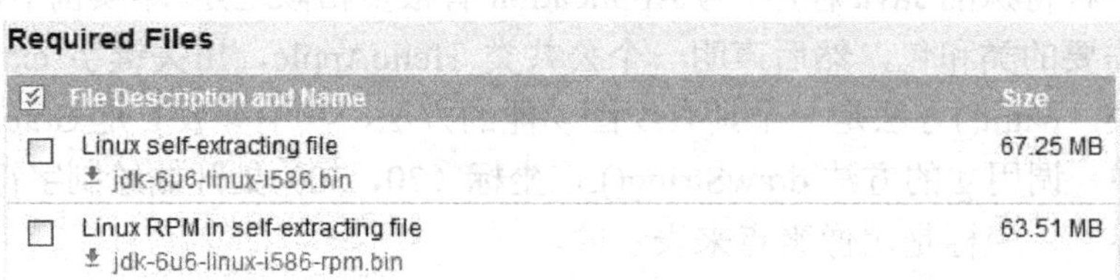

图 1-17　Linux 平台的下载列表

从图 1-16 和图 1-17 可以看到，JDK 提供了包安装文件和自解压安装文件。第一种安装文件（Solaris 平台下是 tar.Z 文件，Linux 平台下是 rpm.bin 文件）的使用最为简单，安装后所有用户都可以利用它进行 Java 开发，但这种安装方式只能由超级用户（即 root 用户）进行；相对来说，第二种安装方式（Solaris 平台下是.sh 文件，Linux 平台下是.bin 文件）灵活一些，任何用户都可以进行安装，而且安装的位置可以任意指定。在安装 JDK 之前，应当根据实际情况选择相应的下载文件。

2. 安装 JDK

在安装 JDK 前，需要仔细检查下载的安装文件大小是否正确，确保下载文件完好无损。如果选择的是包安装方式，还要确认是否具备超级用户的访问权限。

（1）Solaris 平台下的包安装方式

1）将安装文件解压，会在当前目录下生成 SUNWj6rt、SUNWj6dev、SUNWj6cfg、SUNWj6man、SUNWj6dmo 和 SUNWj6jmp 等子目录和一些文件。

2）通过命令 su 更换为超级用户。

3）卸载早期安装的 JDK，语句如下所示。本步骤为可选步骤。

```
pkgrm   SUNWj6rt   SUNWj6dev   SUNWj6cfg   SUNWj6man   SUNWj6dmo
```

4）通过命令 pkgadd 安装，语句如下所示。

```
pkgadd –d . SUNWj6rt   SUNWj6dev   SUNWj6cfg   SUNWj6man   SUNWj6dmo
```

5）删除下载文件和解压缩形成的目录。本步骤为可选步骤。

6）退出 root 用户。

（2）Linux 平台下的包安装方式

1）通过命令 su 更换为超级用户。

2）解压缩并安装文件，语句如下所示。

```
chmod a+x jdk-6u6-linux-i586-rpm.bin
./jdk-6u6-linux-i586-rpm.bin
```

3）删除 bin 和 rpm 文件，本步骤为可选步骤。

4）退出 root 用户。

（3）自解压安装方式

1）修改下载文件的权限，增加执行权，命令语句如下所示。

```
chmod +x jdk-6u6-solaris-sparc.sh    //Solaris SPARC 平台
chmod +x jdk-6u6-linux-i586.bin      //Linux 平台
```

2）将当前目录更改为希望的安装目录。

3）运行下载文件。

```
<path>/jdk-6u6-solaris-sparc.sh      //Solaris SPARC 平台
<path>/jdk-6u6-linux-i586.bin        //Linux 平台
```

这里<path>指的是下载文件的路径。安装结束后，JDK 将会被安装到当前目录下的 jdk1.6.0_<version>子目录中。

3. 设置执行路径

完成了 JDK 的安装后，还需要执行一个附加步骤，把 jdk/bin 目录添加到执行路径中（这里的 jdk 指的是 JDK 的安装目录，如/usr/local/jdk6.0 或 c:\jdk6.0）。所谓的执行路径是指操作系统搜寻本地可执行文件的目录列表。对于不同的操作系统，这个操作过程也有所不同。

在 Solaris 和 Linux 环境下，编辑执行路径的过程与所使用的 shell 有关。如果使用的是 C shell（Solaris 的默认选择），在~/.cshrc 文件的末尾就要添加

```
set path=(/usr/local/jdk/bin $path)
```

如果使用的是 Bourne Again shell（Linux 的默认选择），在~/.bashrc 文件或~/.bash_profile 文件的末尾就要添加

```
export PATH=/usr/local/jdk/bin:$PATH
```

4．安装库源代码

库源文件在 JDK 中以压缩文件 src.zip 的形式发布，必须将其解压缩后才能访问源代码，方法如下。

1）确保 JDK 已经安装，并且 jdk/bin 目录在执行路径中。

2）打开一个 shell 窗口。

3）进入 jdk 目录（如 cd /usr/local/jdk6.0）。

4）建立一个子目录 src，命令如下所示。

```
mkdir src
cd src
```

5）执行命令 jar xvf ../src.zip。

5．安装文档

文档的安装文件在一个与 JDK 分开的 zip 压缩文件中，需要从 http://java.sun.com 下载。获取安装文件后，执行下面的步骤。

1）确保 JDK 已经安装，并且 jdk/bin 目录在执行路径中。

2）将下载文件放入 jdk 目录中。

3）打开一个 shell 窗口。

4）进入 jdk 目录，并执行命令 jar xvf jdk-6-doc.zip。

6．设置类路径

类路径列出的目录和归档文件是搜寻类的起始点，它可以为编译器和字节码解释器指定 -classpath 选项，或者设置 CLASSPATH 环境变量。

在 Solaris 和 Linux 环境中，类路径中不同目录之间是采用冒号分隔的，如

```
.:/home/user/dir:/home/user/archives/archive.jar
```

下面是一个为编译器设置类路径的例子。

```
javac –classpath .:/home/user/dir:/home/user/archives/archive.jar HelloWorld.java
```

虽然可以通过-classpath 选项为 javac 和 java 程序设置类路径，但是由于每次都需要将类路径完整写出，所以显得有些繁琐。但可以通过设置 CLASSPATH 环境变量来代替它。

如果使用的是 C shell，那么在~/.cshrc 文件中添加下面的内容。

```
setenv CLASSPATH .:/home/user/dir
```

如果使用的是 Bourne Again shell 或 bash，那么在~/.bashrc 或~/.bash_profile 文件中增加下

面的内容。

```
export CLASSPATH=.:/home/user/dir
```

采用这种方式设置好类路径后，上面为编译器设置类路径的例子就可以简化为

```
javac HelloWorld.java
```

值得注意的是，在上面的类路径中添加了当前目录。这是因为Java解释器只有在类路径中有“.”目录时，才查看当前目录。所以，如果类路径中不包含当前目录，在运行时会出现找不到类文件的错误。

1.6 本章小结

Java是由Sun公司推出的适合进行网络编程的面向对象程序设计语言。Java语言与其他面向对象编程语言相比，其独特的特点是平台无关性。为此，Java引入了Java虚拟机（JVM）。

Sun公司为Java开发人员提供了免费的软件开发包JDK。该工具软件包含Java语言的编译工具、运行工具以及执行程序的环境(即 JRE)，是其他 Java 开发工具的基础。也就是说，在安装其他开发工具以前，必须首先安装JDK。

对于初学者来说，使用JDK开发工具进行学习，可以在学习的初期把精力放在Java语言的语法上，体会更多底层的知识，对于以后的程序开发很有帮助。

Java包含两类程序，一种是通过Java虚拟机直接运行的Java独立应用程序Application，另一种是通过浏览器执行的Java小程序Applet。无论以何种方式运行，它们都是由类组成的。

1.7 习题

一、填空题

1．Java程序在保存文件时，扩展名为________。该程序经过编译后，扩展名为__________。

2．每个Java程序可以包括多个方法，但必须有且只能有一个________方法。

3．Java源文件中最多只能有一个__________类，其他类的个数不限。

4．在Java中负责对字节码解释执行的是________。

5．Java编译器会将Java程序转换为__________。

二、选择题

1．下列叙述错误的是（　　）。

A．Java提供了丰富的类库　　B．Java最大限度地利用网络资源

C．Java支持多线程　　D．Java不支持TCP/IP协议

2．编译Java程序的命令文件名是（　　）。

A．java.exe　　B．javac.exe

C．javac　　D．appletviewer.exe

3．JavaDemo.class是一个独立应用程序相应的class文件，下面的执行命令中正确的是（　　）。

A．java　JavaDemo.class　　B．java　JavaDemo

C．javac　JavaDemo　　D．javac　Javademo

4．编译 Java 程序 FileName.java 后，生成的文件名是（　　）。

A．FileName.html　　B．FileName.jav

C．FileName.class　　D．FileName.jar

5．可以用来运行 Java 程序的工具集是（　　）。

A．JRE　　B．JNI　　C．JVM　　D．JDK

6．Java 语言与其他语言相比，独有的特点是（　　）。

A．面向对象　　B．多线程

C．平台无关性　　D．可扩展性

7．下列关于 JDK 目录结构的说法，错误的是（　　）

A．bin 目录下有许多工具　　B．demo 目录下有各种演示例子

C．include 目录下都是库文件　　D．jre 目录是 Java 程序运行环境的主要目录

8．下列叙述中正确的是（　　）。

A．Java 语言的标识符是区分大小写的

B．源文件名与 public 类名可以不相同

C．源文件扩展名为.jar

D．源文件中 public 类的数目不限

9．Java 中的 Java Applet 是（　　）

A．一种能独立执行的应用程序

B．一种由支持 Java 的浏览器来运行的程序

C．不同于 Java 的另一种程序设计语言

D．一种辅助设计工具

10．下面的（　　）数据类型可用于 main()方法的参数。

A．String　　B．Integer　　C．Boolean　　D．Variant

11．在屏幕上显示消息的正确语句是（　　）。

A．System.out.println("Java Expert");

B．system.out.println("Java Expert");

C．System.Out.Println("Java Expert");

D．System.out.println('Java Expert');

三、简答题

1．Java 语言有哪些主要特点？

2．Java 语言是如何实现平台无关性的？

3．Java 程序分哪两类？各有何特点？结构上有什么区别？

4．Java 开发工具包中用来编译源文件、执行类文件的程序分别是什么？

5．请简单阐述程序编译执行的过程。

6．参照例题，编写一个 Application 程序，在屏幕上输出“Welcome to Java Word!”。利用 JDK 工具编译并运行这个程序。

7．参照例题，编写一个打印“The First Applet”的 Java Applet 程序，并编译。然后编写调用此 Applet 类的 HTML 文件，并分别用 appletviewer 和浏览器打开。

第 2 章　Java 编程基础

任何程序设计语言都是由语言规范和一系列开发库组成的。例如，标准 C 除了提供语言规范外，还提供了很多函数库。Java 语言也不例外，也是由 Java 语言规范和 Java 开发类库（JFC）组成的。

学习任何程序设计语言，都要从这两方面着手。本章主要介绍 Java 的语言规范，这些是 Java 语言的基本元素，也是掌握 Java 语言的基础。

本章学习目标

- 认识 Java 标识符和关键字
- 熟悉基本数据类型
- 掌握常量和变量
- 掌握运算符与表达式
- 掌握流程控制语句的使用
- 掌握数组和字符串的使用

2.1　标识符与关键字

2.1.1　关键字

关键字（Keyword）是由系统定义的、具有专门意义和用途的专用词汇或符号，也称为保留字。在 Java 语言中，关键字均用小写字母表示。表 2-1 中按用途列出了 Java 语言中的常用关键字。

表 2-1　Java 关键字

与数据类型有关	与程序语句有关	与类或方法有关	与包或接口有关	修 饰 符
byte	break	class	extends	abstract
boolean	catch	instanceof	implements	final
char	case	native	import	private
double	continue	new	interface	protected
false	default	null	package	public
float	do	this		static
int	else	throws		transient
long	finally	super		volatile
short	for			
true	if			
void	return			
	throw			
	tyy			
	while			

2.1.2　标识符

标识符（Identifier）是程序员为程序中的各个元素定义的名字。在 Java 语言中，标识符可以包含字母、数字、下画线（_）和美元符号($)。其中的字母不仅限于英文字母，也可以是汉字、希腊文、日文和韩文等。

Java 语言的标识符区分大小写字母，不能以数字作为开头，没有最大长度限制。Java 语言的关键字不能用来作为标识符。例如，identifier、userName、User_Name、_sys_val、$change 都是合法的标识符，而 2mail、room#、class 则为非法的标识符。

2.1.3　分隔符

在 Java 语言的语法规则中，有一些字符被当作分隔符（Separators），用来区分源程序中的基本成分。分隔符分为注释符、空白符和普通分隔符三种。

1．注释符

为了提高程序的可读性和可理解性，程序员经常在源程序的开始或中间位置对程序的功能、作者、使用方法等添加一些注释。注释仅用于阅读源程序，系统编译程序时，将忽略所有注释。Java 的注释有三种类型。

（1）单行注释符//

从“//”开始直到行尾的文本都视为注释，这种注释只能在一行内完成，最后以回车结束。这种注释既可以作为独立的一条注释语句，也可以放在某条语句的后面。

（2）多行注释符/*… */

多行注释以“/*”开始，最后以“*/”结束，“/*”和“*/”之间的内容均被看作注释内容。这种注释可以跨越多行。

（3）文档注释符/**… */

这种注释方式的用法与“/*… */”基本相同，即将“/* 和“*/”之间的文本都视为注释，也可以跨越多行。不同的是这些注释可以通过 JDK 提供的 javadoc 命令生成该程序的 API 文档，而文档中的内容主要就是从文档注释中提取。该 API 文档以 HTML 文件的形式出现，与 Java 帮助文档的风格与形式完全一致。

2．空白符

空白符包括空格、回车、换行和制表符（〈Tab〉键）等符号，用来作为程序中各种基本成分之间的分隔符。各基本成分之间可以有一个或多个空白符，其作用相同。和注释一样，系统编译程序时空白符被忽略。

3．普通分隔符

普通分隔符和空白符的作用相同，用来区分程序中的各种基本成分，它在程序中有确定的语法含义，编译时不能忽略。表 2-2 列出了 Java 中常用的普通分隔符及其用途。

表 2-2　Java 的普通分隔符

符　号	名　称	用　途
()	圆括号	在定义和调用方法时用来容纳参数表；在控制语句或强制类型转换组成的表达式中用来表示执行或计算的优先权
{ }	花括号	用于数组的初始化、定义块语句、类体、方法体以及局部范围

（续）

符　号	名　称	用　途
[ ]	方括号	用于声明数组的类型，也用于数组元素的引用
;	分号	语句的结束标志
:	冒号	说明语句标号
,	逗号	用于分隔变量表中的各个变量和方法的各个参数；在 for 控制语句中，用来将圆括号内的语句连接起来。
.	句号（点）	用于包的名字与它的子包或类的分隔；也用来将引用变量、变量或方法分隔

2.2 基本数据类型

数据是程序的组成部分，也是程序处理的对象。Java 语言提供的数据类型分为基本数据类型、数组类型、类和接口类型，后面的三种类型统称为复合数据类型，如图 2-1 所示。

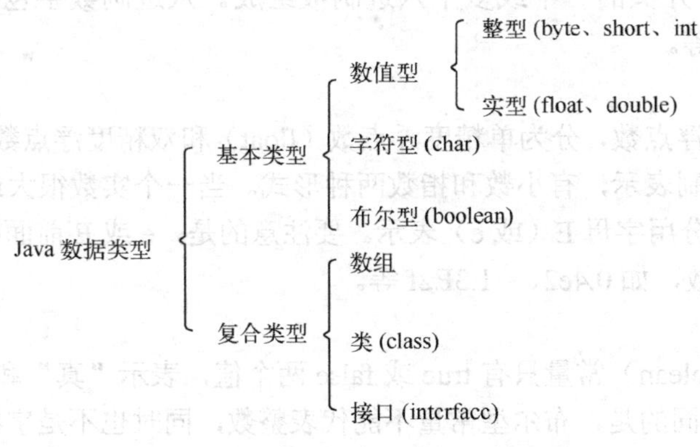

图 2-1 Java 语言的数据类型

与其他大多数程序设计语言不同的是，由于 Java 程序跨平台运行的特点，Java 的基本数据类型不依赖于具体计算机系统。Java 的基本数据类型如表 2-3 所示。

表 2-3 Java 的基本数据类型

类　型	所占字节数	描　述	初 始 值
byte	1	8 位有符号整数，数值范围-128~127	(byte) 0
short	2	16 位有符号整数，数值范围-32768~32767	(short) 0
int	4	32 位有符号整数，数值范围-2 147 483 648~2 147 483 647	0
long	8	64 位有符号整数，数值范围$-9.22\times10^{18}\sim9.22\times10^{18}$	0
float	4	32 位单精度浮点数，数值范围 $1.4\times10^{-45}\sim3.4\times10^{38}$	0.0
double	8	64 位双精度浮点数，数值范围 $4.9\times10^{-324}\sim1.8\times10^{308}$	0.0
boolean	1	布尔数，只有 true、false 两个值	false
char	2	16 位字符，数值范围'\u0000'~'uffff'	\u0000

2.3 常量与变量

计算机在处理数据时，首先按照不同的数据类型为数据分配不同的存储空间，将其装入内存，然后借助于对内存单元的命名来访问这些数据。

2.3.1 常量

在程序运行中其保持不变的量称为常量，也称为常数。Java 支持如下几种类型的常量：整型常量、实型常量、布尔型常量、字符型常量。

1. 整型常量

整型常量就是整数，包括 byte、short、int、long 四种。Java 的整型常量可以采用十进制、八进制或十六进制表示，其中 byte、short 和 int 的表示方法相同，而长整型必须在数字的后面加字母 L(或 l)，以表示该数是长整型。

- 十进制：由一个或多个 0～9 的数字及正负号组成，如 347，987L，–56，0 等。
- 十六进制：以 0x 或 0X 开头，由一个或多个十六进制数组成。十六进制数字包括 0~9 及字母 A～F（或 a～f），如 0xA873、0X983e5c、–0x98L 等。
- 八进制：由以 0 开头的一个或多个八进制数组成。八进制数字包括 0~7，如 0246、0876L，–0123 等。

2. 实型常量

Java 的实数也称为浮点数，分为单精度浮点数（float）和双精度浮点数（double）两种类型。实数只能采用十进制表示，有小数和指数两种形式。当一个实数很大或很小时，可以使用指数形式，其指数部分用字母 E（或 e）表示。要注意的是，e 或 E 前面必须有数字，而且 e 或 E 的后面必须为整数，如 0.4e2、–1.3E2f 等。

3. 布尔常量

Java 中布尔型（boolean）常量只有 true 或 false 两个值，表示“真”和“假”两种状态。与 C/C++中的逻辑值不同的是，布尔型常量不能代表整数，同时也不是字符串，不能被转换成字符串常量。

4. 字符常量

Java 字符采用 Unicode 编码。字符常量是由单引号括起的单个字符，如'a'、'6'、'我'、'M'、'&'等。字符常量是无符号常量，占 2 个字节的内存，每个字符常量表示 Unicode 字符集中的一个字符。Java 语言使用 16 位的 Unicode 字符集，这种字符集不仅包括标准的 ASCII 字符集，还包括许多其他系统的通用字符集，如拉丁文、法文、希腊语、汉语、日语、韩文等，使 Java 的语言处理能力大大增强，为 Java 程序在基于不同语言的平台间实现平滑移植奠定了基础。

Java 也可以使用转义符表示一些有特殊意义的字符（如回车符等）。这些转义符如表 2-4 所示，它们也可以作为字符常量使用。

表 2-4 Java 转义符

转 义 续 列	Unicode 转义代码	含 义
\n	\u000a	回车
\t	\u0009	水平制表符
\b	\u0008	空格
\r	\u000d	换行
\f	\u000c	换页

（续）

转义续列	Unicode 转义代码	含　义
\'	\u0027	单引号
\"	\u0022	双引号
\\	\u005c	反斜杠
\ddd		ddd 为三位八进制数，值为 000～0377
\udddd		dddd 为四位十六进制数

除了字符常量之外，还有一种字符串常量。字符串常量由包括在一对双引号中的 0 个或多个字符组成，其中也可以使用转义符，如"ab c\t#de\n"。

2.3.2 变量

变量是内存中的一块空间，提供了可以存放信息和数据的地方，具有记忆数据的功能。变量的值是可以改变的。Java 是严格区分数据类型的强类型语言，要求在程序中使用任何变量之前必须先声明其类型。

1．变量声明

Java 语言规定，程序中使用的变量必须遵循“先定义后使用”的原则。变量的定义需要指出变量的类型、名称，还允许为其赋初值（即初始化），一般格式为

```
类型    变量名 [= 初始值 ];
```

例如，

```
int    length, width, height;
double    xs = 0.34;
char    gread = 'a';
String    stuName = "Tom";
```

Java 中的变量命名需要注意以下问题。

1）必须是一个合法的标识符。

2）Java 变量名区分大小写，如 stuName 和 STUNAME 是两个不同的变量。

3）变量名在其作用域中是必须唯一的，在不同的作用域才允许存在相同名字的变量。

4）变量名最好有一定的含义，以增加程序的可读性。

2．变量的作用域

每个变量都有一个相应的作用范围，也就是它可以被引用的范围，这个作用范围称为变量的作用域。当一个变量被定义的时候，它的作用域就确定了。变量的声明位置不同，其作用域也不相同。按作用域的不同，变量可以分为以下类型。

（1）成员变量

成员变量在类中声明，它的作用域是整个类。这是作用域范围最大的变量。

（2）局部变量

局部变量在方法内部或者一个块语句的内部声明。如果在一个方法内部声明，它的作用域就是整个方法；如果在一个块语句的内部声明，它的作用域就只限于这个块语句内部。块

语句就是括在一对大括号“{}”内的一组代码。

（3）方法的形式参数

方法或者构造方法的参数，它的作用域是整个方法或者构造方法之内。

【例 2-1】 本例结合基本数据类型，说明如何使用变量。

```
public class BasicTypeDemo{
public static void main (String args[ ]){
   byte a=120;
   short b=255;
   int c=2200;
   long d=8000;
   float f;
   double g=123456789.123456789;
   b=a;
   c=(int)d;     //强制性类型转换
   f=(float)g;   //导致精度的损失
   System.out.print("a= "+a);
   System.out.println(" b= "+b);
   System.out.print(" c= "+c);
   System.out.println(" d= "+d);
   System.out.println("f= "+f);
   System.out.println("g= "+g);
  }
}
```

运行结果如图 2-2 所示。

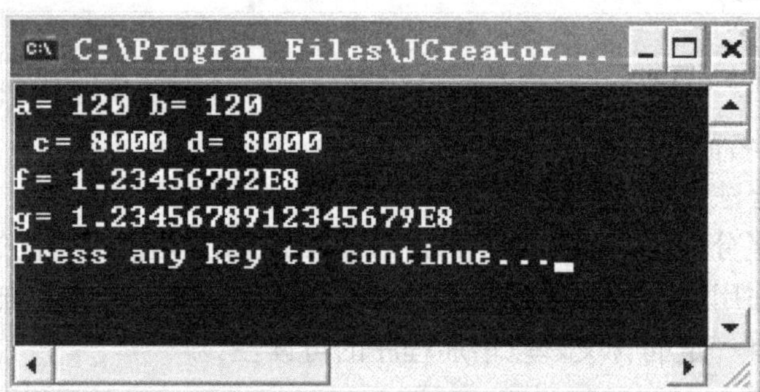

图 2-2 例 2-1 程序运行结果

2.4 Java 中的运算符与表达式

Java 语言提供了丰富的运算符。按照所需操作数的数目来分类，运算符可以分为一元运算符(如++、!、–)、二元运算符(如+、*)和三元运算符(如 ?:)；按照对操作数的操作结果分类，运算符可以分为算术运算符、关系运算符、逻辑运算符、赋值运算符、条件运算符、位运算符等。

2.4.1 算术运算符

算术运算用于完成数值计算。算术运算符的操作数必须是数值类型的常量、变量或返回值为数值类型的方法调用。Java 的算术运算符共有 8 个。

1. 基本算术运算符

Java 的基本算术运算符如表 2-5 所示。

表 2-5 Java 基本算术运算符

运 算 符	名 称	表 达 式	示 例	表 达 式 值	优 先 级 别	
–	取反	–x	–5	–5	最高	
*	乘	x*y	5*4	20	同级	高
/	除	x/y	5/2，5/2.0	2，2.5		
%	取余运算	x%y	5%3	2		
+	加	x+y	5+4.5	9.5	同级	低
–	减	x–y	5–3.2	1.8		

说明

1）算术运算符的操作数不可以是布尔类型的，但可以是 char 类型的。因为 Java 中的 char 类型实际上是 int 类型的一个子集。

2）除法运算符“/”是二元运算符，如果它的两个操作数都是整型数据，则运算结果取整数商(即 5/2 的结果为 2)；如果两个操作数中有一个为实型数据，则运算结果取实数商(即 5.0/2 或 5/2.0 的结果为 2.5)。

3）取余运算符“%”也是二元运算，它的两个操作数必须为整型数据，其运算结果为两整数相除的余数。

4）上述运算符的结合方向为“从左到右”。

2. 自加、自减运算符

在 Java 中将两个加号放在一起（++）称为“自加运算符”，将两个减号放在一起（– –）称为“自减运算符”。自加、自减运算符属单目运算，其操作数只能为变量，用来完成变量的增 1、减 1 的运算。例如，

```
++x  或 x++     相当于 x=x+1
– –x  或 x– –    相当于 x=x–1
```

从上面例子可以看出，这两个运算符都有两种使用方式。将运算符写在变量之前，通常称为“前缀”形式，运算符写在变量之后，通常称为“后缀”形式。对于“前缀”形式，表示“x 先增 1 或减 1，再被引用”；而对于“后缀”形式，则表示“先引用 x 的值，然后 x 再增 1 或减 1”。

【例 2-2】 自加运算符和自减运算符的使用示例。

```
public class AutoIncDemo{
public static void main(String[] args) {
int   x =5;
```

```
        System.out.println ("x : " +x);
        System.out.println ("++x: " +(++x)); // 前缀
        System.out.println ("x++ : " + (x++));//后缀
        System.out.println ("x : " +x);
        System.out.println ("--x : " + (--x)); //前缀
        System.out.println ("x-- : " + (x--)); //后缀
        System.out.println ("x : " + x);
    }
}
```

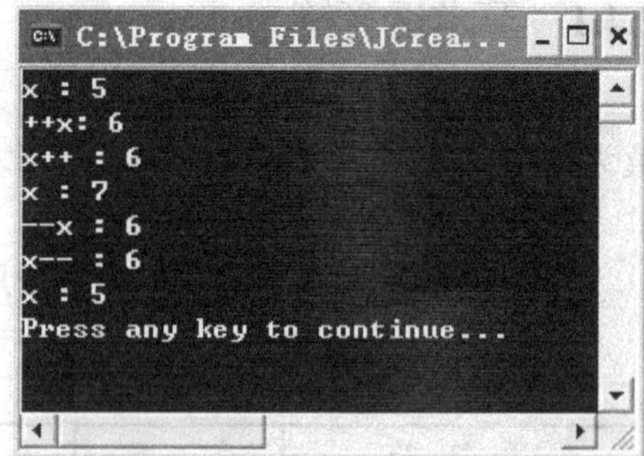

图 2-3　例 2-2 程序运行结果

运行结果如图 2-3 所示。

从上例可以看出，对于前缀形式，在执行完 x 的增值（减值）运算后才输出其值；但对于后缀形式，则是先输出 x 的值以后，再进行 x 的增值（减值）运算。

说明

1）自加自减运算的操作数只能是变量，而不能是常量或表达式。例如，3++ 或++(a+b) 都是错误的。

2）自加自减运算的结合方向是"从右到左"，其优先级别高于基本算术运算符。

2.4.2 关系运算符

关系运算也称为比较运算，用于比较两个表达式的大小。Java 共提供六种关系运算符，如表 2-6 所示。

表 2-6　Java 关系运算符

关系运算符	名　称	实例(a=23　b=16)	结　果	优先级别	
==	等于	a == b	false	同级	低
!=	不等于	a != b	true		
>	大于	a > b	true	同级	高
<	小于	a < b	false		
>=	大于或等于	a >= b	true		
<=	小于或等于	a <= b	false		

说明：由关系运算符构成的表达式称为关系表达式，多用于控制结构的条件判断中。关系运算的结果为逻辑值 True（真）或 False（假）。

2.4.3 逻辑运算符

逻辑运算是对 Trur（真）或 False（假）的运算。Java 提供的逻辑运算符有!(非)、&或&&（与）、| 或 || （或）以及^（异或)。逻辑运算符常用来表示一些复杂的关系。表 2-7 列出了 Java 的逻辑运算符。

表 2-7　Java 逻辑运算符

逻辑运算符	名　称	实　例	说　明
!	非	!a	取反，a 为 true，!a 为 false
& 或 &&	与	a & b 或 a && b	a 和 b 都为 true，结果为 true，否则皆为 false
| 或 ||	或	a | b 或 a || b	a 和 b 都为 false，结果为 false，否则皆为 true
^	异或	a ^ b	a 和 b 同值，结果为 false，不同为 true

说明

1）逻辑运算符的优先级别从高到低为!、&(&&)、|（||）和^。

2）&和&&同是“与”运算，但 Java 在处理时是不一样的。使用“&”计算时，需要将“&”两侧表达式的值都计算出来，然后再做“与”运算；而使用“&&”计算时，先计算“&&”左侧的表达式的值，如果为 false，则不再计算“&&”右侧表达式的值。

3）与前面相同，| 和 || 同是“或”运算。当使用“|”计算时，需要将“|”两侧的表达式的值都计算出来，然后再做“或”运算；而使用“||”时，先计算“||”左侧的表达式的值，如果为 true，则不再计算“||”右侧表达式的值。

2.4.4　赋值运算符

1．赋值运算符

赋值是通过赋值运算符（=）进行的，其通用格式为

```
变量名 = 表达式;
```

其功能是“计算赋值符右边表达式的值，并把它赋值给左边的变量”。右边表达式的值可以是任何类型的，但左边必须是一个明确的、已命名的变量，而且该变量的类型必须与表达式值的类型一致。例如，

```
int m，k;
Boolean f1;
m=17;   k=5;
f1=m>k;
```

由赋值运算符构成的表达式称为赋值表达式，赋值表达式本身也有明确的取值。Java 语言规定，赋值表达式的值等于赋值运算符右侧表达式的值。因此赋值表达式 m=17 的值为 17，k=5 的值为 5。

赋值运算符具有右结合性，表达式可以连续赋值。下面表达式是合法的。

```
m=n=k=5;
```

上式可以理解为 m=(n=(k=5))，等效于

```
k=5;
n=k;
m=n;
```

执行完该语句后，m、n、和 k 的值都等于 5。

2．复合赋值运算符

在普通赋值运算符“=”之前加上其他运算符，就构成了复合赋值运算符，也称为扩展赋值运算符。Java 提供的复合赋值运算符如表 2-8 所示。

表 2-8 Java 复合赋值运算符

<table>
<tr><th>运 算 符</th><th>意 义</th><th>例 子</th></tr>
<tr><td>+=</td><td>左边的变量和右边的值相加后赋给左边的变量</td><td>a+=2; 相当于 a=a+2;</td></tr>
<tr><td>-=</td><td>左边的变量和右边的值相减后赋给左边的变量</td><td>a-=2; 相当于 a=a-2;</td></tr>
<tr><td>*=</td><td>左边的变量和右边的值相乘后赋给左边的变量</td><td>a*=b; 相当于 a=a*b;</td></tr>
<tr><td>/=</td><td>左边的变量和右边的值相除后赋给左边的变量</td><td>a/=b; 相当于 a=a/b;</td></tr>
<tr><td>%=</td><td>左边的变量和右边的值相除取余后赋给左边的变量</td><td>a%=b; 相当于 a=a%b;</td></tr>
<tr><td>&=</td><td>左边的变量和右边的值按位与后赋给左边的变量</td><td>a&=b; 相当于 a=a&b;</td></tr>
<tr><td>|=</td><td>左边的变量和右边的值按位或后赋给左边的变量</td><td>a|=b; 相当于 a=a|b;</td></tr>
<tr><td>^=</td><td>左边的变量和右边的值按位异或后赋给左边的变量</td><td>a^=b; 相当于 a=a^b;</td></tr>
<tr><td>>>=</td><td>左边变量的值右移动由右边的数值指定的位数后赋值左边的变量</td><td>a>>=3; 相当于 a=a>>3;</td></tr>
<tr><td>>>>=</td><td>左边变量的值右移动由右边的数值指定的位数后赋值左边的变量，左边空出的位以 0 填充</td><td>a>>>=3; 相当于 a=a>>>3;</td></tr>
<tr><td><<=</td><td>左边变量的值左移动由右边的数值指定的位数后赋值左边的变量</td><td>a<<=3; 相当于 a=a<<3;</td></tr>
</table>

以“a+=2”为例，它相当于使 a 进行一次自加 2 的运算。即先使 a 加上 2，再将结果赋值给 a。同样，“a*=b+5”的作用是使 a 乘以(b+5)的值后再赋值给 a，即 a=a*(b+5)，而不能理解为 a=a*b+5。也就是说，要把复合赋值运算符右边的表达式作为一个整体来参与运算。

采用这种复合赋值运算符，虽然简化了代码书写，但却为理解程序增加了难度，因此建议有限制的使用或适当地添加括号，以明确运算的先后次序。

2.4.5 位运算符

Java 也支持位运算位。位运算主要是为了满足编程中的特殊要求，如测试设备、与硬件通信等高级编程内容。位运算可以对字节或字节中的实际位进行检测、设置或移位运算，这种运算属于底层操作，只适用于整型和字符型数据。

Java 语言中的位运算总体来说分为按位运算和移位运算两类，相应的也就提供了两类运算符：按位运算符和移位运算符。

1．按位运算符

按位运算符的作用是对两个操作数中对应的二进制位执行布尔运算，并得到一个新的值。Java 中有四种按位运算符，如表 2-9 所示。

表 2-9 Java 按位运算符

<table>
<tr><th>按位运算符</th><th>名 称</th><th>实 例</th></tr>
<tr><td>~</td><td>按位非</td><td>~a</td></tr>
<tr><td>&</td><td>按位与</td><td>a & b</td></tr>
<tr><td>|</td><td>按位或</td><td>a | b</td></tr>
<tr><td>^</td><td>按位异或</td><td>a ^ b</td></tr>
</table>

1）按位非（~），一元运算符，是对其运算数的每一位取反。例如，数字 42，它的二进制代码为

00101010

经过按位非运算后成为

11010101

2）按位与（&）。若两个输入位都是 1，则按位与运算符在输出位上生成 1；否则生成 0。例如，

```
     00101010       42
     00001111       15
  ----------------
  &：00001010       10
```

3）按位或（|）。若两个输入位里至少有一个是 1，则按位或运算符在输出位上生成 1；只有在两个输入位都是 0 的情况下，才会生成 0。例如，

```
    00101010        42
    00001111        15
  ----------------
  |：00101111       47
```

4）按位异或（^）。两个输入位都是 0 或都是 1，按位异或运算符在输出位上生成 0；否则生成 1。例如，

```
     00101010       42
     00001111       15
  ----------------
  ^：00100101       37
```

【例 2-3】 Java 中按位运算符的使用。

```
public class BitwiseDemo1{
  public static void main(String args[])
    {
      int a=9;              //二进制数 1001
      int b=15;             //二进制数 1111
      int c=8;              //二进制数 1000
      int d,e,f,g,h;
      d=a&b;                //二进制数 1001,也就是十进制数 9
      e=a|b;                //二进制数 1111,也就是十进制数 15
      f=a^b;                //二进制数 0110,也就是十进制数 6
      g=a<<2;               //9*4=36
      h=c>>1;               //8/2=4;
      System.out.println("d="+d);
      System.out.println("e="+e);
      System.out.println("f="+f);
      System.out.println("g="+g);
```

```
            System.out.println("h="+h);
        }
    }
```

2．移位运算符

移位运算符面向的运算对象也是二进制的“位”，它的操作数只有一个，是将这个操作数的二进制左移或右移一定的位数。Java 中有三种移位运算符，用于对二进制数据的移位操作，如表 2-10 所示。

表 2-10　Java 移位运算符

移位运算符	名　称	实　例
<<	有符号数左移	a << 2
>>	有符号数右移	a>> 2
>>>	无符号数右移	a >>> 2

1）有符号数左移位运算符（<<）：将运算符左边的运算对象向左移动运算符右侧指定的位数，左边移出的高位丢失，右边空出的低位补 0。例如，a=42，执行命令 a<<2 的情况如下所示。

```
        00101010        a<<2
       ___________
<<：  0010010100
      ↑丢失     ↑补位
```

2）有符号数右移位运算符（>>）：将运算符左边的运算对象向右移动运算符右侧指定的位数，右边移出的低位丢失，左边空出的高位用符号位补位。例如，a=42，执行命令 a>>的情况如下所示。

```
        00101010        a>>2
       ___________
>>：  0000100101
      ↑补位     ↑丢失
```

3）无符号数右移位运算符（>>>）。Java 添加了一种无符号右移位运算符“>>>”，它使用了“零扩展”，无论正负，都在高位补 0。

【例 2-4】 移位运算符示例。

```
public class BitwiseDemo2 {
public static void main(String[] args) {
    int a= -1;
    System.out.println(a>>> 10);
    long b = -1;
    System.out.println(b >>> 10);
    short c = -1;
    System.out.println(c >>> 10);
    byte d = -1;
```

```
        System.out.println(d >>> 10);
    }
}
```

现在由于操作系统的进步，已经不用频繁地进行位运算了。

2.4.6 其他运算符

1．条件运算符

条件运算符（？：）是一个三元运算符，由它构成的表达式称为条件表达式，形式如下。

```
布尔表达式 ？表达式 1：表达式 2
```

若“布尔表达式”的结果为 true，就以“表达式 1”的值作为该条件表达式的值；若“布尔表达式”的结果为 false，则以“表达式 2”的值作为它的值。例如，

```
static int ternary(int i) {
return i < 10 ? i * 100 : i * 10;
}
```

条件运算可以用来替代简单的 if-else 结构。但它确实属于运算符的一种，因为它最终也会生成一个值，这与后面要讲述的 if-else 语句是不同的。

2．instanceof 运算符

在用 Java 编写程序时会用到很多对象。很多时候用户需要判断某个对象是不是属于某一个特定类，这时就需要使用 instanceof 运算符。instanceof 运算符称为对象引用运算符，当运算符左侧的对象是右侧类的实例时值为 true，否则为 false。

【例 2-5】 instanceof 运算符的应用

```
public class InstanceOfDemo{
public static void main (String args[]){
    InstanceOfDemo    p= new    InstanceOfDemo ();
        if (p    instanceof    InstanceOfDemo )
            System.out.println ("p  是 InstanceOfDemo 的实例");
        else
            System.out.println ("p  不是 InstanceOfDemo 的实例");
    }
}
```

2.4.7 运算符的优先级

在一个表达式中往往存在多个运算符，此时要按照各个运算符的优先级及结合性进行运算。也就是说，在一个表达式中，优先级高的运算符首先运算，然后是运算优先级较低的，同优先级的运算符要按照它们的结合性来决定运算次序。运算符的结合性决定它们是从左到右计算还是从右到左计算。具体的顺序如表 2-11 所示。

表 2-11　Java 运算符的优先级别

优 先 级	运 算 符	名　　称	结 合 性
1	()	括号	
2	－(取负数)、!、~、++、－－	一元运算符	右—左
3	*、/、%	乘，除，取模	左—右
4	+、－	加，减	左—右
5	>>、<<、>>>	移位运算符	左—右
6	>、<、>=、<=、instanceof	关系运算符	左—右
7	==、!=	等于，不等于	左—右
8	&	按位与	左—右
9	^	按位异或	左—右
10	|	按位或	左—右
11	&&	逻辑与	左—右
12	||	逻辑或	左—右
13	？ :	条件运算符	右—左
14	=、*=、/=、%=、+=、－=、<<=、>>=、>>>=、&=、^=、|=	（复合）赋值运算符	右—左

2.4.8　数值类型的转换

数据类型转换是将一种类型的数据转变为另一种类型的数据。当表达式中的数据类型不一致时，就需要进行数据类型转换。类型转换包括自动类型转换和强制类型转换两种。

1．自动类型转换

不同数据类型在程序运行时占用的内存空间不同，因此每种数据类型所容纳的信息量也不同。当一个容纳信息量小的类型转化为一个信息量大的类型时，数据本身的信息不会丢失，这种转换是安全的，此时编译器将自动完成类型转换工作，这种转换被称为自动类型转换。

转换规则如下所示。

- (byte 或 short) op int→ int
- (byte 或 short 或 int) op long→ long
- (byte 或 short 或 int 或 long) op float→ float
- (byte 或 short 或 int 或 long 或 float) op double→ double
- char op int→ int

其中，箭头左边表示参与运算的数据类型，op 为运算符（如加、减、乘、除等）；箭头右边表示转换后的数据类型。

【例 2-6】 自动类型转换的应用。

```
public class PromotionDemo {
public static void main( String args[ ] ){
   byte b=10;
   char c='a';
```

```
        int i=90;
        long l=555L;
        float f=3.5f;
        double d=1.234;
        float f1=f*b;    // float * byte –> float
        int i1=c+i;   // char + int -> int
        long l1=l+i1;   // long + int ->ling
        double d1=f1/i1-d;   // float / int ->float, float - double -> double
        }
    }
```

2. 强制类型转换

将高精度数据转换成低精度数据时，需要用到强制类型转换。即把一个容量较大的数据类型向一个容量较小的数据类型转换时，可能面临信息丢失的危险，此时必须使用强制类型转换。强制类型转换的形式为

(类型)表达式(或变量名)

例如，下面是一个基本数据类型转换的例子。

```
void casts( ) {
int    i = 200;
long    j = 8L;
long l = i;            // 自动类型转换
i = (int) j;           // 强制类型转换
}
```

Java 允许基本数据类型之间的相互转换，但布尔类型（boolean）除外，它不允许进行任何数据类型转换。对于引用数据类型，类型转换只存在于有继承关系的类中，这将在以后的内容中说明。

2.5 Java程序的基本输入输出

内存作为计算机的内环境，凡是进入其中的数据统称为“输入”，也就是 input；离开内存的数据，无论去向何处，都称之为“输出”，也就是 output；与 input 对应的是“读取”，与 output 对应的是“写入”。用户与内存信息的交换，就是用户对信息的输入与输出。由此可见，输入输出是程序中必不可少的重要组成部分，应用程序要能够接收用户的输入，并以适当的格式输出。目前，Windows 的应用程序都使用 GUI 收集用户的输入，编写这种界面的程序需要使用较多的工具与技术，这些工具与技术要在后面的章节里介绍。本节主要介绍字符用户界面中的基本输入输出方法，从而完成用户与应用程序的交互，使程序更具灵活性和趣味性。

Java 语言有一整套完整实用的输入输出系统，特别是在 JDK 5.0 中提供了格式化的输入输出功能，通过它可以很好地控制输入输出格式。

2.5.1 基本输入

在 Java 中，若程序运行时需要从键盘输入数据，则需要使用 Java 提供的输入流功能。要

完成数据的输入，首先需要构造一个 Scanner 类的对象，它附属于“标准输入流”System.in，然后通过该对象调用 Scanner 类的不同方法来完成各种类型数据的输入。

例如，

```
Scanner in = new Scanner(System.in);
```

然后可以调用 Scanner 类的各种方法，实现输入数据的操作。下面列出的是 Scanner 类的常用数据输入的方法。

- next()：输入一个单词(中间无空格符)。
- nextLine()：输入一行字符（中间可以包含空格符）。
- nextInt()：输入一个整数。
- nextDouble()：输入一个浮点数。

Scanner 类定义在 Java.util 包中。在编写程序时要在程序的最开始处加入“import java.util.*;”语句，将相应的包加载进来。

【例 2-7】 询问用户的姓名和年龄，然后打印一条如下形式的信息：Hello, XXX . Next year,your'll be XX years old.

```
import java.util.*;
public class InputTest
 {
    public static void main(String[] args)
    {
       Scanner in = new Scanner(System.in);
       //读取用户的名字
       System.out.println("What is your name?" );
       String name = in.nextLine();
       //读取用户的年龄
       System.out.println("How old are you?" );
       int age = in.nextInt();
       in.close();
       //输出信息
       System.out.print("Hello, " + name + " . " );
       System.out.println("Next year, you'll be " + (age + 1)+"years old. " );
    }
 }
```

2.5.2 基本输出

在 Java 中，若程序运行时需要通过显示器输出数据，则需要使用 Java 提供的输出流功能。System.out 是标准输出流，是 Java.io 包中 PrintStream 类的一个对象，其常用的主要方法是 println()和 print()。这两种方法的区别在于 print()方法在输出括号里指定参数后就结束操作，而不再添加回车，光标停留在输出内容的最后一个字符的右边；而 println()则添加回车，光标停在下一行的开头位置。例 2-7 中的输出就是这两个方法的典型应用。

2.6 流程控制语句

与其他编程语言一样，Java 也通过使用流程控制语句来改变程序流的执行，从而完成程序状态的改变。Java 的程序控制语句分为选择、重复和跳转三种。选择语句的作用是根据条件表达式的结果或状态变量的值来决定程序执行的路径；重复语句使程序能够重复执行一个或一个以上的语句，从而形成循环；跳转语句允许程序以非线性的方式执行。Java 中的控制语句包括以下几种。

- 分支语句：if-else、switch。
- 循环语句：while、do-while、for。
- 其他流程控制语句：break、continue、return。

Java 语言就是通过这些控制语句来控制程序流的执行，从而形成程序的三种基本结构，即顺序结构、分支结构和循环结构。顺序结构就是按着程序中语句书写的自然顺序来逐条执行，这是最简单的一种程序结构，不需要流程控制语句进行控制。

2.6.1 选择语句

Java 的选择语句有 if 语句和 switch 语句两种。这两种语句都是在程序流执行到某一位置时，根据当时条件表达式的结果或状态变量的值来控制程序流接下来的执行方式。这两个语句不仅功能强大，而且还具有很强的灵活性。

1. if 语句

（1）基本 if 语句

if 语句也称为条件分支语句，它能将程序的执行路径分为两条，其完整格式和功能如下。

```
if    (条件表达式)
   statement1;
else
   statement2;
```

其中，statement1 和 statement2 都是 if 和 else 子句的执行对象，它们可以是一条语句，也可以是程序块（用一对大括号括起来的多条语句）；“条件表达式”可以是任何返回布尔值的表达式；else 子句是可选项，它不能单独作为语句使用，必须和 if 配对使用。

如果条件表达式的值为“真”（true），就执行 if 的对象（statement1）；否则，执行 else 的对象（statement2）。任何时候两个对象都不可能同时被执行。

【例 2-8】 求给定两个数中比较大的一个数，程序如下所示。

```
/*   求给定两个数中的大数 */
public class MaxNumberDemo {
public static void main(String args[])
{
   int d1=200;
   int d2=1000;
   int max;
   System.out.println("*****原始数据*****");
```

```
        System.out.println("d1="+d1);
        System.out.println("d2="+d2);
        if   (d1 > d2)     //该 if 语句带有 else 子句。
            max=d1;
        else
            max=d2;
        System.out.println("*****最大数  *****");
        System.out.println("max="+max);
    }
}
```

在书写程序时，为了表示出分支语句的结构和层次关系，应采用缩格的书写形式。

一般来讲，用于控制 if 语句的条件表达式都包含关系运算符。当然，也可以用一个布尔值来控制 if 语句。请看下面的程序段。

```
......
int d1=200;
int d2=1000;
int max;
boolean flag;
System.out.println("*****最大数  *****");
flag=(d1>d2);
if (flag)     //用布尔值做条件
   { max=d1;
    System.out.println("max="+max);}
else
    {max=d2;
    System.out.println("max="+max);}
......
```

要注意的是，在这个例子中 if 和 else 子句后的语句多于一条，这时需要用一对大括号{}将它们括起来形成一个程序块，有时也称为块语句。

（2）if 语句的嵌套

if 语句的嵌套是指一个 if 语句的 if 子句或者 else 子句的执行对象中又包含了 if 语句。在实际编程时经常要用到 if 语句的嵌套。需要强调的是，一个 else 子句总是与和它在同一个块中并且离它最近的 if 子句配对，也可以通过使用大括号{}来改变配对关系。下面是一个例子。

```
if(i == 10)
{ if(j < 20)     a = b;
     if (k > 100) c = d;
     else    a = c;  }
else       a = d;
```

说明：最后一个 else 语句没有与 if(j <20)相对应，因为它们不在同一个块，尽管 if(j <20) 语句是离它最近且没有 else 配对的 if 语句。最后一个 else 语句对应着 if (i==10)。内部的 else 语句对应着 if (k>100)，因为它是同一个块中最近的 if 语句。

（3）if-else-if 阶梯

if 语句的嵌套格式是多种多样的，其中比较典型的一种嵌套结构被称为 if-else-if 阶梯。它的语法格式为

```
if  (条件表达式 1)
     statement1;
else if (条件表达式 2)
     statement2;
else if (条件表达式 3)
     statement3;
……
else
     statementN;
```

条件表达式从上到下依次被求值。一旦找到为真的条件，就执行与该子句相关的语句对象，该阶梯后面的部分就被忽略了。最后的 else 语句经常被作为默认的条件，即如果所有的条件都为假，就执行最后的 else 子句。如果没有最后的 else 子句，而且所有其他的条件都为假，那程序就不做任何动作。

【例 2-9】 通过使用 if-else-if 阶梯来编写程序，以确定某个月份属于哪个季节。

```
// if-else-if  阶梯.
class  IfElseDemo {
public static void main(String args[]) {
    int month = 4;     //  四月
    String season;
    if(month == 12 || month == 1 || month == 2)
         season = "Winter";
    else if(month == 3 || month == 4 || month == 5)
         season = "Spring";
    else if(month == 6 || month == 7 || month == 8)
         season = "Summer";
    else if(month == 9 || month == 10 || month == 11)
         season = "Autumn";
    else
         season = "Bogus Month";
    System.out.println("April is in the " + season + ".");
    }
}
```

该程序产生如下输出。

```
April is in the Spring.
```

2. switch 语句

解决多分支结构的问题时可以使用 if 语句的嵌套形式。但是如果嵌套的层数太多，即使用 if-else-if 阶梯也会使程序变得复杂和难于理解，而且容易产生错误。为此，Java 提供了一

条专门用于多分支选择的语句——switch 语句，以便实现从多条分支中选择一条进行执行。switch 语句的一般格式如下。

```
switch (表达式) {
case value1:
   statement1;
   break;
case value2:
   statement2;
   break;
……
case valueN:
   statementN
   break;
default:
   statementN+1;
   }
```

“表达式”必须为字节型（整型或字符型）。每个 case 子句后的值 value 必须是与表达式类型兼容的一个特定常量（一定不是变量），各个 case 的值不允许重复。

switch 语句的执行过程如下。用表达式的值与每个 case 子句中的常量值作比较，如果发现了一个与之相匹配的，则执行该 case 子句后的语句；如果没有一个 case 的常量与表达式的值相匹配，则执行 default 子句。当然，default 子句是可选的。如果没有相匹配的 case 子句，也没有 default 子句，则不执行任何语句。

break 语句用来在执行完一个 case 分支后，使程序流程跳出 switch 语句，即终止 switch 语句的执行。因为 case 子句只起到一个标号的作用，用来查找匹配的入口并从此处开始执行，对后面的 case 子句则不再进行匹配，因此在每个 case 分支后，要用 break 来终止后面的 case 分支语句的执行。

【例 2-10】 用 switch 语句重写前面显示季节的例子。

```
// switch 语句
class SwitchDemo{
public static void main(String args[]) {
int month = 4;
String season;
switch (month) {
case 12:
   season = "Winter";
   break;
case 1:
   season = "Winter";
   break;
case 2:
   season = "Winter";
   break;
```

```
    case 3:
    case 4:
    case 5:
        season = "Spring";
        break;
    case 6:
    case 7:
    case 8:
        season = "Summer";
        break;
    case 9:
    case 10:
    case 11:
        season = "Autumn";
        break;
    default:
        season = "Bogus Month";
    }
    System.out.println("April is in the " + season + ".");
    }
}
```

这个重写的程序执行起来更高效。

说明

- switch 语句仅能用于测试相等的情况，即 switch 语句只能在各个 case 的常量中寻找与表达式值相匹配的值；而 if 语句可计算任何类型的布尔表达式。
- 在同一个 switch 语句中没有两个相同的 case 常量。
- switch 语句也可以嵌套，外部 switch 语句中的 case 常量可以和内部 switch 语句中的 case 常量相同，而不会产生冲突。
- switch 语句通常比一系列嵌套 if 语句更有效。

2.6.2 循环语句

循环语句的作用是重复执行一段程序代码，直到循环条件不再成立为止。被重复执行的语句称为循环体。Java 提供的循环语句有 while 语句、do-while 语句和 for 语句三种，这些语句创造了通常所说的循环结构程序。

1. while 语句

while 语句是 Java 最基本的循环语句。它的一般格式如下。

```
while (表达式) {
    循环体语句;
}
```

“表达式”是循环控制表达式，它可以是任何的布尔表达式。循环体语句如果多于一条，需要用大括号将其括起来。

while 语句的执行过程如下所示。

1）计算布尔表达式的值。

2）如果值为“真”，循环体就被执行一次，然后回到上一步；若值为“假”，则跳过循环体语句，直接转到下一步。

3）执行循环体后面紧跟的语句行。

【例 2-11】 用 while 语句输出 6 行“2008，北京欢迎你！”。

```
// while 循环
class WhileDemo{
  public static void main(String args[]) {
    int i = 1;       //初始化条件
    while(i <= 10) {        //以下两条语句为循环体
      System.out.println("2008，北京欢迎你!");
      i++;               // 迭代，变更循环条件
    }
  }
}
```

while 循环（或 Java 的其他任何循环）的循环体可以为空。这是因为空语句（仅由一个分号组成的语句）在 Java 的语法中是合法的。

2．do-while 循环

do-while 循环先执行一次循环体，然后才计算位于 while 后面的条件表达式的值。如果此时条件表达式的值为“真”，则开始下一次循环；否则循环结束。

它的一般格式如下。

```
do {
    循环体语句;
} while (表达式);
```

do-while 语句执行过程如下所示。

1）执行一次循环体。

2）计算条件表达式的值。

3）如果值为“真”，则继续循环，回到步骤 1）；否则，转到步骤 4）。

4）执行循环体后面紧跟的语句行。

【例 2-12】 用 do-while 语句重写例 2-11。

```
// do-while 循环
class DoWhileDemo{
  public static void main(String args[]) {
    int i = 1;           //初始化条件
    do{                  //以下两条语句为循环体
      System.out.println("2008，北京欢迎你!");
      i++;              // 迭代，变更循环条件
    } while(i <= 10);
  }
```

```
}
```

程序的输出结果与前面相同。

3. for 循环

for 循环是一个功能强大且形式灵活的结构。它的循环方式也属于"当循环"，其语句的一般格式如下。

```
for(初始化; 循环控制条件;迭代) {
    循环体语句;
}
```

for 循环的执行过程如下所示。

1）当循环启动时，先执行"初始化"部分。所谓初始化就是为循环控制变量设置初值。重要的是这个初始化表达式仅在循环开始时被执行一次。

2）计算"循环控制条件"表达式的值。表达式必须是布尔表达式。如果表达式值为"真"，则执行一次循环体，然后执行下一步；如果为"假"，则循环终止，转去执行循环体后面的语句行。

3）执行"迭代"部分。通常是增加或减少循环控制变量的值，使条件表达式的值发生变化。迭代部分执行完毕，一次循环结束，然后转回去执行上一步。这个过程不断重复直到条件表达式的值变为"假"。

说明：初始化部分和迭代部分都可以由多个表达式语句构成，这时各表达式语句之间要使用逗号分隔符。初始化、终止条件以及迭代部分都可以为空语句(但分号不能省略)。三者均为空的时候，相当于一个无限循环。for 语句的以下几种写法都是正确的。

```
for ( ; 循环控制条件; 迭代)
for (初始化; ; 迭代)
for ( ; ; 迭代)
for (初始化; ; )
for ( ; 循环控制条件; )
for ( ; ; )
```

【例 2-13】 用 for 语句重写例 2-11。

```
// for 循环
class ForDemo{
  public static void main(String args[]) {
    int i;        //声明循环控制变量
    for( i=1;i<=10;i++ )     //以下两条语句为循环体
      {System.out.println("2008，北京欢迎你!");}
    }
}
```

控制 for 循环的变量经常只是用于该循环，而不用在程序的其他地方。在这种情况下，可以在循环的初始化部分中声明变量。重要的是，当在 for 循环内声明变量时，该变量的作用域仅限于 for 循环内，在 for 循环结束之后，变量就不存在了。

例如，上面程序的 for 语句可以写成

```
for(int i=1;i<=10;i++ )        //控制变量 i 的声明在初始化部分进行
   {System.out.println("2008，北京欢迎你!");}
```

上述三种循环语句既可以用于预先知道循环次数的情况，也可以用于不知道循环次数的情况。

【例 2-14】 假设一张足够大的纸，厚为 0.5mm。问：对折多少次以后，可以达到珠穆朗玛峰的高度？（2007 年最新数据为 8844.43m）

```
class Times{
   public static void main(String args[]) {
      int n=0;                       //声明计数器变量
      double h=0.5;                  //声明循环控制变量
     for( ;h<=8844430;n++,h*=2 ) {;}     //循环体为空
        System.out.println("需要对折"+n+"次。");
   }
}
```

读者可以用 while 和 do-while 语句改写该程序。

4．循环嵌套

和其他编程语言一样，Java 允许循环语句嵌套使用。也就是说，一个循环语句可以完全包含在另一个循环语句之内。例如，下面的程序段的功能是计算 1!+2!+…+9!+10! 的值，在这段代码中就使用了循环语句的嵌套。

```
……
long sum=0;
for(int i=1; i<=10; i++)          //外循环开始，控制变量为 i
{
    long m=1;                     //外循环局部变量 m
    for(int j=1;j<=i;j++)         //内循环开始，j 为内循环控制变量
    { //内循环功能为求当前 i 的阶乘
        m*=j;                     //外循环变量 m 和内循环控制变量 j
    }                             //内循环结束，j 消失
     sum+=m;                      //局部变量 sum 和外循环局部变量 m
 }                                //外循环结束，i 和 m 消失
System.out.println("1!+…+10!="+sum);
……
```

三种循环（while、do-while、for）都可以嵌套，而且可以相互嵌套。在循环的嵌套使用中，一定注意嵌套层次的关系，防止各层次间出现交叉套迭的情况，以免引起程序的混乱。为了能清楚地表达嵌套的层次关系，建议用缩格的形式书写程序。

2.6.3 跳转语句

Java 支持 break，continue 和 return 三种跳转语句。这些语句能够改变程序执行的流程。下面分别介绍每一种语句。

1．break 语句

在 Java 中，break 语句可用于 switch 引导的分支结构以及以上 3 种循环结构，用来强制跳出 switch 语句或终止循环。break 语句用在 switch 语句中，前面已经介绍过了。此处重点介绍后一种用法。

break 语句在循环体中一般与 if 语句配合使用，它的一般格式如下。

```
if   (condition)
     break;
```

在执行循环体过程中如果遇到 break 语句，即使循环没有完成预定次数或循环控制条件仍然为“真”，循环都被强制性终止，程序流程从循环体后面的语句重新开始。下面是一个简单的例子。

【例 2-15】 利用 break 语句终止循环。

```
// 用 break 语句退出循环.
class BreakLoopDemo1{
  public static void main(String args[]) {
    for(int i=0; i<100; i++) {
      if(i == 10) break; // i 为 10 时  终止循环
        System.out.println("i: " + i);
    }
    System.out.println("循环结束.");
  }
}
```

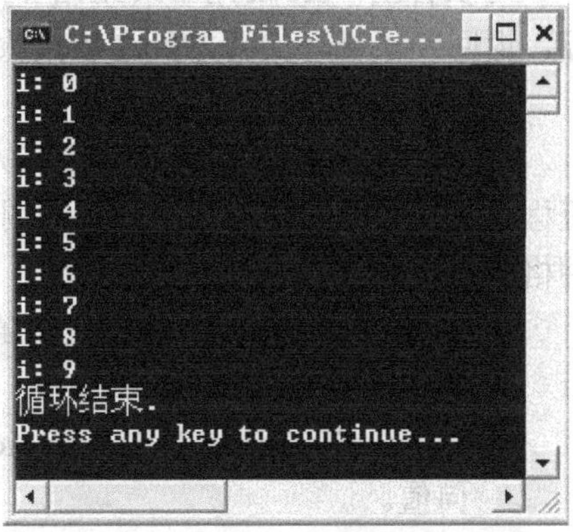

图 2-4　例 2-15 程序运行结果

该程序的运行结果如图 2-4 所示。

在该例中，尽管 for 语句的循环体被设计为重复执行 100 次，但是当 i 等于 10 的条件满足时，break 语句就终止了 for 循环。

break 同样可以用于 while 和 do-while 语句中，如果将例 2-15 用 while 或 do-while 语句改写一下，会得到同样的输出结果。

2．continue 语句

continue 语句只用于循环结构中，语句的一般格式如下。

```
continue;
```

该语句的作用是终止当前循环结构的本轮循环而直接开始下一轮循环。在 for 结构中当程序执行到 continue 语句时，忽略循环体中后面的语句，直接跳到迭代部分执行，然后开始下一轮。在 while 和 do-while 结构中，执行到 continue 语句时，马上转去执行循环控制表达式语句，从而开始下一轮。

【例 2-16】 输入一组数据，输出其中的负数，正数不做任何处理。如果输入 0，则结束循环。

```
import java.io.*;
import java.util.*;
class ContinueDemo{
```

```
    public static void main(String[] args) {
      int data;
      Scanner in = new Scanner(System.in);
      System.out.print("请输入一组整数：");
    while (true)
     { data = in.nextInt();
        if(data==0) break;
        else if(data>0) continue;
        else System.out.println(data);
     }
    }
  }
```

可以看出，break 用于终止循环，结束程序；而 continue 则是终止了本次循环体语句的执行，返回到了循环的开始处重新接收数据。

3．return 语句

Java 中的 return 语句总是用在方法中，和方法有着密切的关系。return 语句可以使程序流程从当前方法中退出，返回到调用该方法的语句处，继续程序的执行。return 语句有以下两种格式。

- return expression：返回一个值给调用该方法的语句，返回值的数据类型必须与方法声明中的返回值类型一致。
- return：当方法说明中用 void 声明返回类型为空时，应使用此格式。此时不返回任何值。

2.6.4 应用实例

【例 2-17】 求 3～100 间的所有素数。

```
class Primenumber{
  public static void main(String args[]){
    System.out.println("**3～100 间的所有素数**");
    int n=0;
    for (int i=3;i<=100;i++){//外层循环
      int k=(int)Math.sqrt(i);
      int   isPrime=1;
      for (int j=2;j<=k;j++){//内层循环
      if(i%j==0)    isPrime=0;
      }
      if (isPrime!=0){
       System.out.print(" "+i);
       n++;      //每行打印 10 个素数
       if(n%10==0)   System.out.println();
      }
    }
  }
}
```

该程序结构是一个二重循环，内层循环判断数据 i 是否为素数，如果不是素数，则将 isprime 的值赋为 0；外层循环使得数据 i 从 3 变化到 100。两层循环的配合就求出了 3～100 之间的所有素数。

【例 2-18】 求 Fibonacci 数列 1,1,2,3,5,8,13,…的前 20 个数。

这是一个递推问题，该数列可以用一个通式表示为

$f_1=1 \quad (n=1)$

$f_2=1 \quad (n=2)$

$f_n=f_{n-1}+f_{n-2} \quad (n\geqslant 3)$

程序如下。

```
public class    Fibonacci{
public static void main(String args[]){
  System.out.println("**Fibonacci 数列的前 20 个数为：**");
  long    f1=1,f2=1;
  for(int i=1; i<=10 ;i++){
    System.out.print(f1 +"        "+f2); //每次输出两个数
    if (i%5==0)    System.out.println(); //每行输出 10 个数
    f1=f1+f2;
    f2=f2+f1;
  }
 }
}
```

运行结果为

```
1   1   2   3   5   8   13   21   34   55
89   144   233   377   610   987   1597   2584   4181   6765
```

2.7 数组

数组是一种长度固定的数据结构，是多个相同类型数值的有序集合。在 Java 语言中，数组是一种最简单的复合数据类型，数组中的元素可以是任何类型的——基本类型或复合类型。也就是说，数组元素既可以是基本类型的数据，也可以是某一个类的对象。在 Java 语言中，数组本身也是一个对象。

每个数组元素用数组名字和下标来唯一地标识，数组下标的个数就是数组的维数。根据数组下标的个数，数组分为一维数组、二维数组和多维数组。

2.7.1 一维数组

一维数组与数学上的数列有着很大的相似性。数列 $a_1,a_2,a_3...$的特点是各个元素名字相同，但下标不同，数组也是如此。在 Java 语言中，数组与其他基本类型的变量一样，也要遵循“先声明、后使用”的原则。

1．一维数组的声明

声明一维数组时需要定义数组的名称、维数和数组元素的类型。一维数组有两种声明格式。

格式 1：元素类型　数组名[ ];

格式 2：元素类型[ ]　数组名;

其中，数组元素的类型可以是基本类型，也可以是类或接口。数组名必须是一个合法的标识符。无论哪一种声明方式，都只使用一对[ ]，表明只有一维，是一维数组；[ ]既可以写在元素类型后，也可以写在数组名后面。例如，要保存某批学生的成绩，可以定义一个数组score，声明如下。

```
int    score[ ];
```

或

```
int[ ]    score;
```

该声明定义了一个名为 score 的数组，每个元素类型为整型。

Java 在声明数组时，只是建立了一个数组的引用，此时并不为数组元素分配内存空间，生成实例，所以[ ]中不用指出数组中元素个数(数组长度)，即[ ]中内容为空。

一个数组声明语句可以同时声明多个数组变量。例如，

```
int[ ] a,b,c;
```

也可以写成

```
int    a[ ],b[ ],c[ ];
```

显然第一种写法要简单些。

2．创建一维数组空间

（1）静态创建数组空间

静态创建数组空间是指在声明数组的同时给数组一个初值表。在数组元素个数不多的情况下，该方法比较实用。其一般格式如下。

```
元素类型 数组名[ ]={初值表}；
```

或者

```
元素类型[ ] 数组名={初值表}；
```

此时，系统会自动按所给初值的个数计算出数组的长度，分配相应的空间，并把初值存入各元素所占用的内存单元。例如，

```
int score[ ] = {81,62,43,84,85,96,67,78,69,90};
int intArray[ ]={2，4，6，8};
char[ ] chrArray={'A','B','C'};
```

（2）动态创建数组空间

除了用静态方式创建数组空间，Java 允许用 new 操作符来动态创建数组空间。在进行数

组声明并使用 new 操作符为数组分配空间后，数组才真正占用了一片连续的内存单元，数组的长度在此时被确定。创建数组空间的语法格式如下。

```
数组名 =new 元素类型[数组长度];
```

例如，

```
score = new int[10];   //创建含 10 个元素的整型数组
```

可以将声明数组和创建数组空间两个步骤合在一起，用一条语句来实现。例如，

```
int score [ ] = new int[10];   //创建同时声明
```

一旦数组创建以后，数组就有了确定的长度。数组中各元素通过下标来标识，下标从 0 开始，最大下标值为数组长度减 1。对于 score 数组，系统为该数组的 10 个元素分配空间，10 个元素分别为：score[0]，score[1]，score[2],…,score[9]，如图 2-5 所示。

score[0]	0
score[1]	0
score[2]	0
score[3]	0
score[4]	0
score[5]	0
score[6]	0
score[7]	0
score[8]	0
score[9]	0

图 2-5　数组存储格式

如果数组元素的类型是基本数据类型，由于基本数据类型都有默认值，数组元素都自动初始化为该默认值。比如 score 数组中的每一个元素值都是 0。

对于一个已经分配了空间的数组，除非再次使用 new 运算符重新为其分配空间，否则其长度是不会变化的。但是对一个数组再次分配空间时，该数组中原来存储的数据将会丢失。例如，

```
int intArray[]={1,3,5,7};
//数组 intArray 有 4 个整型数据空间
intArray=new int[10];
//为数组 intArray 重新分配 10 个整型数据空间
```

此时，原来数组 intArray 中的值 1、3、5、7 将丢失。

所有的数组都有一个属性 length(长度)，它存储了数组元素的个数。如 score.length 的值为 10，intArray.length 的值为 4。

使用 Java 数组时要注意下标值不要超出范围。如果超出范围，运行时将产生“数组访问越界异常”。

3．访问一维数组元素

在 Java 语言中，数组作为一个整体不能参加数据的处理，参加数据处理的只能是单个的数组元素。在定义了一个数组并为它分配了内存空间后，就可以引用数组中的每一个元素了。数组元素的引用格式为

```
数组名[下标]
```

其中，下标可以为整型常数或整型表达式，如 a[3]、b[i](i 为整型)、score[2*i]等。

在实际应用中，经常可以通过循环来控制对数组元素的访问，访问数组的下标随循环控制变量的变化而变化。

【例 2-19】　求 30 个学生的平均成绩。

```
import java.io.*;
import java.util.*;
public class Average{
        public static void main(String args[]) {
          int score[]=new int[30];
          int x;
         Scanner in = new Scanner(System.in);
         System.out.print("输入 30 个学生的成绩：");
  /*   以下程序将输入的 30 个学生的成绩存入数组 score 中  */
for (int k=0;k<30;k++)
            score[k] = in.nextInt(); //成绩存入数组
        /*  以下计算平均成绩  */
            int sum=0;
            for (int k=0;k<30;k++)
                sum+=score[k];
            System.out.println("平均成绩为："+sum/30);
        }
}
```

说明：*在该程序中给数组输入数据和计算平均值分别用两个循环来处理。虽然可以合并为一个循环，但建议读者还是养成每个程序块功能独立编程的风格，这样会使程序结构更清晰。*

2.7.2 二维数组

在 Java 语言中，多维数组被看作数组的数组。例如，二维数组就是一个特殊的一维数组，它的每个元素是一个一维数组。将这个概念进行推广，就可以得到多维数组。

1．二维数组的声明

二维数组的声明与一维数组基本相同，只是后面再加上一对[ ]。声明格式有以下三种方式。

格式 1：元素类型　数组名[ ] [ ];
格式 2：元素类型[ ] [ ]　数组名;
格式 3：元素类型[ ]　数组名[ ];

例如，

```
int   arrayA[][];           //定义一个整型的二维数组 arrayA
char[][]  arrayB;           //定义一个字符型的二维数组 arrayB
double[] arrayC[];          //定义一个双精度实型的二维数组 arrayC
```

二维数组的元素类型，既可以是简单类型，也可以是复合类型。与一维数组一样，二维数组声明之后，也没有对数组元素分配内存空间。只有创建了二维数组空间之后，才可以访问数组的每个元素。

2．创建二维数组空间

创建二维数组时，可指定各维的长度或至少指定第一维的长度，也可采用直接赋值的方法确定二维数组的长度。此时，按照给定的初始值顺序依次填满数组每一行中的元素。更高维的情况是类似的。下面以二维数组为例进行说明。

创建二维数组空间时，也有静态和动态两种创建方式。

（1）静态创建数组空间

静态创建数组空间是指在定义二维数组的同时通过给定的初值表对数组分配内存空间。例如，

```
int   arrayA [][] = {{1,2,3}, {4,5,6}, {7,8,9}};
```

此时，系统会自动按初值表中的数据个数计算出数组的长度并分配相应的空间。该例中的二维数组 arrayA 可以被看作由三个一维数组组成，每个一维数组的长度都是 3。数组中各元素通过两个下标来区分，每个下标的最小值为 0，最大值比行数或列数少 1。数组 arrayA 共包括 9 个元素，其排列如表 2-12 所示。

表 2-12　二维数组的排列

arrayA[0][0]	arrayA[0][1]	arrayA[0][2]
arrayA[1][0]	arrayA[1][1]	arrayA[1][2]
arrayA[2][0]	arrayA[2][1]	arrayA[2][2]

可以看出，二维数组在形式上与数学中的矩阵和行列式相似。arrayA[i][j]表示第 i 行第 j 列的元素。在实际应用中，需要通过二重循环来控制对数组元素的访问。

【例 2-20】 二维数组的定义、初始化及输出。

```
public class MulArray{
  public static void main(String args[]) {
    int arrayA[][]={{1,2,3},{4,5,6},{7,8,9}};
    System.out.println( arrayA[0][0]+"   "+ arrayA[0][1]+"   "+ arrayA[0][2]);
    System.out.println( arrayA[1][0]+"   "+ arrayA[1][1]+"   "+ arrayA[1][2]);
    System.out.println( arrayA[2][0]+"   "+ arrayA[2][1]+"   "+ arrayA[2][2]);
    System.out.println();
    arrayA[0][0]=arrayA[0][1]+arrayA[0][2];
    arrayA[1][1]=arrayA[1][0]+arrayA[1][2];
    arrayA[2][2]=arrayA[2][0]+arrayA[2][1];
    for (int i=0;i<=2;i++){
       for (int j=0;j<=2;j++)
              System.out.print( arrayA[i][j]+"   ");
              System.out.println();
       }
    }
}
```

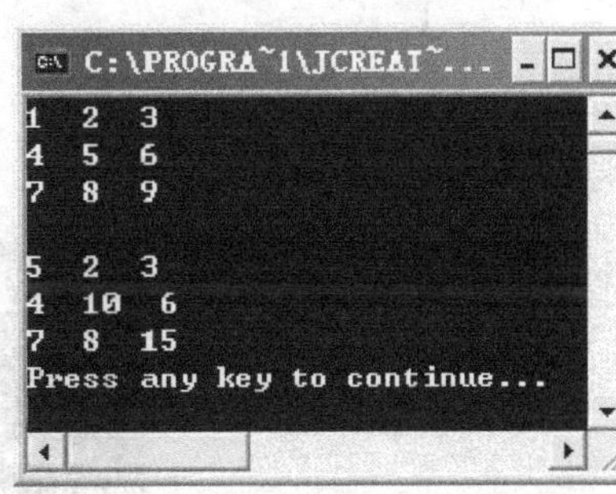

图 2-6　例 2-20 运行结果

运行结果如图 2-6 所示。

（2）动态创建数组空间

动态创建二维数组空间时可以使用以下两种方法。

方法 1：直接为每一维分配空间，如

```
int arrayA[][] = new int[3][3];
```

方法 2：从最高维开始，按由高到低的顺序分别为每一维分配空间，如

```
int a[][] = new int[3][];
a[0] = new int[3];
a[1] = new int[2];
a[2] = new int[4];
```

Java 语言中，由于把二维数组看作是数组的数组，允许二维数组每一维的大小不相同。

与一维数组一样，用这种方式创建的二维数组，如果元素的类型是基本数据类型，则数组元素都自动初始化为默认值。

二维数组的行数可以通过“数组名.length”获得，列数可以通过“数组名[行标].length”获得。

【例 2-21】 二维数组动态创建示例。

```
public class ArrayOfArraysDemo2 {
   public static void main(String[] args) {
      int[][] aMatrix = new int[4][];
      for (int i = 0; i < aMatrix.length; i++)   {
         aMatrix[i] = new int[i+1]; //创建子数组
         for (int j = 0; j < aMatrix[i].length; j++) {
            aMatrix[i][j] = i + j;
         }
      }
      //输出数组元素
      for (int i = 0; i < aMatrix.length; i++) {
         for (int j = 0; j < aMatrix[i].length; j++) {
            System.out.print(aMatrix[i][j] + " ");
         }
         System.out.println();
      }
   }
}
```

运行结果如图 2-7 所示。

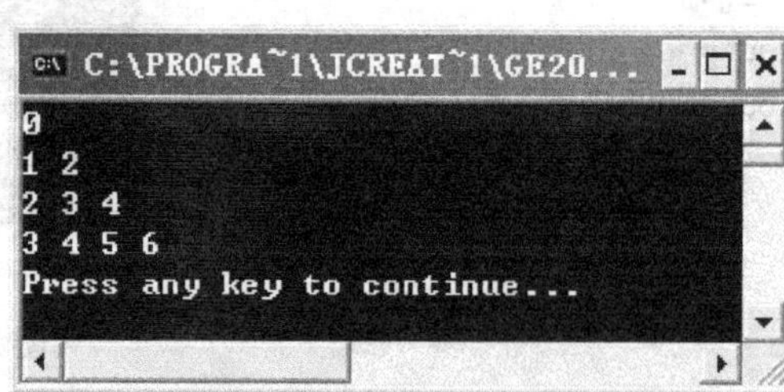

图 2-7　例 2-21 运行结果

说明：本例首先确定主数组的长度，而子数组的长度则在循环中逐个创建，大小不同。引用数组元素时，必须保证访问的数组元素在已创建好的空间范围内。

2.7.3 应用实例

【例 2-22】 有一个整数数组，其中存放着序列 1，3，5，7，9，11，13，15，17，19。请将该序列倒序存放并输出。

将一个数组中的元素倒序存放，就是先将数组中的第一个元素与最后一个元素交换，再将第二个元素与倒数第二个元素交换，以此类推，共交换数组长度/2 次即可。

程序如下。

```
public class Back{
public static void main(String args[]){
    int a[]={1,3,5,7,9,11,13,15,17,19};
    int t;
    System.out.println("数组的初始状态为：");
    for(int i=0;i<a.length;i++)
        System.out.print("    "+ a[i] );
        System.out.println();
    for(int i=0;i<a.length/2;i++){
        t=a[i];
        a[i]=a[a.length-i-1];
        a[a.length-i-1]=t;
    }
        System.out.println("数组逆序存放后的的初始状态为：");
  for(int i=0;i<a.length;i++)
      System.out.print("    "+ a[i] );
 }
}
```

【例 2-23】 求一个 3 × 3 矩阵两条对角线上的元素之和。这两条对角线上的元素有以下特点：行号、列号相等；行号、列号之和等于 2。

一个 3 × 3 的矩阵可以看作一个二维数组，程序如下所示。

```
import java.io.*;
import java.util.*;
public class SumBubble{
public static void main(String args[]){
    int sum=0;
    int a[][]=new int[3][3];
    Scanner in = new Scanner(System.in);
    for(int i=0;i<3;i++){
        for(int j=0;j<3;j++){
            a[i][j]= in.nextInt();
        }
    }
    for(int i=0;i<3;i++){
        for(int j=0;j<3;j++){
            if (((i+j)==2)||(i==j))
```

```
                    sum=sum+a[i][j];
                }
            }
            System.out.println("两对角线元素之和为：" + sum);
        }
    }
```

2.8 字符串

Java 提供了丰富的标准类，这些标准类被组成类包，其中 java.lang 包中定义了 String 和 StringBuffer 两个类，用于创建和处理字符串。但是与许多其他的计算机语言将字符串作为字符数组处理不同，Java 将字符串作为以上两个类的对象来处理。

Java 的字符串分为两种类型：一种是创建以后不需要改变的，称为字符串常量，可以用 String 类创建和处理；另外一种字符串是创建以后，可能要改变其内容的，称为字符串变量，可以用 StringBuffer 类创建和操作。

2.8.1 String 类

String 类的对象表示的是字符串常量。当创建一个 String 对象时，被创建的字符串是不能被改变的。每次需要改变字符串时都要创建一个新的 String 对象来保存改变后的内容，原始的字符串不变。

1．字符串常量的创建

（1）用字符串常量直接初始化一个 String 类的对象

在 Java 中，用双引号括起来的字符序列是字符串常量，又称为无名字符串对象。用字符串常量直接初始化一个 String 类的对象是最常用的创建字符串对象的方法。例如，

```
String str = " This is a test string.";
```

Java 语言还定义了一个 String 对象的运算符“+”，它的作用是连接两个字符串。上面语句也可以写成

```
String str = " This " + " is " + " a test string.";
```

其功能与前一句相同。

（2）通过 String 类提供的构造方法创建字符串对象

String 类提供了多个不同的构造方法，允许使用不同的数据源为字符串对象提供初始值。

- String();　//创建空字符串
- String(byte[]);　//创建字符串，其值由一个字节数组的内容设置
- String(char[]);　//创建字符串，其值由一个字符数组的内容设置
- String(byte[],int,int);　//参数表示字节数组的偏移量和长度
- String(char[],int,int);　//参数表示字符数组的偏移量和长度
- String(String);　//不建议使用这种具有字符串直接值参数的构造器，它创建了两个相同

的字符串

● String(StringBuffer); //由字符串缓冲区设定其值

例如，

```
String str1 = new String();   //将创建一个空字符串 s。
String str = " This is a test string.";
String str2 = new String(str);   //创建一个字符串 str2，其内容与字符串 str 相同。
char chars[] = { 'a', 'b', 'c' };
String str3 = new String(chars);   //用字符串“abc”初始化 str3。
char chars[] = { 'a', 'b', 'c', 'd', 'e', 'f' };
String str4 = new String(chars, 2, 3);   //用字符串“cde”初始化 str4。
```

已经创建的字符串对象，可以在任何允许使用字符串的地方使用。例如，

```
System.out.println(str);
```

它的作用等同于

```
System.out.println("This is a test string.");
```

说明：构造方法对于类是十分重要的，new 操作符为对象分配内存后将通过调用类的构造方法来确定对象的初始状态。也就是说，对象的初始化是通过构造方法来完成。

【例 2-24】 字符串使用示例。

```
class StringDemo1{
public static void main(String args[]){
        char c[]={'J', 'a', 'v', 'a', ' ', 'L', 'a', 'n', 'g', 'u', 'a', 'g', 'e'};
        String s1, s2, s3, s4, s5,s6,s7;
        byte b[]={65,66,67,68,69,70};
        s1=new String();          // 创建一个 String 对象,其内容为空
        s1="Empty";               // 为 s1 赋值
        s2=new String("String Test");  // 以字符串为参数创建 String 对象
        s3=new String(s2);  // 以已知字符串对象为参数创建 String 对象
        s4=new String(c);   // 以字符数组 c 为参数创建 String 对象
        s5=new String(c,5,8); // 从 c 的第 6 个字符起，取 8 个元素为参数创建 String 对象
        s6=new String(b); // 以字符数组 b 为参数创建 String 对象
        s7=new String(b,2,3); // 从 b 的第 3 个字符起取 3 个元素为参数创建 String 对象
        System.out.println(s1);
        System.out.println(s2);
        System.out.println(s3);
        System.out.println(s4);
        System.out.println(s5);
        System.out.println(s6);
        System.out.println(s7);
    }
}
```

编译和运行后输出

```
ABCDEF
CDE
```

2．String 类对象的常用操作

对字符串的操作是通过 String 类提供的方法实现的。一旦一个 String 对象被创建，将无法改变字符串的内容。但仍然可以对字符串对象执行各种类型的操作，比如访问字符串、子串搜索、子串截取、字符串比较、修改等。需要明确的是，每次需要改变字符串时都要创建一个新的 String 对象来保存改变后的内容，而原始的字符串不变。下面介绍几种常用的字符串操作方法。

（1）字符串的访问

```
int length()
```

该方法返回字符串的长度，这里的长度指的是字符串中 Unicode 字符的数目。例如，

```
String str="欢迎学习 Java 语言";
int len=str.length();
```

len 的值为 10。

注意：Java 采用 Unicode 编码，所有字符都占用 16 位长，因此汉字和其它符号一样都是一个字符。

（2）搜索字符或字符串

```
indexOf()和 lastIndexOf()方法
```

indexOf()和 lastIndexOf()方法用于在给定的字符串中搜索指定的字符或字符串。在 String 类中，定义了很多个 indexOf()和 lastIndexOf()方法，这些方法的方法名相同，但参数不同。这种定义方式在面向对象的程序设计中称为方法的重载。下面列出了 indexOf()和 lastIndexOf()的几种重载形式。

- int indexOf(int ch); //从给定的串的左侧开始搜索指定的字符，并返回其首次出现的索引
- int lastIndexOf(int ch); //从给定的串的右侧开始搜索指定的字符，并返回其首次出现的索引
- int indexOf(int ch, int startIndex); //从给定的串的左侧 startIndex 的索引开始搜索指定的字符，并返回其首次出现的索引
- int lastIndexOf(int ch ,int startIndex); //从给定的串的右侧 startIndex 的索引开始搜索指定的字符串，并返回其首次出现的索引
- int indexOf(String str); //从给定的串的左侧开始搜索指定的字符串，并返回其首次出现的索引
- int lastIndexOf(String str); //从给定的串的右侧开始搜索指定的字符串，并返回其首次出现的索引

- int indexOf(String str ,int startIndex);　//从给定的串的左侧 startIndex 的索引开始搜索指定的字符串，并返回其首次出现的索引
- int lastIndexOf(String str, int startIndex);　//从给定的串的右侧 startIndex 的索引开始搜索指定的字符串，并返回其首次出现的索引

需要说明的是，在字符串中第一个字符的索引是 0，第二个字符的索引是 1，依次类推，最后一个字符的索引是 length()–1。

【例 2-25】 indexOf()和 lastIndexOf()方法的使用。

```
class    StringTest{
     public static void main(String args[]){
     String    mystring="How do you do.";
     int lfirstpos1=mystring.indexOf('o');
     int rfirstpos1=mystring.lastIndexOf('o');
     System.out.println(lfirstpos1+ "    " + rfirstpos1);
     int lfirstpos2=mystring.indexOf("do");
     int rfirstpos2=mystring.lastIndexOf("do");
     System.out.println(lfirstpos2+ "    " + rfirstpos2);
     int lfirstpos3=mystring.indexOf('o',3);
     int rfirstpos3=mystring.lastIndexOf('o',10);
     System.out.println(lfirstpos3+ "    " + rfirstpos3);
     int lfirstpos4=mystring.indexOf("do",6);
     int rfirstpos4=mystring.lastIndexOf("do",10);
     System.out.println(lfirstpos4+ "    " + rfirstpos4);
  }
}
```

输出结果为

```
1      12
4      11
5      8
11     4
```

（3）截取字串

1）char charAt(int index)方法

该方法得到字符串中指定索引位置上的字符。例如，

```
String str="欢迎学习 Java 语言";
char    ch1=str.charAt(5);
```

则 ch1 中的字符为'J'。

2）void getChars(int Start, int End, char objstr[], int objstrStart)

该方法用于在字符串对象中截取子串。参数中，Start 指定了子串开始位置的索引，End 指定了子串结束位置的下一个字符的索引。因此子字符串包含了索引从 Start 到 End–1 的字符。获得的子串存入数组 objstr，起始位置由 objstrStart 指定。注意：必须确保数组 objstr 有足够大的空间来容纳所获得的子串中的字符。

【例 2-26】 getChars( )方法。

```
class getCharsDemo{
  public static void main(String args[]) {
    String str = "This is a demo of the getChars method.";
    int start = 10;
    int end = 14;
    char substr[] = new char[end - start];
    str.getChars(start, end, substr, 0);
    System.out.println(substr);
  }
}
```

运行结果为 Demo。

3）String substring(int startIndex) 方法

该方法用于截取指定位置后面的内容作为子串，它有以下两种形式。

```
substring(int beginindex)和 substring(int beginindex,int endindex)
```

前者返回给定串中从 beginindex 起到串尾止的一个子串，后者返回给定串中从 beginindex 起到 endindex−1 止的一个子串，该子串长度为 endindex−beginindex。

【例 2-27】 显示星期日到星期六的名称。

```
class    WeekName{
  public    static    void main(String args[]){
      String source="日一二三四五六",weekday;
      int i;
      for (i=0;i<7;i++){
          weekday=source.substring(i,i+1);
          System.out.println("星期"+weekday);
          }
      }
  }
```

程序的运行结果为

```
星期日
星期一
星期二
星期三
星期四
星期五
星期六
```

（4）字符串比较

字符串的比较也是通过 String 类提供的方法实现的。

1）equals()方法和 equalsIgnoreCase()方法

equals()方法和 equalsIgnoreCase()方法都用来检验两个字符串是否相等。不同的是，后者比较时不区分字母大小写。两方法的返回值均为布尔型 true 或 false。例如，

```
String   s1=new String("abc");
String   s2=new String("abc ");
String   s3=new String("ABC ");
System.out.println(s1.equals(s2));                    //输出为 true
System.out.println(s1.equals(s3));                    //输出为 false
System.out.println(s1.equalsIgnoreCase (s3));         //输出为 true
startsWith()方法和 endsWith()方法
```

这两个方法用于判断给定字符串的起始子串和终止子串是否与参数中指定的子串相同，返回值为布尔型。

2）compareTo()方法和 compareToIgnoreCase ()方法

这两个方法用于比较给定字符串与参数中指定的字符串的大小。后者在比较时不区分字母大小写。两个方法的返回值为整型。如果返回值大于 0，则给定串比参数中的串大；如果返回值小于 0，则给定串比参数中的串小；若两个字符串相等，则返回值为 0。

（5）字符串修改

1）concat(String str) 方法

该方法的参数为一个 String 类对象，作用是将参数中的字符串 str 连接到原来字符串的后面。例如，

```
String str1="欢迎学习";
String str2;
Str2=str1.concat("Java 语言");
```

则字符串 str2 的内容为"欢迎学习 Java 语言"。

2）String replace(char oldchar, char newchar) 方法

其功能是将给定字符串中所有的 oldchar 字符用 newchar 字符进行替换，结果得到一个新的字符串。例如，

```
String strObj1="Sun"
strObj2= strObj1. replace('u','o');
```

则 strObj2 为 Son。

3）trim()方法

该方法的功能是将一个字符串两端的空格字符截掉，得到一个两端不含有空格的新字符串。例如，

```
String s1="      欢迎      "
String s2="学习 Java."
System.out.println(s1.trim()+s2
```

输出为“欢迎学习 Java.”。

4）toUpperCase()方法和 toLowerCase()方法

这两个方法的功能是将给定字符串中所有的字母分别转换成大写或小写。例如，

```
String s1="aAbBcCdD",s2,s3;
S2=s1. toUpperCase();
S3=s1. toLowerCase();
```

则 s2 中的字符串为 AABBCCDD，s3 中的字符串为 aabbccdd。

注意：此时对 s1 中的字符串没有影响，仍然为 aAbBcCdD。

（6）字符串的类型转换

类型标识符.valueOf(Object obj)用于不同类型间的转换。

例如，

```
String    s1,s2="3.14159";
char    ch='a';
float pi;
s1= String.valueOf(ch);        //将字符型转换为 String 型
pi=Float.valueOf(s2);          //将字符串转换为 Float 型
System.out.println(String.valueOf(Math.PI));   //将数值型转换为 String 型
```

类型标识符.toString(Object obj)用于将 Object 转换为字符串型。该方法可以重载，例如，

```
String    s=Integer.toString(123,8);        //将十进制 123 转换为八进制数据
System.out.println(s);                      //输出为 173
```

2.8.2 StringBuffer 类

StringBuffer 类的每一个对象通过调用该类的一些方法可以改变自身的长度和内容，所以用 StringBuffer 类创建的字符串对象也称为字符串变量。

1．字符串变量的创建

用 StringBuffer 类创建字符串变量的过程与 String 类对象的创建过程极其相似。字符串变量通过调用 StringBuffer 类的构造方法进行创建。其构造方法主要有以下几个。

```
StringBuffer();   //创建一个空的 StringBuffer 对象，默认容量为 16 个字符
StringBuffer(int len) ; //构造一个空的字符串缓冲区，其初始容量由参数 len 设定
StringBuffer(String str) ; //创建一个 StringBuffer 对象，利用一个已经存在的字符串 String 的对象 str
                             来初始化该对象，其容量是 String 对象的长度加 16
```

例如，

```
StringBuffer s0=new StringBuffer(); //分配了长 16 字节的字符缓冲区
StringBuffer s1=new StringBuffer(512); //分配了 512 字节的字符缓冲区
StringBuffer s2=new StringBuffer("You are good!"); //在字符缓冲区中存放字符串"Happy new year！",
                                                     另外，后面又留了 16 字节的空缓冲区。
```

说明：每个 StringBuffer 对象都有一个容量，只要其字符序列的长度不超过其容量，就无

需分配新的内部缓冲数组；如果内部缓冲数组溢出，StringBuffer 对象的容量将自动增大。

2. StringBuffer 类的对象的操作

对字符串变量的操作是通过 StringBuffer 类提供的方法实现的。StringBuffer 类提供很多对字符串变量进行访问的方法，在这些方法中绝大部分与 String 类中的方法相同。同时，StringBuffer 类还提供了用于字符串变量修改和扩充的方法。下面重点介绍几种 StringBuffer 类常用的字符串操作方法。

（1）字符串的访问

- int capacity()方法：该方法得到当前 StringBuffer 对象的容量。
- int length()方法：该方法得到当前 StringBuffer 对象的长度（字符数）。

（2）字符串的修改

1）setCharAt(int index,char ch)方法

该方法将指定的字符 ch 放到 index 指定的位置上。例如，

```
s="stedent";
s.setCharAt(2,"u");
```

则 s 为“student”。

2）replace(int a,int b,String str)方法

该方法使用新字符串 str 替换当前字符串变量中起始位置为 a、结束位置为 b 之间的内容。

3）insert(int offset,char ch)方法和 insert(int offset,String str)方法

该方法在当前字符串对象的 offset 位置插入字符 ch 或字符串 str，使该字符串的长度得到扩充，内容得到修改。

例如，

```
StringBuffer   s=new StringBuffer("wecome");
s.insert(2,'l');
```

则 s 为"welcome"。

4）append(String str)方法

该方法将给定的字符串追加到当前字符串变量的末尾。

例如，

```
StringBuffer   s=newStringBuffer("we");
String   str="lcome";
s.append(str);
```

则 s 为"welcome"。

5）deleteCharAt(int a)方法和 delete(int a,int b)方法

前者用于删除指定索引位置处的字符，后者用于删除掉当前字符串变量中起始位置为 a、结束位置为 b 之间的内容。

【例 2-28】 StringBuffer 类常用方法的使用。

```
class StrBufferDemo{
```

```
public static void main(String args[]) {

    StringBuffer s1=new StringBuffer("It is wild.");
    System.out.println(s1.capacity( ));
    System.out.println(s1.length( ));
    s1. setCharAt(6,'m');
    System.out.println(s1);

    StringBuffer s2=new StringBuffer("Good morning!");
    s2. replace(5,12, "afternoon ");
    System.out.println(s2);

    StringBuffer s3=new StringBuffer("Hello");
    s3.append(" students.");
    s3.insert(6,"all");
    System.out.println(s3);

    StringBuffer s4=new StringBuffer("Hello all students.");
    s4.delete(6,10);
    System.out.println(s4);
    }
    }
```

2.9 本章小结

本章主要介绍了 Java 的基本语法要求，包括 Java 的标示符与关键字、基本数据类型、运算符和表达式、基本输入输出处理及数组、字符串等，这些是使程序中语句正确的基本保证，必须熟练掌握。

通过本章的学习，读者应能够掌握 Java 的基本语法、理解数组的概念，掌握 Java 的基本语句、程序控制方法，掌握数组的定义、初始化、数组元素的引用等方法，能够使用数组这种数据类型结合程序的基本结构编写程序。

2.10 习题

一、填空题

1．语句如下，

```
int[] c1=int[10];
int[] c2={1,2,3,4,5,6,7,8,9,0};
```

数组 c1 中的元素有______个，c2 中的元素有 ______个，已初始化赋值的是____。

2．执行完下列程序后 i 的值为 ______ 。

```
int i=0;
while(i<5)
{   i++;
}
```

3．运行下列程序段后，c 的取值为 ＿＿＿＿＿ 。

```
int a = 100, b = 20,c;
char oper ='+';
switch(oper) {
case '+':
  c = a+b;
  break;
case '-':
  c = a - b;
  break;
default:
  c = a * b;
  break;
}
```

二、选择题

第 1～16 题为单项选择，17～19 题为多项选项。

1．下面哪个不是 Java 语言中的关键字？（　　）

A．default

B．abstract

C．number

D．package

2．下面语句哪个是不正确的？（　　）

A．char='abc';

B．long l=oxfff;

C．float f=0.23;

D．double=0.7E-3;

3．在声明变量时以下哪个选项是不允许使用？（　　）

A．char　　B．int　　C．Hello　　D．public

4．以下语句错误的是（　　）？

A．int a=10;　　B．int ab=10.4f;　　C．float b=10;　　D．double c=10.0;

5．以下产生信息丢失的类型转换是（　　）？

A．float a=10;　　B．int a=(int)884656565.0f;

C．byte a=10;int b=a;　　D．double d=100;

6．以下运行符中属三元运算符的是（　　）？

A．+　　B．%　　C．条件运算符　　D．*

7．以下关于数组的描述有误的是（　　）？

A．整型数组中的各元素的值必须是整型

B．数组是有序数据的集合

C．如数组名为 ab,即 ab.length 可以取得该数组的长度

D．数组的下标从 1 开始

8．以下对于标识符的描述有误的是（　　）？

A．常量用大写字母，变量用小写字母

B．Java 的标识符严格区分大小写

C．第一个字符不是数字

D．标识符中任何位置都不能用数字

9．以下语句正确的是（　　）？

A．x+1=5;　　B．i++=1;　　C．a++b=1;　　D．x+=1;

10．以下结果为真(true)的是（　　）？

A．10>'a'　　B．'a'>20　　C．!true　　D．(3<5) && (4>10)

11．执行语句“int a='2';”后 a 的值是多少？(　　)

A．1　　B．50　　C．49　　D．2

12．'a'%3 的值是多少？(　　)

A．1　　B．97　　C．3　　D．2

13．以下关于循环语句描述正确的是（　　）？

A．for 循环不可能产生死循环

B．while 循环不可能产生死循环

C．for 循环不能嵌套 while 循环

D．即使条件不满足 do-while 循环体内的语句也至少执行一次

14．以下对选择语句的描述错误的是（　　）？

A．根据某一条件重复执行一部分代码直到满足终止循环条件为止

B．可以根据条件控制程序流程，改变程序执行的顺序

C．选择语句可以嵌套使用

D．当条件满足时就会执行相应的语句

15．以下程序测试 String 类的各种构造方法，试选出其运行结果。（　　）

```
class STR{
  public static void main(String args[]){
    String s1=new String();
    String s2=new String("String 2");
    char chars[]={'a',' ','s','t','r','i','n','g'};
    String s3=new String(chars);
    String s4=new String(chars,2,6);
    byte bytes[]={0,1,2,3,4,5,6,7,8,9};
    StringBuffer sb=new StringBuffer(s3);
    String s5=new String(sb);
```

```
        System.out.println("The String No.1 is "+s1);
        System.out.println("The String No.2 is "+s2);
        System.out.println("The String No.3 is "+s3);
        System.out.println("The String No.4 is "+s4);
        System.out.println("The String No.5 is "+s5);
    }
}
```

A．The String No.1 is
The String No.2 is String 2
The String No.3 is a string
The String No.4 is string
The String No.5 is a string

B．The String No.1 is
The String No.2 is String
The String No.3 is a string
The String No.4 is tring 2
The String No.5 is a string

C．The String No.1 is
The String No.2 is String
The String No.3 is a string 2
The String No.4 is strin
The String No.5 is a string

D．以上都不对

16．下面语句段的输出结果是什么？（　　）

```
int i = 9;
switch (i) {
default:
System.out.println("default");
case 0:
System.out.println("zero");
break;
case 1:
System.out.println("one");
case 2:
System.out.println("two"); }
```

A．default
B．default, zero
C．error default clause not defined
D．no output displayed

17．下面哪些语句能够正确地生成 5 个空字符串？（ ）

A．String a[]=new String[5]; for(int i=0;i<5;a[++i]="");

B．String a[]={"","","","",""};

C．String a[5];

D．String[5]a;

E．String []a=new String[5]; for(int i=0;i<5;a[i++]=null);

18．下面哪些选项将是下述程序的输出？（ ）

```
public class Outer{
public static void main(String args[]){
Outer: for(int i=0; i<3; i++)
   inner:for(int j=0;j<3;j++){
      if(j>1) break;
      System.out.println(j+"and"+i);
   }
}
}
```

A．0 and 0

B．0 and 1

C．0 and 2

D．0 and 3

E．2 and 2

F．2 and 1

G．2 and 0

19．下面哪个语句正确地声明一个整型的二维数组？（ ）

A．int a[][] = new int[][];

B．int a[10][10] = new int[][];

C．int a[][] = new int[10][10];

D．int[][] a = new int[10][10];

E．int[] a[] = new int[10][10];

三、简答题

1．float 型常量和 double 型常量在表示上有什么区别?

2．Java 的注释有几种形式？简单说明其作用及使用方法。

3．怎样获取数组的长度?

四、编程题

1．编写一个应用程序，给出汉字'你'、'我'、'他'在 unicode 表中的位置。

2．编写一个应用程序求 1!+2!+...+20!的值。

3．编写一个应用程序求 100 以内的全部素数。

4．分别用 do-while 和 for 循环计算 1+1/2!+1/3!+1/4!...的前 20 项和。

5．一个数如果恰好等于它的因子之和，这个数就称为“完数”。分别编写一个应用程序和小应用程序求1000之内的所有完数。

6．使用String类的public String concat(String str)方法可以把调用该方法的字符串与参数指定的字符串连接，把str指定的串连接到当前串的尾部获得一个新的串。编写一个程序通过连接两个串得到一个新串，并输出这个新串。

7．String类的public char charAt(int index)方法可以得到当前字符串index位置上的一个字符。编写程序使用该方法得到一个字符串中的第一个和最后一个字符。

第3章　面向对象概念及Java实现

面向对象程序设计代表了一种全新的程序设计思想，与传统的面向过程程序设计在思维方式上存在着很大的差别，所以逐步建立面向对象程序设计的思想是学习的关键。

本章学习目标

- 理解类和对象的概念及它们之间的关系
- 掌握如何用Java定义类和创建类的对象
- 理解构造方法的作用
- 掌握对象的引用
- 理解实例变量和实例方法
- 理解类变量和类方法
- 理解变量的作用域
- 能够编写面向对象的Java程序

3.1　面向对象的基本概念

我们所使用的高级程序设计语言可分为两类，一类称为面向过程的程序设计语言，用这类语言进行程序设计是从系统的功能入手，程序员首先将要解决的问题分解成一连串的简单步骤，然后将程序编写成一个顺序执行的指令序列。早期的高级程序设计语言，如我们所熟悉的C语言就属于此类语言。

另一类高级程序设计语言就是目前广泛使用的面向对象程序设计（Object-Oriented Programming，OOP）语言，它已经取代了早期的过程化程序开发技术。用这类语言编程是从处理的数据入手，对象是程序设计的核心，每个对象有自己的属性和能够执行的操作。所以，面向对象程序所涉及的首要概念是类和对象，与此相关的还有抽象、封装、继承和多态。

1．类与对象

对象是面向对象程序设计的核心。所有面向对象程序都是由对象组成的，它们可以互相通信、协调和配合，从而共同完成整个程序的任务和功能。

那么，到底什么是对象呢？概括地说，世界上任何一个具体的物理实体都可以看作一个对象，如一棵树、一个人、一件物品。这些实体都具有各自的属性，如形状、颜色、重量等，并对外界都呈现出各自的行为，如人可以走路、说话、做事，汽车可以启动、加速、减速停止等，这就是对象所具有的属性和行为。而面向对象程序设计中的对象就是现实世界中这些物理实体在计算机逻辑中的映射和体现。比如，我们日常使用的手表，是一个具体存在、有着各种零部件和实在功能的实体，在面向对象的程序中，就可以表达成一个计算机可理解、可操作、具有一定属性和行为的对象。又如，一个现实世界真实存在的电视机，有着外形、尺寸、颜色等外部特性，又有着开、关、设置频道等内部功能，这些都可以在面向对象的程序中用对象及其属性、方法模拟出来。

类是面向对象技术中另一个非常重要的概念。类包含了一组特定对象的所有特性，是一个用来创建对象的模板。在用面向对象语言编程时，我们并不定义单个的对象，而是先定义类，由类来创建对象。例如，我们日常生活会接触到各式各样的表，有戴在人们手腕上的手表、有挂在墙上的钟表，还有运动场上的电子计时器等，都属于表的范畴。这些实体在面向对象的程序中将被映射成不同的对象。可以看出，这些代表不同的表实体的对象之间存在着很多共同点，如都可以表示时间，都可以调节所表示的时间等等。这样，为了处理问题的方便，在面向对象的程序设计中定义了类的概念来表述同种对象的公共属性和特点。从这个意义上来说，类是一种抽象的数据类型，它是所有具有一定共性的对象的抽象，而属于类的某一个对象则被称为类的一个实例，是类一次实例化的结果。

总之，对象（Object）是存在的具体实体，具有明确定义的状态（属性）和行为。现实世界中任何一个具体的物理实体，都可以看作是一个对象。类(Class)是具有相同属性和行为的一组对象的集合。

在以后程序设计中会发现，进行 Java 程序设计就是设计并搭建一组类的集合。

2．抽象

抽象就是忽略问题中与当前目标无关的那些方面，以便更充分地注意与当前目标有关的方面。面向对象的软件开发方法的主要特征之一就是采用了数据抽象的方法来构建程序的类和对象。使用面向对象的方法解决现实世界问题的基本过程如下。

1）将物理存在的实体抽象成概念世界的抽象数据类型，这个抽象数据类型里面包含了实体中与需要解决的问题相关的属性和行为。

2）用面向对象的工具，如 Java 语言，将这个抽象数据类型用计算机逻辑表达出来，即构造计算机能够理解和处理的类。

3）将类实例化就得到了现实世界实体面向对象的映射——对象，在程序中对对象进行操作，就可以模拟现实世界中的问题并加以解决。

图 3-1 表示了类、对象、实例的相互关系和面向对象问题求解的思维方式。

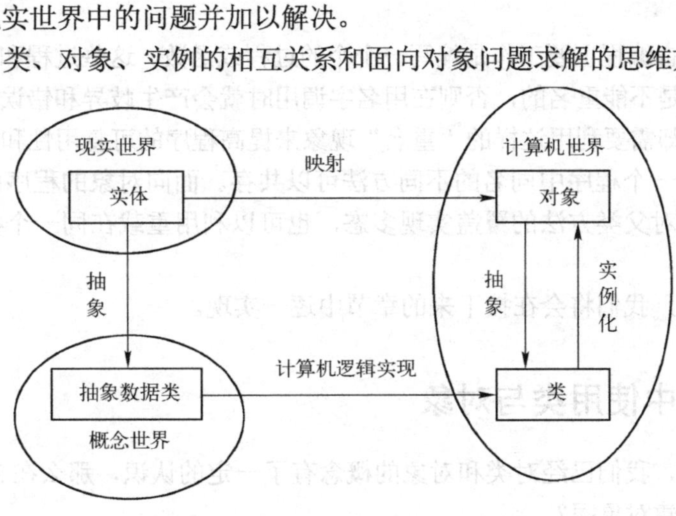

图 3-1 对象、实体与类的相互关系

例如，“学生”这一实体可以看作一个抽象类，每个学生都是“学生”类的一个实例对象，抽象类中需要包括哪些属性应视要解决的问题而定。如果要解决的是学生成绩管理方面的问题，所关注的属性主要有学生的学号、姓名、专业、各门课程的成绩等，而对于学生的性别、身高、体重等方面的属性在当前问题中并不关心，应予以忽略。

3．封装

封装是一种信息隐蔽技术，就是利用抽象数据类型将数据和基于数据的操作封装在一起。数据被保护在抽象数据类型的内部，系统的其他部分只有通过包裹在数据外面的被授权的操作才能够与这个抽象数据类型交流和交互。

在面向对象程序设计中，抽象数据类型用“类”来代表，每个类里都封装了相关的数据和操作。它非常类似于一块由陶瓷封装起来的集成电路芯片，芯片内部的电路是不可见的，也是使用者不关心的。使用者只关心芯片的引脚个数、引脚电量参数和引脚提供的功能。通过这些引脚，硬件工程师将不同的芯片连在一起，组成一个具有一定功能的产品。

在面向对象程序设计中，类是程序中的最小模块，封装特性禁止外界直接操作类中的数据，模块与模块间仅通过严格控制的接口进行交互，使得模块之间的耦合度大大降低，从而保证了模块具有较好的独立性，降低了开发过程的复杂性，提高了效率和质量，减少了可能的错误，同时也保证了程序中数据的完整性和安全性。

4．继承

继承是存在于面向对象程序的两个类之间的一种关系。当一个类拥有另一个类的所有数据和操作时，就称这两个类之间具有继承关系，被继承的类称为父类或超类，继承了父类或超类所有属性的类成为子类。

一个父类可以同时拥有多个子类，这时这个父类实际上是所有子类的公共属性的集合，而每一个子类则是父类的特殊化，是在公共属性基础上的功能、内涵的扩展和延伸。例如，所有 windows 应用程序都有一个窗口，它们可以看作都是从一个窗口类派生出来的，但是有的应用程序用于文字处理，有的应用程序用于绘图，这是由于派生出了不同的子类，各个子类添加了不同的特性。类的继承也体现了大自然中一般与特殊的关系。

5．多态性

面向过程的语言编程主要工作是编写一个个的过程或函数。这些过程和函数各自对应一定的功能，它们之间是不能重名的，否则在用名字调用时就会产生歧异和错误。而在面向对象的程序设计中，有时却需要利用这样的“重名”现象来提高程序的可复用性和简洁性。

所以多态是指一个程序中同名的不同方法可以共存。面向对象的程序中多态的情况有多种，可以通过子类对父类方法的覆盖实现多态，也可以利用重载在同一个类中定义多个同名的不同方法。

以上这些概念，我们将会在接下来的章节中逐一实现。

3.2 在 Java 中使用类与对象

通过以上学习，我们已经对类和对象的概念有了一定的认识，那么在 Java 程序设计中如何具体定义类、创建对象呢？

3.2.1 类的定义

类是定义一个对象数据和方法的模板。在 Java 类中，数据用来描述属性，方法用来定义行为，这些数据和方法均称为类的“成员”。当用户需要定义一个类时，首先要为类起一个名字称为类名，然后要指明类中所包含的成员。所以一个类的定义包含类声明和类主体两部分，类主体又包括变量声明和方法声明两部分。变量用于存储表示对象状态的数据，方法用来实现对数据进行的操作。

在 Java 语言中，使用关键字 class 来创建类。下面是定义“圆”类的一个例子。

```
class   Circle
  { double radius;
    double findArea( )
       {   return radius*radius*3.14159;
       }
  }
```

Circle 为定义的“圆”类的名字（类名第一字母大写）。类中包含两部分内容，一是表示圆的特征属性的半径 radius，另一部分是圆的一个行为——计算圆面积的方法 findAreea( )。

类定义的一般格式如下。

```
[类修饰符]   class   类名                    // 类声明部分
  {   变量声明及初始化;                     // 类主体部分
      方法声明及方法定义;
  }
```

1）class 是 Java 关键字，表明其后定义的是一个类。类名是用户为该类所起的名字，它应该是一个合法的标识符，并尽量遵从命名约定（如类名的第一个字母一般为大写）。

2）Java 类定义格式包括类声明和类主体两部分。类主体中的每个变量要说明其类型；方法不仅要进行声明，还要定义其实现。

3）class 前的修饰符可以有多个，用来限定类的使用方式。

下面我们通过两个程序实例说明定义类的方法。

【例 3-1】 定义一个描述长方体的类，其名为 Box。它需要定义表示长方体长、宽、高三个属性的变量，同时还要定义一个设置长方体长、宽、高的方法 setlwh()和计算长方体体积的方法 volume()。

```
class Box
  {//  成员变量
    double lenth;
    double width;
    double height;
  // 成员方法
    void    setlwh (double l ,double w, double h ) {
       lenth=l;
       width=w;
       height=h;
    }
    double    volume( ) {
       return      lenth* width* height;
```

```
        }
    }
```

说明：本实例中，Box 类共有 5 个成员，三个变量 lenth、width 和 height 分别表示长方体的长、宽和高，它们类型均为 double，也可以用一个语句进行说明，其形式为

```
double   lenth, width, height;
```

方法 setlwh ( ) 对长方体的长、宽、高置数，volume( )用来计算长方体的体积。

【例 3-2】 定义一个表示学生信息的类 Student，包括学号（num）、姓名(name)、性别(sex)、成绩(score)四个成员变量和两个成员方法 setInf()和 showInf( )。

```
public class Student
    { int num;
      String name;
      char sex;
      double score;
      public void setInf(int new_num, String new_name, char new_sex, double new_score)
      {   num= new_ num;
          name= new_ name;
          sex= new_ sex;
          score= new_ score;
      }
       public void showInf( )
       {   System.out.println(num+"      "+name+"      "+sex+"      "+score);
       }
    }
```

3.2.2 对象的创建

对象是类的一个特定个体，所以也将对象称为类的实例（对象和实例两个词通常可以互换），创建对象也称为类的实例化，可以从一个类中创建多个实例。例如可以利用上面创建的“圆”类创建多个不同半径的具体圆，如图 3-2 所示。

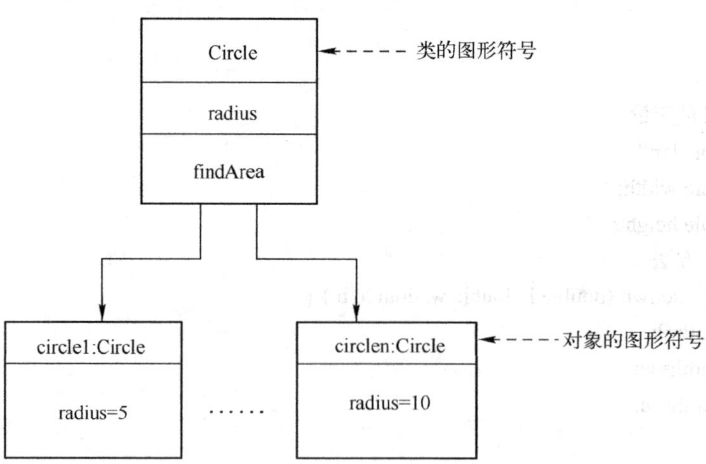

图 3-2　一个类可定义多个不同的对象

在 Java 中要获得一个类的对象或称实例化一个对象，需要两步。

第一步：声明属于该类类型的一个对象（实例）变量。

第二步：用 new 关键字生成一个对象，并对该对象变量进行初始化。

所以，Java 创建对象的一般格式为

```
类名   对象名;                    //声明对象变量
对象名=new 类名( );               //创建对象
```

也可以将以上两个语句进行合并，使用下面的格式创建对象。

```
类名 对象名=new 类名( );          //声明对象变量的同时初始化对象
```

例如，用上面定义的 Circle 类创建一个对象 myCircle

```
Circle  myCircle =new Circle( );
```

也可以使用

```
Circle   myCircle;
myCircle =new Circle( );
```

其中，类名定义对象的类型，它可以是已定义的类或接口。new 关键字为对象分配内存空间，并返回对它的一个引用。这个引用就是 new 分配给对象的内存地址，然后这个引用存储在指定的对象变量中。

多次使用 new 关键字可产生多个不同的对象，这些对象分别对应不同的内存空间，可以完全独立地对它们分别进行操作。如

```
Box   myBox1= new Box();
Box   myBox2= new Box();
```

则定义了两个 Box 类型的对象 myBox1 和 myBox2，它们都拥有 Box 中的变量和方法。

说明

1）声明一个对象变量后，该变量已有一个特殊的 Java 值 null，表示该对象尚未创建。一旦对象被创建，它的引用就赋给对象的变量，如图 3-3 所示。

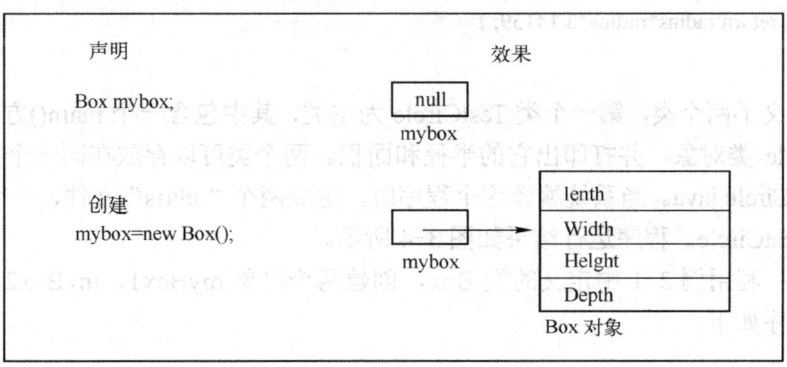

图 3-3　对象的声明与创建

2）当一个对象完成了它的使命不再被使用时，可将该对象的引用变量明确赋值为null，Java 虚拟机将自动回收那些不被任何变量引用的对象所占据的内存空间，以便节约资源。

3）同类型的对象变量之间可以进行赋值。

3.2.3 对象的使用

对象的使用原则也是先定义后使用。在创建了类的一个对象之后，用户就可以访问这个对象的各个成员，并进行各种操作了。在使用（引用）对象时，不能将一个实例对象作为整体进行引用，只能引用对象中的变量和方法。访问对象成员的一般方法是

```
对象名.成员变量名
对象名.成员方法名（）
```

在这里，可以把“对象名.成员变量名”和“对象名.成员方法名（）”都看作一个整体，其中的“.”是成员运算符，它把对象名和成员名连接起来，指明是哪个对象的哪个成员。在所有的运算符中“.”运算符的优先级别最高。

例如，使用 myCircle.radius 可以指出 myCircle 的半径（myCircle.radius=10；），调用 myCircle. findArea( )可返回 myCircle 的面积。在这里 radius 和 findArea( )分别称为实例变量和实例方法，它们依赖于一个具体的实例 myCircle。下面通过两个实例说明对象的创建及使用。

【例 3-3】 利用 Circle 类创建对象，并通过对象引用其成员，程序如下。

```
public class TestCircle
   { public static void main(String args[]) {
        Circle myCircle=new Circle( );
        System.out.println("The area of the circle of radius"+ myCircle. radius+" is "+ myCircle.
findArea( ));
        }
     }
class   Circle
{ double radius=10.5;
   double findArea( )
      { return radius*radius*3.14159; }
 }
```

本程序定义了两个类，第一个类 TestCircle 为主类，其中包含一个 main()方法，该方法创建了一个 Circle 类对象，并打印出它的半径和面积。两个类可以存放在同一个文件中，文件名必须为 TestCircle.java。当系统编译这个程序时，生成两个“.class”文件，一个属于 Circle，另一个属于 TestCircle。程序运行结果如图 3-4 所示。

【例 3-4】 利用例 3-1 中定义的类 Box，创建两个对象 myBox1、myBox2，分别计算它们的体积，程序如下。

```
class Box
   {   double lenth;
```

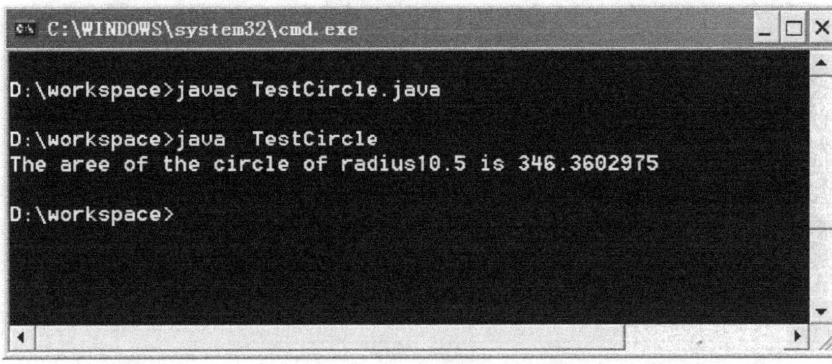

图 3-4　例 3-3 程序运行结果

```
        double width;
        double height;
        void   setlwh (double l ,double w, double h ) {
           lenth=l;
           width=w;
           height=h;
           }
        double   volume( ) {
           return    lenth* width* height;
           }
    }
public class TestBox
    { public static void main(String args[]) {
        Box mybox1 = new Box();
        Box mybox2 = new Box();
        double vol1,vol2;
        mybox1.setlwh(10,20,15);
        vol1= mybox1.volume( );
        mybox2.setlwh(12.8,89,153);
        vol2= mybox2.volume( );
        System.out.println("mybox1 的体积是： " + vol1);
        System.out.println("mybox2 的体积是： " + vol2);
    }
}
```

程序中定义了两个 Box 对象，每个对象都有其自己的 lenth、width 和 height。改变一个对象的属性值对另外一个对象的属性没有任何影响。程序运行结果如图 3-5 所示。

通过本程序可以看出，mybox1 和 mybox2 是 Box 类的两个不同实例，它们的数据完全独立，互不影响。

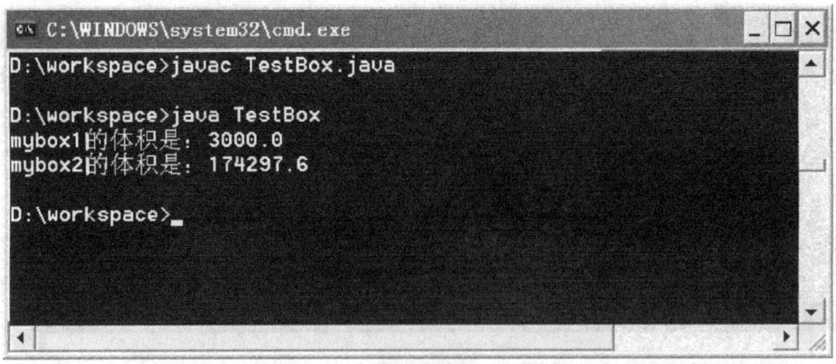

图 3-5　例 3-4 程序运行结果

3.2.4　构造方法

构造方法也称为构造函数，其作用是在创建对象时初始化对象的属性。例如，在以下类的定义中定义了两个构造方法。

```
class   Circle
   { double radius;
      double findArea( )
        {   return radius*radius*3.14159;
        }
      Circle(double r)       //带参数的构造方法
        { radius=r;
        }
      Circle( )
        { radius=5.0;        //无参数的构造方法
        }
}
```

若要创建一个半径为 10 的圆，则可使用如下语句

```
myCircle = new Circle( 10.0) ;
```

系统自动将 myCircle. radius 赋值为 10.0。

若使用如下语句创建对象

```
myCircle = new Circle( ) ;
```

则调用 Circle 类中的第二个构造方法（无参数的构造方法），将默认的半径值 5.0 赋值给 myCircle. radius。

所以构造方法是一种特殊的成员方法，其特殊性表现在以下几个方面。

1）构造方法名必须与它所在的类同名。

2）构造方法没有任何返回值，void 类型也没有。

3）一个类可以定义零个或多个构造方法。

4）构造方法在创建对象时由 new 运算符自动调用完成对象的初始化，一般不能显式地直

接调用。

【例 3-5】 利用构造方法计算长、宽、高分别为 10、20、15 的长方体的体积。

为了能在创建对象时对其进行初始化，定义构造函数 Box()，程序如下所示。

```
//定义 Box 类
class Box {
  double lenth;
  double width;
  double height;
//定义构造函数 Box()
  Box( )
   {
      lenth=10;
      width=20;
      height=15;
   }
// 定义计算长方体体积的方法
 double   volume( )
  {  return lenth* width* height;
  }
}

class BoxDemo1 {
  public static void main(String args[]) {
    Box mybox = new Box();
    double vol;
    vol = mybox.volume();
    System.out.println("mybox 的体积是：  " + vol);
  }
}
```

运行该程序，产生如下的结果

```
mybox 的体积是：3000.0
```

当 mybox 被创建时，它被 Box()构造函数初始化。因为构造函数将盒子的长、宽、高分别赋值为 10、20、15，当调用 volume( )时，lenth、 width、 height 都已经有了初值，可直接进行计算。大多数构造函数的功能不显示任何东西，他们仅简单地初始化一个对象。

在本例中，如果再创建一个对象 mybox1，当执行 Box mybox1 = new Box()这个语句时，mybox1 的初态就会与 mybox 一模一样，求得的体积也就完全相同。也就是说，该程序只能求一种盒子的体积。那么，能不能根据需要任意初始化对象的属性呢？

在 Java 中允许定义带参数的构造函数，请看下面的例子。

【例 3-6】 计算长、宽、高分别为 10、20、15 和 3、6、9 的长方体的体积。

```
//定义 Box 类
class Box {
  double lenth;
  double width;
  double height;
//定义带参数构造函数 Box()
 Box(double l, double w ,double h)
   { lenth=l;
     width=w;
     height=h;
   }
// 定义计算长方体体积的方法
 double   volume( )
   {   return lenth* width* height;
   }
}

class BoxDemo2 {
  public static void main(String args[]) {
     Box mybox1 = new Box(10,20,15);
     Box mybox2 = new Box(3,6,9);
     double vol1，vol2;
    vol1 = mybox1.volume();
    vol2 = mybox2.volume();
    System.out.println("mybox1 的体积是：   " + vol1);
    System.out.println("mybox2 的体积是：   " + vol2);
 }
}
```

在 Java 程序中，一个类可以定义零个或多个构造方法，只要它们的参数不同即可。如果用户没有显式地为类定义构造方法，系统将为该类创建一个默认的构造方法，该构造方法不带任何参数。需要特别注意的是一旦用户定义了自己的构造函数，默认构造函数将不再被使用，例如以下程序。

```
class   Circle
   { double radius=5.0;
     double findArea( )
        {   return radius*radius*3.14159;
        }
     Circle(double r)       //带参数的构造方法
        { radius=r;
        }
     }
     public class TestC
        { public static void main(String [ ] args)
```

```
    { Circle    myCircle=new Circle();
      System.out.println("圆的面积是：  " + myCircle.findArea( ));
    }
  }
```

当对此程序进行编译时，则产生“找不到构造函数 Circle( )”的错误。如果去掉类中构造方法的定义，则能通过编译并得到运行结果为：“圆的面积是： 78.53975 ”。

请说明为什么。

3.2.5 对象创建实例

【例 3-7】 定义一个有关“学生”的类，并用构造方法对其进行初始化，然后在屏幕上显示学生的信息。

本实例定义了一个表示学生信息的类 Student，包括学号（num)、姓名(name)、性别(sex)、成绩(score)四个成员变量，程序代码如下。

```
class Student
{ String num;
  String name;
  char sex;
  double score;
  Student(String i, String n, char c, double s)
   { num= i;
     name= n;
     sex= c;
     score=s;
   }
  void display( )
   { System.out.println(num+"     "+name+"     "+sex+"     "+score);
   }
}
class School
  {public static void main(String args[])
    {
     Student st1=new Student("J060211","李平",'F',96.7);
     Student st2=new Student("D070321","张亮",'M',93.8);
     System.out.println("学号          "+"姓名    "+"性别  "+"成绩");
     st1.display();
     st2.display();
    }
  }
```

将程序保存为 School.java，编译运行后，程序运行结果如图 3-6 所示。

在程序的 Student 类中定义了构造方法，用于初始化成员变量。在主类 School 中创建了两个 Student 对象 st1 和 st2，并利用构造方法为对象的所有变量赋了初值，然后调用 display() 方法显示各个对象的信息。

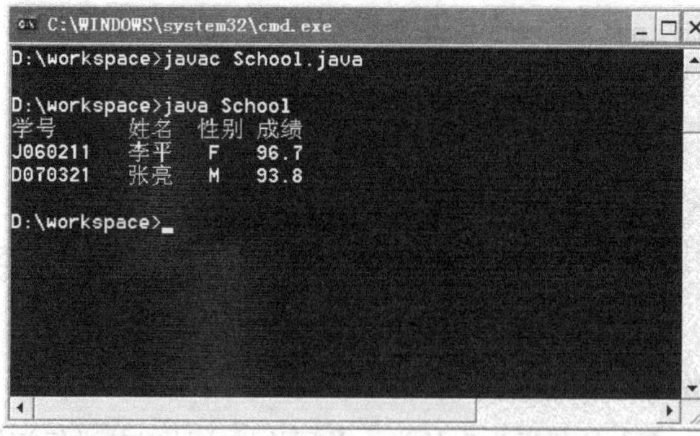

图 3-6 例 3-7 程序运行结果

注意分析并学习程序中的输出格式。

3.2.6 实例成员和类成员

在前面各类中我们定义的的属性和方法都是对象级的，即只有当对象实例化以后，那些属性和方法才有存在的意义，因此称这些属性或方法为实例成员。而有些属性和方法是不需要伴随对象的，它属于类的所有对象，我们称这类属性或方法为类成员。

1．实例变量和类变量

实例变量定义在类定义之内，方法定义之外，一般放在类定义的开始或最后。每次创建类的一个实例对象时，系统会为对象的每一个实例变量分配内存单元。实例变量只能通过“对象名.变量”的方式进行访问。例如，Box 类中有 lenth、width 和 height 三个实例变量，Box 类的每一个对象都有各自不同的变量值。

```
mybox1.lenth = 10;
mybox1.width = 20;
mybox2. height = 9;
```

如果实例变量定义的类型说明符之前用 static 进行修饰，则该变量就变成了类变量。类变量是一种静态变量。系统运行时，只为该类的第一个对象分配内存单元，其后所有新创建的对象都共享这一个类变量。访问类变量时可以直接通过类名对类变量进行访问，即“类名.变量”的形式，也可以通过“对象名.变量”的形式进行访问。

下面通过一个示例程序分析类变量和实例变量的使用。

【例 3-8】 类变量与实例变量。

```
class Test
 { static int i;              //定义 i 为类变量
   int j;                     //定义 j 为实例变量
   public void printVar()
    { int k=0;
      i++;
      j++;
      k++;
```

```
          System.out.println("i="+i+"       j="+j+"       k="+k);
        }
    }
public class MainTest
  {    public static void main(String args[])
       { Test c1=new Test();
          c1. printVar();
          c1. printVar();
          Test c2=new Test();
          c2. printVar();
          c2. printVar();
       }
  }
```

本程序运行结果如图 3-7 所示。

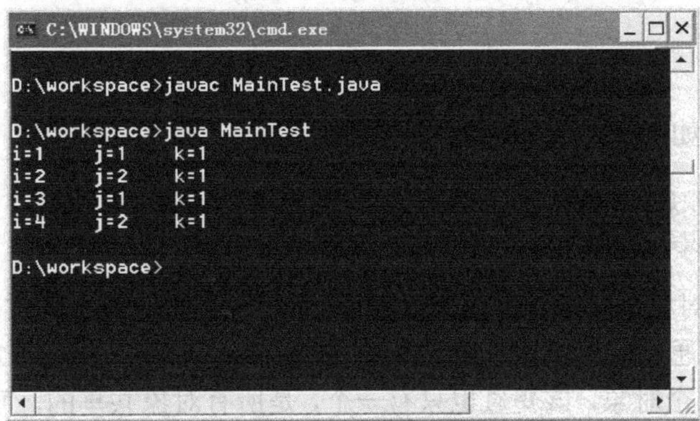

图 3-7　例 3-8 程序运行结果

程序先从主类的 main()方法开始执行，创建第一个对象 c1 时，由于 i 是类变量，先被初始化为 0（仅在创建第一个对象时被初始化一次）；实例变量 j 被初始化为 0，第一次执行 printVar()方法后，i、j、k 三个变量的值均为 1；再次调用 printVar()方法时，k 又被初始化为 0，i 和 j 的值为 1，所以再次加 1 后，i 和 j 的值为 2，k 的值为 1。

创建第二个对象 c2 时，由于 i 是类变量，其值已变为 2；而 j 是实例变量，已随新对象的创建被初始化为 0。所以经过第一次调用 printVar()方法后，i 的值为 3，j 的值为 1，k 的值为 1；第二次调用 printVar()方法后，它们的值依次为 4、2、1。

注意：这里 k 是定义在方法内部的变量，称为局部变量。

【例 3-9】 利用类变量计算长方体的体积。

程序如下所示。

```
class Box
   { double lenth;
     double width;
     static double height=5;    //定义类变量
```

```
}

class BoxDemo3
  { public static void main(String args[])
    {  Box mybox1 = new Box();
       Box mybox2 = new Box();
       double vol;                    //main()方法内的变量，是局部变量
       mybox1.lenth = 10;
       mybox1.width = 20;
       mybox2. lenth = 3;
       mybox2. width = 6;
       vol = mybox1.lenth*mybox1.width*Box.height; //访问类变量 height
       System.out.println("mybox1 的体积是：  " + vol);
       vol = mybox2.lenth*mybox2.width* Box.height;   //访问类变量 height
       System.out.println("mybox2 的体积是：" + vol);
    }
}
```

程序的输出结果如下所示。

```
mybox1 的体积是：1000.0
mybox2 的体积是：90.0
```

在此例中，生成对象 mybox1 和 mybox2 时，系统为每一个对象的实例变量 lenth 和 width 分配内存空间，然后通过该对象来访问它们，如 mybox1.lenth、mybox2.width；对于类变量 height，无论创建多少个对象，该变量也只有一个，是所有对象共享的，可通过“类名.变量名”的方式进行访问。

2．实例方法和类方法

与类变量的定义相似，用 static 修饰的方法称为类方法或静态方法，否则称其为实例方法。实例方法体中既可以访问类变量，也可以访问实例变量。实例方法只能通过“对象.方法名（）”方式进行调用。

类方法体中只能访问自身类的类变量，不能访问实例变量。类方法的访问也可以通过“类名.方法名（）”和“对象.方法名（）”两种方式来实现。例如以下程序片段

```
class   staticClass {
  static int a = 42;
  static int b = 99;
  static void callme( ) {                      //定义类方法 callme()
    System.out.println("a = " + a);
   }
  }
class StaticByName {
  public static void main(String args[]) {
    staticClass.callme( );                     //调用类方法 callme()
    System.out.println("b = " + staticClass.b);     //访问类变量 b
```

```
    }
}
```

输出结果为

```
a = 42
b =99
```

本例中，staticClass 类带有一个类方法 callme()和两个类变量 a、b。第二个类 StaticByName 可以通过类名直接调用第一个类 staticClass 的类方法和类变量。

3．静态常量

在程序中经常使用的另一种数据形式是静态常量，它可以通过类名直接进行访问，不需要为每个对象都创建一个相同的拷贝。例如，在 Math 类中定义的静态常量 PI

```
public class Math
 { …
    public static final PI=3.14159265358979323846;
    …
 }
```

其引用方式为 Math.PI。

一般情况下，可以使用“类名.变量名”和“类名.方法名()”引用类变量和类方法，而用“对象名.变量名”和“对象名.方法名()”引用实例变量和实例方法。

3.2.7 类及成员的访问权限

在前面定义的 Student 类中，score 属性可以很容易地被其他类直接进行修改，如对变量赋值，这就存在严重的隐患。例如，学生的成绩是不应该被随便更改的，类似这样的属性应该受到保护，防止别人随意修改。保护的方法就是把属性隐藏起来，使得其他类只有通过特定的方法才能使用、修改这些属性。

在面向对象程序设计中，信息的隐藏就是封装。其目的是隐藏类的实现细节，保护其中的数据不被误用或破坏。根据封装的原则，使用者可以使用类中的部分方法，但不能直接访问成员变量。Java 通过设置类的访问权限和类中成员的访问权限来实现封装的特性。

在声明一个类时可以不使用权限修饰符，也可以使用 public 设置类为公有，但不允许使用其他权限修饰符。即类访问控制只有 public（公共类）和无修饰符（默认类）两种。另外，当在一个文件中定义多个类时，只能有一个类可以设置为公共的（public），该文件必须用此类名作为文件名。

对于类中的成员 Java 定义了四种访问权限，它们分别是 public（公共的）、protected（保护的）、private（私有的）和无修饰符或 default（默认的），关键字 public、protected 和 private 则称为 Java 的访问权限控制修饰符。如果在声明一个成员时，没有用任何访问权限控制修饰符进行修饰，则称其为默认的访问权限。每一种权限允许的访问级别如表 3-1 所示。

表 3-1　各修饰符所表示的访问范围

访 问 范 围	private	缺省修饰符	protected	public
同一类	✓	✓	✓	✓
同一包中的子类		✓	✓	✓
同一包中的非子类		✓	✓	✓
不同包中的子类			✓	✓
不同包中的非子类				✓

说明："✓"表示可访问的范围。

例如，当类中的某一个变量不希望被其他类访问时，就可以将此变量用 private 进行说明，程序如下。

```
class Data
  { private String data_string="Hello students!"; }
public class exp
  { public static void main(String[] args)
     { Data data=new Data();
       String string=data.data_string;
       System.out.println(string);
      }
     }
```

当对该程序进行编译时，Java 编译器将会拒绝，并给出错误信息

```
exp.java: 6:Variable data_string in class Data not accessible
from calss exp.
               String string=data.data_string;

1 error
```

Java 修饰符还有 abstract（抽象的）、final（最终的）、native（本地的）、static（静态的）等，我们将在后面陆续介绍。

【例 3-10】 实例成员、类成员及成员访问权限的使用。

```
class Circle
{ private double radius;
  private static int numOfObjects = 0;
  public Circle()
   {   radius = 1.0;      numOfObjects++;   }
   public Circle(double r)
   {       radius = r;      numOfObjects++;   }
   public double getRadius()
   {       return radius;   }
   public void setRadius(double newRadius)
   {       radius = newRadius;   }
   public static int getNumOfObjects()
```

```
        {       return numOfObjects;    }
        public double findArea()
        {       return radius*radius*Math.PI;   }
    }
    public class TestInstanceAndClassVar
    { public static void main(String[] args)
        { Circle circle1 = new Circle();
          System.out.println("Before creating circle2");
          System.out.print("circle1 is : ");
          printCircle(circle1);
          Circle circle2 = new Circle(5);
          circle1.setRadius(9);
          System.out.println("\nAfter creating circle2 and modifying " +
             "circle1's radius to 9");
          System.out.print("circle1 is : ");
          printCircle(circle1);
          System.out.print("circle2 is : ");
          printCircle(circle2);
        }
        public static void printCircle(Circle c)
        {System.out.println("radius (" + c.getRadius() +
              ") and number of Circle objects (" +
              c.getNumOfObjects() + ")");
        }
    }
```

程序运行结果如图 3-8 所示。

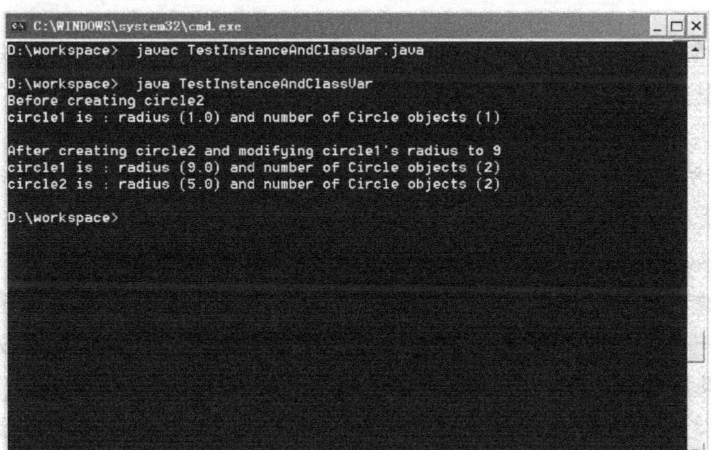

图 3-8 例 3-10 程序运行结果

程序中 radius 被设置为“私有的”。为了在其他类中访问该成员，成员中定义了 setRadius（）和 getRadius（）方法分别用于设置和获取私有变量的值，此类方法又称为访问器方法。

请仔细分析该程序，理解各种类成员的使用。

3.3 方法的定义与实现

类中的成员包括表示属性的成员变量和表示行为的成员方法两大类。行为表示一个对象能够做的事情，或者能够从一个对象取得的信息，通过声明方法成员可以定义类的行为。在一个类中方法成员可以没有，也可以有多个，它非常类似与其他高级语言的函数或过程，是一段用来完成某种操作的程序代码。

3.3.1 方法定义

方法定义包括方法声明（方法头）和方法体两部分内容。方法定义的一般的形式如下。

```
[方法修饰符]  返回值类型    方法名([形式参数列表])[throws 异常类]
 {
     方法体
 }
```

例如，

```
Public   static int max(int num1,int num2)
  { int result=0;
      if (num1>num2)
          result=num1;
      else
          result=num2;
      return   result;
  }
```

说明

1）返回值类型。在定义成员方法时，返回值类型指定了方法返回的数据类型，可以是任何合法有效的类型，包括用户创建的类的类型。如果该方法不返回任何值，则它的返回值类型必须为 void。

2）方法名。方法名由用户指定，除了被当前作用域中的其他项使用的标识符以外，方法名可以是任何合法的标识符。

3）形式参数列表。形式参数列表是一系列类型和标识符且用逗号分开。参数本质上是变量，它接收方法被调用时传递给方法的参数值。如果方法被调用不需要传递参数，那么参数表为空。所以，一个方法可以有多个参数，也可以没有参数。形参列表中应该对每一个形式参数进行独立的数据类型说明。如 max (int num1, int num2)不能说明为 max(int num1,num2)。

4）修饰符。定义方法时也可以使用修饰符，用来对定义的方法作某些限定，从而实现成员在一定范围内的信息隐藏。这些修饰符可以分为访问权限控制符和非访问权限控制符两种。访问权限控制符有 public、protected、private 等，非访问权限控制符有 abstract、final、native、static 等，其中 public、protected、private 的作用如表 3-1 所示，下面对常用非访问权限控制符作简要介绍。

● static 与类变量相对应，如果方法定义中使用了 static 修饰符，则该方法就成了类方法。

类方法和类变量都属于类的静态成员，静态成员属于整个类，而不属于一个具体的类对象。类方法可以通过类名直接调用，也可通过某个对象进行访问。

- 用 abstract 修饰方法是抽象方法，它只有方法声明，而没有具体的方法体。抽象方法在其子类中必须被实现。另外要特别注意抽象方法必须存在于抽象类中。
- final 与 abstract 的作用相反。用 final 修饰的方法是功能和内部语句不能被更改的最终方法，即不能被子类的方法覆盖。
- native 修饰符用来说明用其他语言（如 C、C++等）书写方法体并具体实现方法功能的特殊方法。

5）方法体。方法体是对方法的实现，它包括变量（局部变量）的声明以及一组定义方法做什么的语句集合。有返回值的方法必须使用关键字 return，而返回值类型为 void 的方法则可以没有。

【例 3-11】 在 Circle 类中定义一个计算周长的方法。

```
class   Circle
   { double radius;
     double circumference( )
     { return 2*3.14159*radius;
     }
}
```

调用该方法可以得到圆的周长，所以方法需要有一个 double 类型的返回值。

【例 3-12】 编写一个方法，求三个整数中的最大值。

```
import java.util.*;
public class Max3 {
    int maxFrom3(int x,int y,int z ) //定义方法 maxFrom3 ()
    { int max;
       max=Math.max(x,y);
       max=Math.max(max,z);
       return(max);
    }
  public static void main(String args[])
    {Max3 max=new Max3();
     Scanner in=new Scanner(System.in);
     int   m;
     System.out.print("请输入 3 个数：");
     int a=in.nextInt( );
     int b=in.nextInt( );
     int c=in.nextInt( );
     m=max.maxFrom3(a,b,c);        //调用类方法 maxFrom3 ()
     System.out.println("Max = " + m);
   }
}
```

maxFrom3(int x,int y,int z)方法完成的功能是从三个整数中挑选最大值，所以该方法需要三个形参变量，方法执行结束返回一个整数，即所给三个整数中的最大值。

3.3.2 方法调用及参数传递

在面向对象程序设计中，要想与对象进行交流或操作一个对象时，需要给对象发一条消息。给对象发消息即意味着调用对象的某个方法，在 Java 中方法调用的一般格式为

对象名.方法名（实参列表）

其中实参列表表示需要向被调用方法传递的数据，它可以是常量也可以是变量，其类型、个数必须与方法定义的形参一一对应。例如，上例中的 max.maxFrom3(a,b,c)，其中 a、b、c 称为实参。

当程序调用方法时，程序控制转移到了被调用的方法中。执行 return 语句或遇到方法结束的右括号时，被调用方法将程序控制还给调用者。

【例 3-13】 利用已定义的类 Box，分别计算长、宽、高分别为 10、20、15 和 3、6、9 的长方体的体积。

程序代码如下所示。

```
//定义 Box 类
class Box {
  double lenth;
  double width;   //定义成员变量
  double height;
  //定义设置长方体大小的方法
  void  setlwh (double l, double w, double h ) {
    lenth=l;
    width=w;
    height=h;
  }
//  定义计算长方体体积的方法
  double  volume( ) {
    return lenth* width* height;
  }
}
class BoxDemo4 {
  public static void main(String args[]) {
    Box mybox1 = new Box();
    Box mybox2 = new Box();
    double vol;
    // 初始化每一个长方体
    mybox1.setlwh(10,20,15);   //无返回值的调用
    mybox2.setlwh(3,6,9);
    //求 mybox1 的体积
    vol = mybox1.volume();     //有返回值的调用
    System.out.println("mybox1 的体积是：  " + vol);
```

```
        //求 mybox1 的体积
        vol = mybox2.volume();
        System.out.println("mybox2 的体积是：  " + vol);
    }
}
```

该程序产生的输出如下所示。

```
mybox1 的体积是：3000.0
mybox2 的体积是：162.0
```

程序运行说明如下。

（1）方法的调用

Box 类中定义了两个方法 setlwh( ) 和 volume()。setlwh()方法用来设置长方体的尺寸，没有返回值，volume()用来计算长方体的的体积，返回值为 double 类型，表示该长方体的体积。请注意两个方法的调用方式。volume()调用被放在赋值语句的右边，左边是接收 volume()返回值的变量 vol。因此，当语句 vol = mybox1.volume();执行后，mybox1.volume ( )的返回值被保存在 vol 中。一般而言，有返回值的方法的调用总是出现在某个表达式中，无返回值的方法的调用则单独构成一条语句。

（2）参数的传递

程序中，当语句 mybox1.setlwh(10,20,15);执行后，方法调用中的实参 10、20、15 分别传递给了形参 w、h 和 d。在 setlwh( )内的 w、h、d 的值分别赋给 width、height 和 depth。同样的道理，当语句 mybox2.setlwh(3,6,9);被执行后，则将实参 3、6、9 分别传递给了形参 w、h 和 d。

（3）程序执行过程

整个程序仍然从 main()方法开始执行，在进行方法调用时，程序的执行流程将发生改变。例如，当程序执行 mybox1.setlwh(10,20,15)后，Java 运行系统将程序流程转移到 setlwh ( ) 方法。当 setlwh ( )内的语句执行完后，程序流程返回调用者，然后继续执行程序的下一行语句。Java 执行方法的过程类似于其他语言子程序的执行过程。

Java 中参数的传递方式有值传递和引用传递两种。当参数的类型为基本数据类型时采用值传递，当参数类型为对象类型或数组时采用引用传递方式。下面通过两个实例说明这两类参数的传递。

【例 3-14】 以基本类型数据为参数的方法调用。

程序代码如下所示。

```
public class TestPassByValue
{public static void main(String[] args)
   { int num1 = 1;
     int num2 = 2;
     System.out.println("Before invoking the swap method, num1 is " +
        num1 + " and num2 is " + num2);
     swap(num1, num2);
     System.out.println("After   invoking the swap method, num1 is " +
```

```
        num1 + " and num2 is " + num2);
    }
    static void swap(int n1, int n2)
    {System.out.println("        Inside the swap method");
      System.out.println("        Before swapping n1 is " + n1
        + " n2 is " + n2);
      int temp = n1;
      n1 = n2;
      n2 = temp;
      System.out.println("        After    swapping n1 is " + n1
        + " n2 is " + n2);
    }
}
```

程序运行结果如图 3-9 所示。可以看出以基本类型数据作为参数进行数据传递时，传递的是实参的值。方法内部形参变量（局部变量）的改变对实参变量的值没有任何影响。

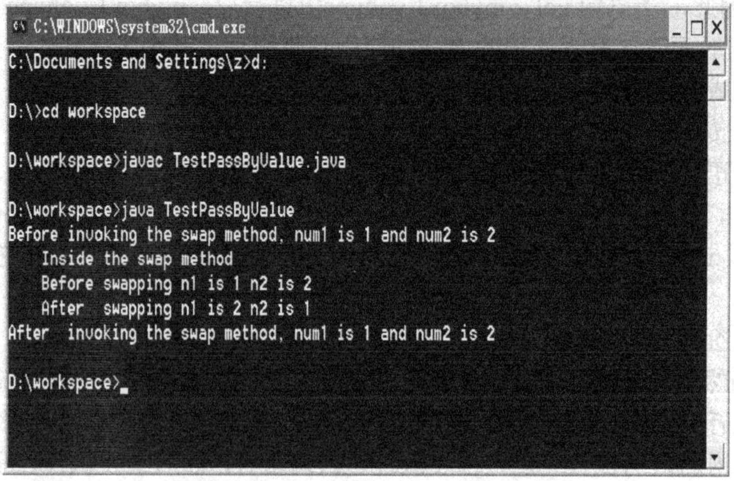

图 3-9　例 3-14 程序运行结果

【例 3-15】 以对象作为参数的方法调用。

程序代码如下所示。

```
class Circle
{ double radius=1.0;
  double findArea()
      { return radius* radius*3.14159;
      }
}
public class TestPassingObject
{   public static void main(String[] args)
        {Circle myCircle = new Circle();
          int n = 5;
```

```
            printAreas(myCircle, n);          //对象 myCircle 作为实参
            System.out.println("\n" + "Radius is " + myCircle.radius);
            System.out.println("n is " + n);
        }
    public static void printAreas(Circle c, int times)    // c 为对象类型的形参
      {   System.out.println("Radius \t\tArea");
          while (times >= 1)
            { System.out.println(c.radius + "\t\t" + c.findArea());
                c.radius++;
                times--;
            }
        }
}
```

程序运行结果如图 3-10 所示。传递对象类型参数时，传递的是对象的引用，形、实参对象具有相同的引用。方法内部对形参对象的改变，也就直接改变了实参对象。

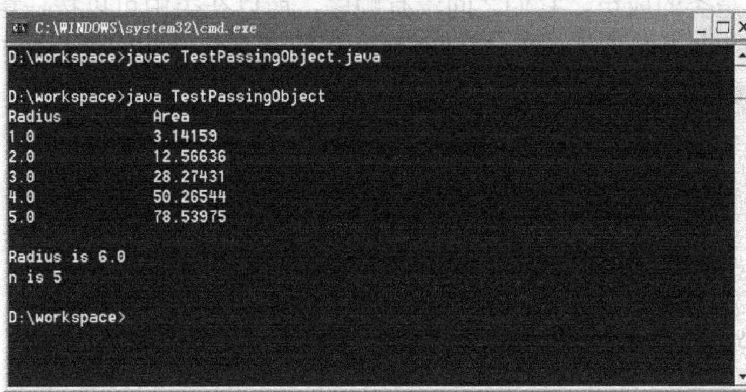

图 3-10　例 3-15 程序运行结果

本例中方法 printAreas(Circle c, int times)中的两个参数具有两种不同的传递方式，两种参数传递的比较如图 3-11 所示。

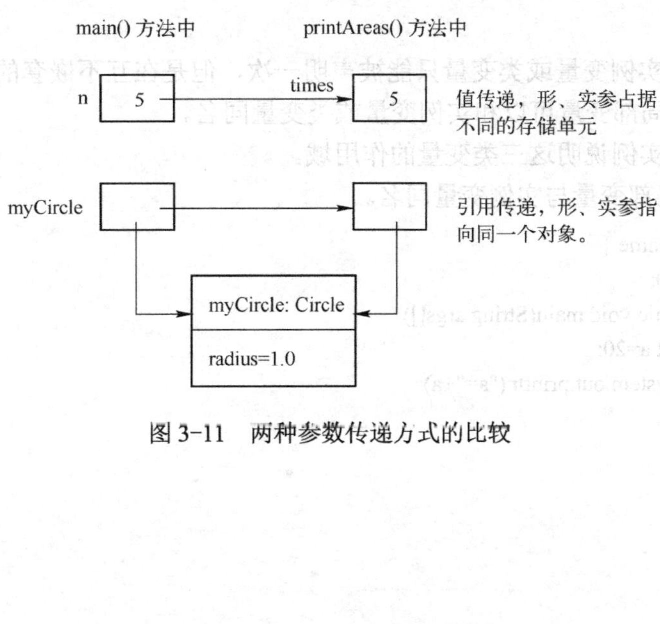

图 3-11　两种参数传递方式的比较

3.3.3 变量的作用域

Java 程序中使用的变量不仅有实例变量、类变量，还有在方法（或块）内部定义的变量。实例变量和类变量用来描述对象的属性，类中的所有方法都可以访问这些变量，所以称它们为“全局变量”。方法内部定义的变量（包括形参）只能在该方法（或块）内部使用，所以称它们为“局部变量”。

所谓变量的作用域，是指程序的一部分，在这部分程序中变量可以被访问，或者说变量是“可见”的。实例变量和类变量的作用域是整个类，它们可以在类中任何位置说明。例如，在前面定义的 Circle 类中也可以将变量的说明放在类的末端。

```
class Circle
{ double findArea()
    { return radius* radius*3.14159;
    }
  double radius=1.0;
}
```

数据和方法都是类的成员，它们之间没有顺序，所以在类中可以按任意顺序声明它们。

局部变量必须“先说明后使用”，局部变量的作用域是从说明它的位置开始延续到包含它的程序块的末尾，如以下程序段。

```
{
    int x = 10;          //只有 x 可用

  ......
   {
     int   y = 20;   //x，y 都可用

   ......
   }

  ......                        //只有 x 可用,y 不可见（超出 y 的作用域）

}
```

作为类成员的实例变量或类变量只能被声明一次，但是在互不嵌套的块内，可以多次声明同一个变量，且局部变量可以和实例变量或类变量同名。

下面通过几个实例说明这三类变量的作用域。

【例 3-16】 局部变量与实例变量同名。

```
class sameName {
  int   a=10;
  public static void main(String args[])
  {       int a=20;
          System.out.println("a="+a);
  }
  }
```

输出结果为 a=20。

可见，当局部变量与实例变量同名时，实例变量被“屏蔽”起来，只有局部变量起作用；只有退出局部变量所存在的方法或程序块以后，实例变量才再次开始起作用。

【例 3-17】 成员变量的作用域。

```
class Test {
   int a;                          // 缺省修饰符
   public int b;                    // 显式定义为 public
   private int c;                  // 定义为 private
   public void setc(int i) {
      c = i;                       //为 c 赋值
   }
   public int getc() {
      return c;                    //获取 c 的值
   }
}
class AccessTest {
   public static void main(String args[]) {
      Test obj = new Test();
      obj.a = 10;
      obj.b = 20;
      obj.setc(100);               //通过 setc()方法为 c 传递值
      System.out.println("a，b，and c: " + obj.a + " " + obj.b + " " + obj.getc());
   }
}
```

程序的输出结果为

```
a，b，and c：10 20 100
```

可以看出，在 Test 类中 a 使用默认访问修饰符，b 被显式地指定为 public，成员 c 被指定为 private，因此它不能被它的类之外的代码访问。因此在 AccessTest 类中不能直接使用 c，对它的访问只能通过它的 public 方法 setc()和 getc()。

由以上讨论可以得出结论，Java 定义了三种作用域范围：类级别范围、方法级别范围和代码块级别范围。变量的可使用范围不仅取决于它的定义位置，还取决于它的访问控制权限。

3.3.4 关键字 this 的使用

由例 3-16 可以看出，如果局部变量与实例变量和类变量重名，则局部变量优先，同名的实例变量或类变量被隐藏。如果需要引用方法中隐藏的实例变量或类变量，用“类名.变量名”可以访问隐藏的类变量，而用关键字 this 则可以访问隐藏的实例变量，如以下代码段。

```
class sameName {
 int   a=10;
 void setA(int a )
   { this.a=a;
```

```
        }
    }
```

语句 this.a=a;表示将参数 a 的值赋给对象的实例变量 a。

在 Java 中关键字 this 表示当前对象，即调用当前正在执行的方法的对象。this 的另一个重要作用就是在构造方法中可以通过 this(参数表)的形式，调用同一个类的另一个构造函数。例如，重新定义类 Circle 如下。

```
class Circle
{ double radius;
  public Circle(double radius)
    { this. radius= radius;
    }
  public Circle()
    { this (5.0);
    }
  double findArea()
    { return radius* radius*Math.PI;
    }
}
```

注意：*Java 要求 this( )语句必须是构造方法的第一个语句。*

3.3.5 结束方法

在前面介绍的所有程序中，我们只考虑用 new 操作符分配新的内存空间，却从未考虑过当这些内存不再需要时，如何回收它。在 Java 程序运行时，系统通过垃圾收集器周期性地自动扫描对象的动态内存空间，为正在使用的对象加上使用标记，将无用的对象加上删除标记，并将他们收集起来加以释放，这就是 Java 的自动内存管理功能。

在内存释放时，垃圾收集器要调用一个名为 finalize 的方法，称为结束方法或终结器方法，它是在某些特定时刻由系统自动调用执行的，一般不需要在程序显式调用。

可见，结束方法的作用与构造方法正好相反。构造方法用来初始化一个对象，而结束方法的作用是去掉对对象的所有引用，以便对象作为垃圾被回收并释放所占内存。

3.4 方法重载

方法重载是指在一个类中可以有名字相同的多个方法，但这些方法的参数必须是不同的，或者是参数个数不同，或者是参数类型不同。返回值可以相同，也可以不相同。例如，我们已经有一个方法 adem 能够完成两个数相加的功能，现在希望将三个数相加，是否需要编写一个新的方法呢？在 Java 中完全没有必要，只需要将 adem 方法重载即可。再如 Java 中的 abs() 方法，它返回一个数的绝对值，参数类型可以是整数、长整数、单精度浮点及双精度浮点。通过方法的重载，只要记住一个方法名就可以处理多种类型的数据。所以 Java 中的方法重载是实现面向对象多态性的一种重要手段。

当一个重载方法被调用时，Java 编译器将根据传递给方法的实参类型、个数或顺序来区别实际调用的是哪一个方法。因此，每个重载方法的参数类型、数量或顺序必须是不同的。每个重载方法可以有不同的返回值类型，但返回值类型并不足以区分所使用的是哪个方法。如果在一个类中，两个（或多个）同名方法的参数的类型、数量或顺序都相同，只有返回值类型不同，那么编译时会产生错误。

【例 3-18】 利用方法重载求圆、长方形、梯形的面积。

```
import java.util.*;
class   Area {
static   double area(float r) {
   return Math.PI*r*r;
  }
static   double area(float l,float w) {
   return   l*w;
  }
static   void   area(float d1,float d2,float h) {
   double ss=(d1+d2)*h/2.0;
   System.out.println("梯形的的面积为："+ss);
  }
public static void main(String args[]){
      Scanner in=new Scanner(System.in);
      double   s;
      System.out.print("请输入圆的半径：");
      float r=in.nextFloat( );
      s= area(r);
      System.out.println("圆的面积为："+s);
      System.out.println("");
      System.out.print("请输入长方形的长和宽：");
      float l=in.nextFloat( );
      float w=in.nextFloat( );
      s= area(l,w);
      System.out.println("长方形的面积为："+s);
      System.out.println("");
      System.out.print("请输入梯形的上底、下底和高：");
      float x=in.nextFloat( );
      float y=in.nextFloat( );
      float h=in.nextFloat( );
      area(x,y,h);
      }
  }
```

程序运行结果如图 3-12 所示。

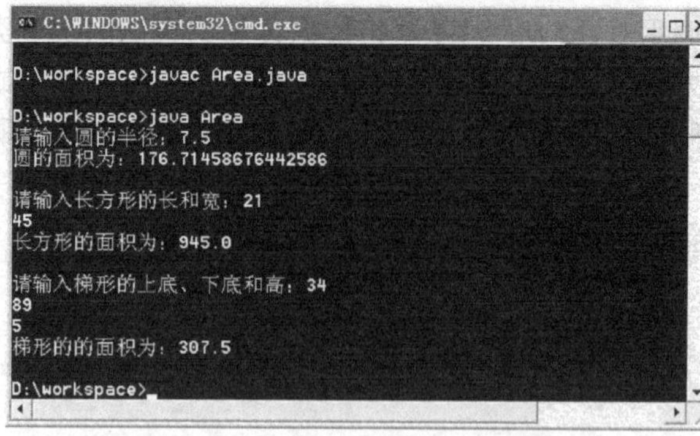

图 3-12　例 3-18 运行结果

上述程序中，area()被重载了三次。第一次有一个单精度实型参数，第二次有两个单精度实型参数，第三次有三个单精度实型参数。由于重载不受方法返回类型的影响，area()第三次调用没有返回值。

当一个重载的方法被调用时，Java 在调用方法的实参和方法的形参之间寻找匹配。但是，这种匹配并不总是精确的。在一些情况下，Java 的自动类型转换也适用于重载方法的形参，如下面的例子。

【例 3-19】 方法重载时参数类型的自动转换。

```
class OverloadDemo {
  void test() {
    System.out.println("无参数的方法重载");
   }
  void test(int a,int b) {
    System.out.println("形参 a 和 b: " + a + " " + b);
  }
  void test(double a) {
    System.out.println("形参 a 在 test(double)内的值为： " + a);
  }
}
class Overload {
  public static void main(String args[]) {
    OverloadDemo ob = new OverloadDemo();
    int i = 88;
    ob.test();
    ob.test(10,20);
    ob.test(i);        // 调用方法 test(double a)，参数进行自动类型转换
    ob.test(123.2);  // 调用方法 test(double a)
  }
}
```

运行该程序产生如下输出。

```
无参数的方法重载
形参 a 和 b: 10 20
```

```
形参 a 在 test(double)内的值为：  88.0
形参 a 在 test(double)内的值为：  123.2
```

本例中，在 OverloadDemo 类中没有定义 test(int)方法。因此当在 Overload 内用整数参数调用 test()时，找不到和它匹配的方法。但是，Java 可以自动地将整数转换为 double 型，这种转换就可以解决这个问题。因此，在 test(int)找不到以后，Java 将 i 扩大到 double 型，然后调用 test(double)。当然，如果定义了 test(int)，就直接调用 test(int)而不会调用 test(double)。只有在找不到精确匹配时，Java 的自动类型转换才会起作用。

读者可以考虑，如果将本例中的语句 ob.test(10,20); 改为 ob.test(10.3,20.8);会对结果有什么影响。

除了重载正常的方法外，构造函数也能够重载。同一个类中可以定义多个构造函数就是构造函数重载的体现。

3.5 main()方法中的参数

main()方法是一个有着特殊含义的方法，它称为 Application 程序中的主方法，程序的执行总是从该方法开始。与一般方法相比，它具有 String[ ]类型的参数 args，显然这是一个字符串数组。一般方法的参数可以通过方法调用时的实参进行传递，那么 main()中的参数是如何传递的呢？请看下面的一条命令。

```
java TestMain pr0 pr1 pr2
```

这是一条运行程序 TestMain 的命令，命令中除了 Java 命令字和要执行的类的名字之外，还有三个参数 pr0、pr1、pr2，这三个参数被传递到 main()方法的参数 args 中，并且每个参数被看作是一个字符串依次传递给 args[0]、args[1]和 args[2]。

由此可见，main()方法中的参数是由命令行提供的。在命令行输入执行程序的命令时，紧跟在类名后的信息称为命令行参数，参数之间用空格分隔，这些参数被依次存储在字符串数组 args 中。

【例 3-20】 命令行参数的使用。

```
class CommandLine {
   public static void main(String args[]) {
      for(int i=0; i<args.length; i++)
         System.out.println("args[" + i + "]: " +   args[i]);
   }
}
```

执行这个程序，在命令行输入以下命令。

```
java CommandLine   We   learn   Java   language.
```

执行后，输出结果如下所示。

```
args[0]:We
args[1]: learn
```

```
args[2]: Java
args[3]: language.
```

本命令行包含 4 个参数，程序运行时，系统将命令行参数传递给 main()的参数 args，并根据参数的先后次序存储在数据元素 args[0]、args[1]、args[2]、args[3]中。在存储时系统将空格作为命令行参数间的分隔符。如果要使用带有空格的字符串作为参数，应将这样的参数用引号括起来，如下面的命令行参数。

```
java CommandLine   We   are   learning   "Java language"   !
```

这里共有 We、are、learning、Java language 和! 5 个参数。

【例 3-21】 使用命令行参数求三个数的最大值。

```
class MaxFrom3 {
    public static void main(String args[]) {
       int max ;
       if (args.length!=3) {
        System.out.println("Usage : java MaxFrom3    number1 number2 number 3");
        System.exit(0);
        }
        max=Integer.parseInt(args[0]);
        for (int i = 1; i < args.length; i++) {
           if (max< Integer.parseInt(args[i]))
                max=Integer.parseInt(args[i]);
        }
        System.out.println("最大数为：   " + max);
        }
    }
```

输入下面的命令行参数

```
java    Maxfrom3    23    87    56
```

输出结果为

```
最大数为：87
```

3.6 应用实例

本节通过一个实例，演示在面向对象程序设计开发中如何进行类的分析、设计和使用。

要建立一个面向对象的程序系统，通常需要以下几个步骤。

1）设计、标识系统的类。

2）描述每个类的属性和方法。

3）建立类之间的关系。

4）创建类。

【例 3-22】 在图书借阅中，通常需要首先检测要借阅图书的“状态”，以确定该书是否可以借阅。本例用于完成图书当前状态检测，并给出相应信息。

本系统需要两个类：图书（Book）和用户（User）。各类所包含的属性及方法如图 3-13 所示。

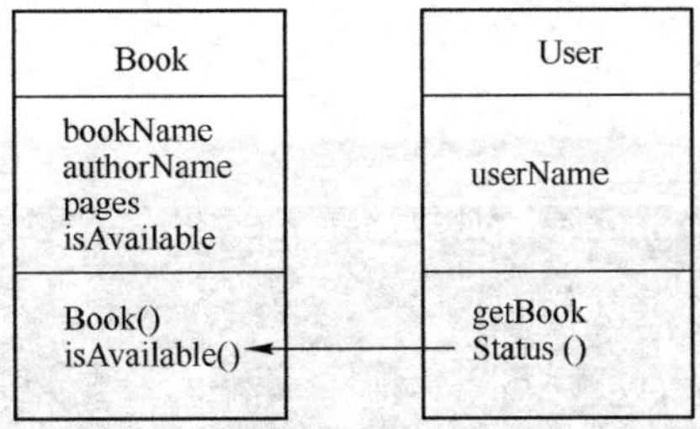

图 3-13　Book 类和 User 类

类的代码如下。

```
class Book {
    String bookName;              //书名
    String authorName;            //作者姓名
    int pages;                    //页数
    boolean available;            //书的可用性
    boolean isAvailable() {
        if(available == true)
        { System.out.println(bookName+"  这本书当前可以借阅");
          return true;
        }
       else
        { System.out.println(bookName+"  这本书目前没有");
          return false;
          }
    }
   Book(String bookName, String authorName, int pages,boolean available)
   {
       this.bookName = bookName;
       this.authorName = authorName;
       this.pages = pages;
       this.available = available;
   }
   public static void main(String[] args) {
     Book objBook1 = new Book("CoreJava",   "Albert", 245, true);
     Book objBook2 = new Book("Thinking in Java",   "Btuce", 741, false);
     User objUser = new User();
     objUser.getBookStatus(objBook1);
     objUser.getBookStatus(objBook2);
   }
}
class User{
```

```
        void getBookStatus(Book objBook){
            objBook.isAvailable();
        }
    }
```

程序运行结果 3-14 所示。

图 3-14　例 3-22 的输出结果

3.7　本章小结

本章介绍了面向对象程序设计的基本概念和思想，Java 语言类与对象的基本概念和语法，包括类的声明、类成员的访问以及对象的创建及初始化。

类是对一类对象共同属性和行为的抽象，由数据成员（属性）和方法成员（行为）组成。用 static 关键字修饰的成员称为类成员，无 static 修饰的成员称为实例成员。

类中成员的访问控制符有 public、protected、private 及无修饰符，分别标识了不同的访问权限。类只有 public 和无修饰符两种访问权限。

类中数据成员定义的一般格式为

```
[public| private|protected] [static][finale]  变量数据类型  变量名 1[=变量初值],
变量名 2[==变量初值], …
```

类中方法成员定义的一般格式为

```
[public| private|protected] [static][finale] [abstract][native]返回值类型  方法名（参数列表）
    {
        方法体
    }
```

3.8　习题

一、填空题

1．面向对象程序设计将客观世界看成由各种对象组成，共同特征和行为的对象组成类，类是由变量和________组成的集合体。

2．方法头中的关键字________用来表示方法不返回任何值。

3．数据成员定义中的关键字 finale 表示该成员为________。

4．类中成员的访问权限有________、________、________和无修饰符四种；类的访问权限有________和________两种。

5．实例成员的访问格式为________，类成员的访问格式有________、________两种。

6．访问当前对象中的成员可以使用关键字________作为前缀。

7．用户不能调用构造方法，只能通过________关键字自动调用。

8．类定义包括________和类体的定义。

9．________是一个特殊的方法，它用来定义对象的初始状态。

10．在 Java 中，同一个类中可以定义两个或多个同名方法，但它们的参数必须不同，这称为________。

二、选择题

1．定义类中成员变量时，不可能用到的修饰符是（　　）。

A．final　　B．void　　C．protected　　D．static

2．对象的特性在类中表示为变量，称为类的（　　）。

A．对象　　B．属性　　C．方法　　D．数据类型

3．设 A 为已定义的类名，下列声明 A 类的对象 a 的语句中正确的是（　　）。

A．float A a;　　B．public A a=A();　　C．A a=new int();　　D．A a=new A();

4．如果类的方法没有返回值，该方法的返回类型应当是（　　）。

A．null　　B．void　　C．sttic　　D．public

5．每个类都定义有（　　），以便初始化其成员变量。

A．方法　　B．main()方法　　C．构造方法　　D．对象

6．下列关于 Java 中方法的说法不正确是（　　）。

A．Java 中的方法参数传递时用传值调用，而不是地址调用

B．方法体是对方法的实现，包括变量声明 Java 的合法语句

C．如果程序定义了一个或多个构造方法，在创建对象时也可以使用系统自动生成的空的构造函数

D．类的私有方法不能被其他类直接访问

7．为了区分类中重载的不同方法，要求（　　）。

A．采用不同形式的参数列表　　B．使用不同参数名

C．修改访问权限　　D．返回值数据类型不同

8．给出下面的程序代码

```
class Test
 { private float a;
   static public void f()
     {
          ……
      }
 }
```

如何使成员变量 a 被方法 f()直接访问？（　　）

A．将 private float a 改为 protected float a　　B．将 private float a 改为 public float a

C．将 private float a 改为 static float a　　D．将 private float a 改为 float a

9．（　　）修饰符允许对类中成员的访问不依赖于该类的任何对象。

A．abstract　　B．static　　C．return　　D．public

10．在下列代码中，将引起一个编译错误的行是（　　）。

```
public class Test
{ int m,n;
   public Test( ) {   }
   public Test(int a) {m=a;}
   public static void main(String args[ ])
    { Test t1,t2;
       int j,k;
       j=0 ;k=0 ;
       t1=new Test( ) ;
       t2=new Test(j,k) ;
    }
  }
```

A．第 3 行　　B．第 5 行　　C．第 6 行　　D．第 10 行

三、简答题

1．简述属性、行为和方法的含义。

2．什么是类、对象？它们之间的关系如何？

3．请解释类变量、实例变量及其区别。

4．请解释类方法、实例方法及其区别。

5．类的访问控制符有哪几种？具体含义是什么？

6．类中成员的访问符有哪几种？具体含义是什么？

7．简单构造方法的特点。

四、编程题

1．定义一个 JDate 类，成员变量包括 year、month 和 day，成员员方法包括 input_Date( )和 output_Date( )，分别用于实现日期的输入和输出。在 main()方法中创建该类的对象并访问这些方法。

2．定义一个表示学生信息的类 student，包括学号（No）、姓名(name)、性别(sex)、成绩(score)四个实例变量，类型自定义；实例方法有获得学号(getNo)、获得姓名(getname)、获得性别(getsex)、获得成绩(getscore)、修改成绩(changescore)。创建两个该类的对象(用构造方法初始化对象)，输出这两个学生的信息，并计算两人成绩的平均值。

第4章 类的继承

软件重用是提高软件质量及开发效率的有效途径。面向对象程序开发技术得以流行的原因之一就是基于类和对象的重用比传统的程序更容易，它为软件重用提供了新的手段。本章介绍与类的重用有关的内容，包括类的继承、Object 类、抽象类、终结类以及 Java 包和接口的应用。

本章学习目标

- 理解类的继承性概念
- 理解父类与子类的关系
- 掌握由已存在的类创建新类的方法
- 熟悉 Object 类的使用
- 理解抽象类、终结类的含意及使用
- 熟悉 Java 包及接口的应用

4.1 类的继承

继承（Inheritance）是面向对象程序设计的重要概念之一，那么为什么引入“继承”，它有什么作用、具体应如何实现呢？下面我们看一个实例。

某公司有普通员工（Employee）及管理人员（Manager），对这两类人员分别需要显示以下信息。

- 管理人员要显示的信息包括姓名（name）、基本工资（basic）、地址（address）和部门（department）。
- 普通员工要显示的信息包括姓名（name）、基本工资（basic）、地址（address）和工作年限（lengthOfService）。

要求编写一个程序显示他们的信息。根据前面学习的知识，会考虑设计 Employee 和 Manager 两个类分别包含各自的属性和方法，但两个类中都会包含姓名、基本工资、地址这些属性，造成两个类中信息的重复。对于这类问题，就可以采用面向对象中的“继承”来进行解决。

4.1.1 继承的概念

继承是一种由已有的类创建新类的机制，是面向对象程序设计中最为关键的概念。类的继承也称为类的派生，一个新类可以从另一个已存在的类中派生，这个过程称为类的继承。派生出的新类称为已有类的子类(Subclass)或派生类（Derivedclass），已有类称为基类（Baseclass）、父类(Parentclass)或超类(Superclass)。

类的继承性很好地解决了软件的重用性问题。通过继承，一个类可以拥有已有类的所有功能。即子类不但可以继承父类的所有行为和属性，它还可以根据需要增加自己的行为和属性。

一个父类可以同时拥有多个子类，所以一般将多个类所具有的公共属性和方法的集合定义为父类，而每个子类是在公共属性和方法的基础上的扩展。

或者说，如果某个类具有我们所需要的行为和属性，我们不需要通过重新定义或者复制该代码来得到这些行为和属性，而是将这个类作为父类，通过继承自动从父类那儿接收到这些内容，这个父类又是从它的父类那儿得到相应的东西，并且依此类推，所有的这些通路就构成了一种层次结构。

这一点与每一个人都从父母那儿继承各种特征的方式一样，比如身高、相貌、爱好以及其他一些生活习惯。父母又是从他们的父母那儿继承一些特征，而每一个人又有与其父母不同的特征。

图 4-1 显示了一个交通工具类的层次结构。在一个类层次结构中，父类、子类都是相对的。

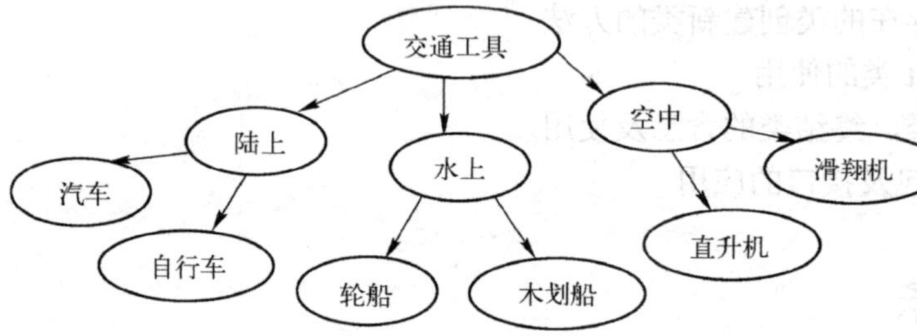

图 4-1　类的层次结构

由于 Java 只支持单重继承，所以 Java 程序中的类层次结构是树状结构。

下面是一个使用继承的简单实例。

【例 4-1】 类继承程序示例。

```
class Vehicle
{public void start()
   { system.out.println("Starting. . . ");
   }
}
class Car extends Vehicle
{ public void drive()
   { system.out.println("Driveing. . . ");
   }
}
public class App
{ public static void main(string[],args)
   { system.out.println("Createing a car. . . ");
     Car c=new Car();
     c.start();
     c.drive();
   }
}
```

程序中定义了 Vehicle、Car 和 App 三个类，App 为主类。通过关键字 extends 将类 Car 说明为类 Vehicle 的子类，Car 除从 Vehicle 类中继承 start 方法，还可以添加自己的变量和方法，本例在 Car 类中添加了方法 drive。

程序运行结果如下。

```
Createing a car...
Starting...
Driveing...
```

4.1.2 继承的实现

Java 中的继承是通过在类声明中加入 extends 关键字来实现的，其一般格式如下。

```
[类修饰符]  class 子类名 extends 父类名
{
        //子类类体
}
```

例如

```
class Car extends Vehicle
```

子类继承父类时应遵循以下规则。

1）子类可以继承父类中所有（除 private 访问权限以外）的成员变量和成员方法。

2）子类不能继承父类的构造方法。因为父类构造方法创建的是父类对象，子类必须声明自己的构造方法，用于创建子类自己的对象。但在子类构造方法中可以（显式或隐式地）调用父类的构造方法。

3）子类可以声明自己的成员变量和成员方法。如果子类声明了与父类同名的成员，则不能继承父类的成员，此时子类成员隐藏或覆盖了父类的成员。

4）子类不能删除父类成员。

5）子类对象对父类对象的访问权限遵循表 3-1 中的访问权限规定。

6）extends 关键字后即为父类的名字。其实这个父类也可以是另一个类的子类，那么新定义的这个子类也是另一个类（其父类的父类）的子类（也称作间接子类）。

【例 4-2】 子类的创建与实现示例 1。

```
//创建父类 A
class A {
  int i, j;
  void showij() {
  System.out.println("i and j: " + i + " " + j);
  }
}
// 创建类 A 的子类 B
class B extends A {
  int k;  //k 是子类 B 加入的成员变量.
```

```
    void showk() {
      System.out.println("k: " + k);
    }
    void sum() {
      System.out.println("i+j+k: " + (i+j+k));
    }
  }
  //主类
  class Example {
    public static void main(String args[]) {
      A superObj = new A();
      B subObj = new B();
  // 父类的对象可以使用自己的成员变量.
      superObj.i = 10;
      superObj.j = 20;
      System.out.println("父类可用的成员变量有：  ");
      superObj.showij();
      System.out.println();
  // 子类可以引用父类的非 private 成员变量及子类自己的成员变量
      subObj.i = 7;
      subObj.j = 8;
      subObj.k = 9;
      System.out.println("子类可用的成员变量有：  ");
      subObj.showij();
      subObj.showk();
      System.out.println();
      System.out.println("子类中成员变量的和为：");
      subObj.sum();
    }
  }
```

该程序的输出结果如下。

```
父类可用的成员变量有:
i and j: 10 20
子类可用的成员变量有:
i and j: 7 8
k: 9
子类中成员变量的和为:
i+j+k: 24
```

本例中，子类 B 包括它的父类 A 中的所有成员。这就是为什么 subObj 可以获取 i 和 j 以及调用 showij( )方法的原因。同样，在 sum( )内部 i 和 j 可以被直接引用，就像它们是 B 的一部分。

尽管子类包括父类的所有成员，但子类不能访问父类中被声明成 private 的成员。请看下面的程序。

【例 4-3】 子类的创建与实现示例 2。

```
//创建父类 A.
class A {
   int i;                  // 默认权限的成员变量.
   private int j;     // 只限于 A 使用的局部成员变量.
   Public void setij(int x, int y) {
      i = x;
      j = y;
   }
   Public void getj() {return j ; }
}
// 创建类 A 的子类 B.
class B extends A {
   int total;
   void sum() {
   total = i + j;   // 语法错误。子类 B 无权访问 A 类中的用 private 成员 j.
   total = i + getj();       //允许
   }
}
class Access {
   public static void main(String args[]) {
      B subOb = new B();
      subOb.setij(10, 12);
      subOb.sum();
      System.out.println("Total is " + subOb.total);
   }
}
```

该程序不能通过编译，因为一个被定义成 private 的类成员只为此类私有，不能被该类外的其他代码访问，包括它的子类。但是可以使用继承来的公有方法 getj()取得变量的值。

提示： Java 中每个类都有父类，如果没有显式地标明类的父类，则隐含为 java.lang 包中的 Object 类。

4.1.3 隐藏与覆盖

子类不仅可以继承父类的所有非私有成员，还可以对继承类的属性变量及方法进行重新定义，分别称为属性隐藏和方法覆盖。

1．成员变量的隐藏

若子类声明了与父类同名的成员变量，则父类中同名的成员变量将被隐藏起来。当在子类对象中直接通过成员变量名访问成员变量时，访问到的是子类的同名变量，如果需要访问同名的父类成员变量，必须通过父类名或 super 关键字来访问。

【例 4-4】 成员变量隐藏示例 1。

```
//创建父类 A
class A {
   int i=100;
}
// 创建类 A 的子类 B
class B extends A {
   int i=200;   //子类 B 的同名成员变量 i
   void print( ) {
      System.out.println("子类中 i=" + i);
      System.out.println("父类中 i=" + super.i);     //访问父类 A 的同名成员变量 i
   }
   public static void main(String args[]) {
      (new B()).print();
   }
}
```

程序的运行结果如下。

```
子类中 i=200
父类中 i=100
```

【例 4-5】 成员变量隐藏示例 2。

```
class A
{int m=5;
 public void setm(int i){m=i;}
 void printa(){System.out.println("m="+m);}
}
class B extends A
{int m=10;
 void printb(){
    super.m=super.m+20;
    System.out.println("super.m="+super.m+"    m="+m);
  }
}
public class Test
{ public static void main(String[] args)
    {A a=new A();
     a.setm(50);
     a.printa();
     B b=new B();
     b.printb();
     b.printa();
     b.setm(60);
     b.printb();
```

```
        b.printa();
        a.printa();
    }
}
```

程序运行结果，如图 4-2 所示。

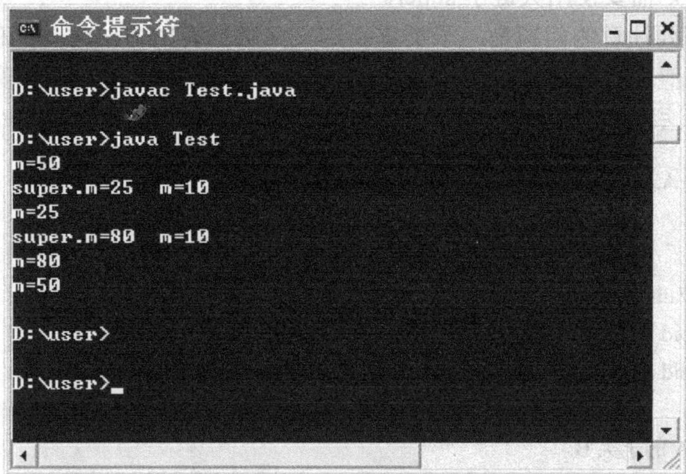

图 4-2　例 4-5 程序运行结果

请分析运行结果，理解继承对变量的影响。

若将 Class A 中的 int m=5;改为 static int m=5;再进行编译、运行，可得出如图 4-3 所示的结果。

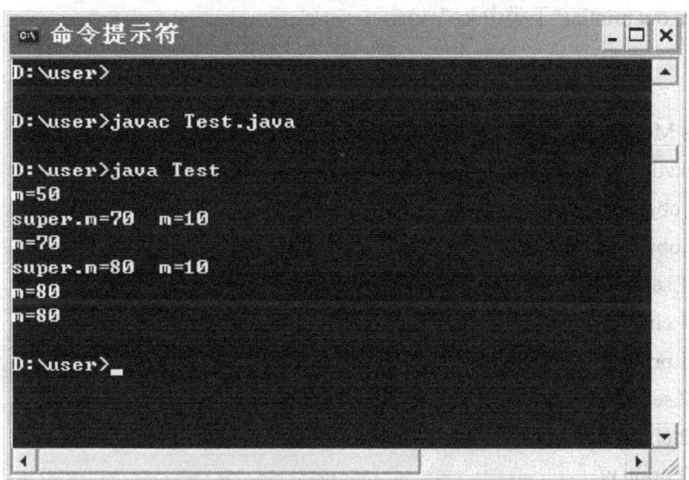

图 4-3　静态成员变量隐藏程序运行结果

由以上示例可以看出，变量隐藏常常会引出一些难以预料的问题，所以应尽量避免隐藏成员变量。如果有很多父类中的变量需要隐藏，则意味着不应该从该父类派生出该子类。

2. 方法覆盖

如果从父类继承来的方法的功能不适应子类的要求，则可以声明自己的方法。在声明的时候，使用与父类相同的方法名及参数，这种情况称为方法覆盖（或重写）。

当调用一个对象的方法时，Java 总是先在该对象所属的类中寻找该方法的定义。如果找不到，就到该类的上一级别的类中去寻找，直到找到该方法的定义为止。如果需要调用父类中被覆盖的方法，则需要使用关键字 super。

方法覆盖中需要注意的问题是，子类重新定义父类已有的方法时，应保持与父类完全相同的方法名、返回值和参数列表。

【例 4-6】 方法覆盖示例程序。

```
//创建父类 A.
class A {
   int i;
   void setValue(){    i=100;   }
   public void   changeValue(){   i=i-50;   }
   public void   print(){     System.out.println("父类中 i="+i); }
 }
// 创建类 A 的子类 B.
class B extends A {
   int k;                         //k 是子类 B 加入的成员变量.
   void setValue(){   k=200;   }
   public void   changeValue(){    k=k+50;   }
   public void   print(){
     super.print();               //调用父为中的 print()方法
     System.out.println("子类中 k="+k);
   }
 }
public class MethOver{
     public static void main(String args[]) {
          A   obj1=new A();
          B   obj2=new B();
          obj1.setValue();
          obj1.changeValue();
          obj1.print();
          obj2.setValue();
          obj2.changeValue();
          obj2.print();
     }
}
```

可以看出，父类的对象 obj1 调用的是父类中定义的方法，子类的对象 obj2 调用的是子类中重写的方法，所以程序的输出结果是

```
父类中 i=50
父类中 i=0
子类中 k=250
```

注意：如果将子类中 changeValue()方法和 print()方法的类修饰符改为 private，程序就不能通过编译。因为 Java 中规定，子类中重定义的方法不能比它所覆盖的方法具有更严格的访问权限。特别地，如果父类方法是 public，那么子类方法一定要声明为 public，如果遗漏将发生编译错误。

3．类的多态及实现

前面章节中曾经介绍过，多态是面向对象程序设计的一个重要特性。所谓多态是指不同类型的对象对同一消息作出的反应，是面向对象编程的重要特征。例如，一家三口看电视，爸爸可能喜欢看体育类节目，妈妈喜欢看肥皂剧，而孩子则喜欢看儿童节目，同样是看电视这一行为，其具体内容则是不同的。

Java 面向对象程序设计中实现多态技术的两种重要手段是方法重载和方法覆盖，我们已经分别介绍，实际编程中要注意两者的区别。方法覆盖是对从父类继承的方法进行重写，而且要保持与父类同名方法完全相同的方法声明部分（即应与父类有完全相同的方法名、返回值和参数列表）；重载不是子类对父类同名方法的重新定义，而是类对自身已有的同名方法的重写，且要求与被重载的方法必须有不同的参数列表。

4.1.4 继承与构造方法

当一个类被实例化的时候，它的构造方法自动被调用。当一个子类被实例化时，虽然没有加入任何调用构造方法的语句，但子类的构造方法和父类的构造方法都被自动调用。

【例 4-7】 隐含调用父类构造方法示例。

```
class SuperClass{
  public SuperClass(){ System.out.println("SuperClass constructor"); }
  public SuperClass(String msg){
System.out.println("SuperClass constructor: " + msg);
}
}
class SubClass extends SuperClass{
  public SubClass(String msg){
  System.out.println("SubClass constructor: "+msg);
}
}
public class Test{
  public static void main(String args[]){
SubClass descendent = new SubClass("Test");
}
}
```

编译、运行该程序，结果如图 4-4 所示。

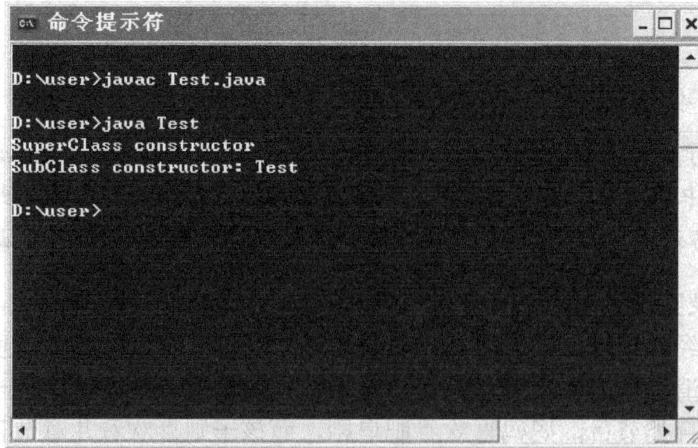

图 4-4　例 4-7 程序运行结果

可以看出，创建子类时，隐含地调用了父类的构造方法。如果父类没有无参数的构造方法，子类又不明确地调用父类的构造方法，编译器将无法编译子类。

例如，将 SuperClass 中的无参构造方法去掉，重新编译该程序，则产生如图 4-5 所示的编译错误。

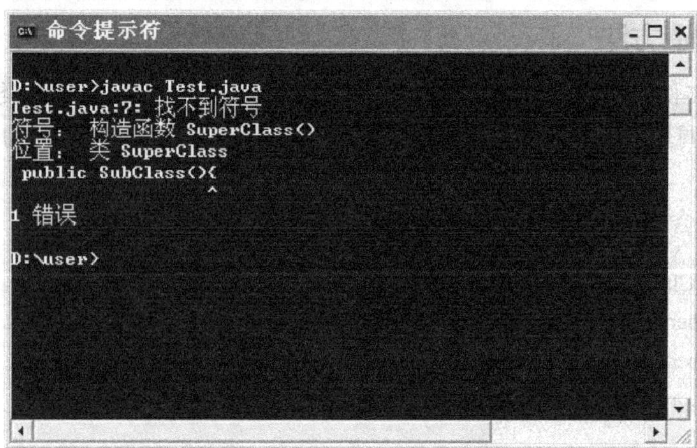

图 4-5　不正确的构造函数调用

但是，如果在 SubClass 构造方法的第 1 行加入调用 SuperClass 构造方法的语句，程序也能正确运行。如将例 4-7 改为

```
class SuperClass{
    public SuperClass(String msg){
        System.out.println("SuperClass constructor: " + msg);
    }
}
class SubClass extends SuperClass{
    public SubClass(String msg){
        super("Input message");
```

```
            System.out.println("SubClass constructor: "+msg);
        }
    }
    public class Test{
        public static void main(String args[]){
            SubClass descendent = new SubClass("Test");
        }
    }
```

程序运行结果如图 4-6 所示。

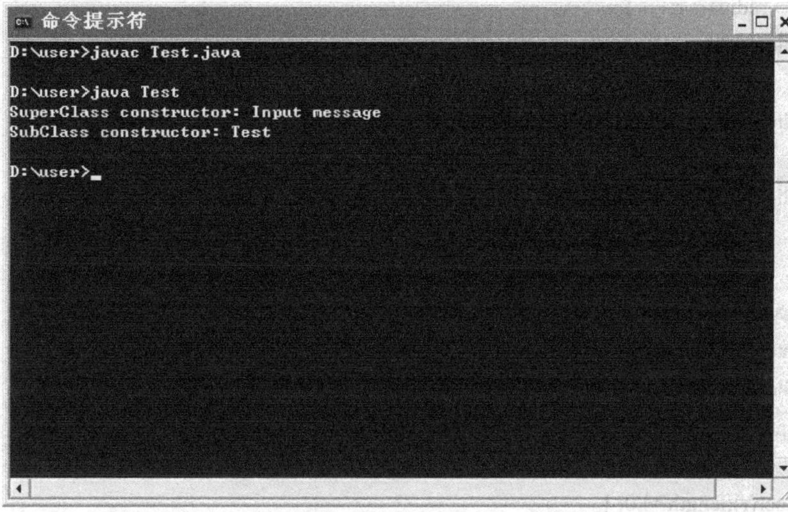

图 4-6　在子类中调用父类构造方法的程序运行结果

通过以上几种情况的分析比较可以得出以下结论。

1）如果在子类的构造方法中没有明确地调用父类的构造方法，则系统在创建子类时会自动调用父类的默认构造方法（即无参数构造方法）。

2）如果在子类的构造方法中有明确地调用父类的构造方法的语句，则调用语句必须是子类构造方法的第一个语句。

4.1.5　关键字 super 的使用

在第 3 章中我们曾学习过关键字 this，this 代表当前类自身。关键字 super 与其相对应，代表当前类的父类。

关键字 super 可以用于两种用途，一是调用父类的构造方法，二是调用父类的方法。

1．调用父类的构造方法

super 用于调用父类的构造方法，其语法格式为

```
super();  或 super（参数）;
```

2．调用父类的方法

super 用于调用父类的方法，其语法格式为

super.方法名()；或 super.方法名（参数）；

【例 4-8】 关键字 super 使用示例。

利用前面定义过的圆类，创建一个表示圆柱的类，并计算圆柱的底面积和体积。

```
class Circle
{ private double radius;
   Circle()
  {      radius = 1.0;   }
   Circle(double r)
  {      radius = r;     }
  public double getRadius()
  {      return radius;   }
  public void setRadius(double newRadius)
  {      radius = newRadius;    }
  public double findArea()
  {      return radius*radius*Math.PI;    }
}
class Cylinder extends Circle
{ private double length;
  public Cylinder()
  { super();    length = 1.0; }
  public Cylinder(double r, double l)
  { super(r);length =l.0; }
  public double getLength()
  {   return length;   }
  public double findVolume()
  {   return super.findArea()*length;    }
}
public class TestCylinder
{
  public static void main(String[] args)
  { Cylinder myCylinder = new Cylinder(5.0, 2.0);
    System.out.println("The length is " +myCylinder.getLength());
    System.out.println("The radius is " + myCylinder.getRadius());
    System.out.println("The volume of the cylinder is " +
      myCylinder.findVolume());
    System.out.println("The area of the circle is " +
      myCylinder.findArea());
  }
}
```

程序运行结果如图 4-7 所示。

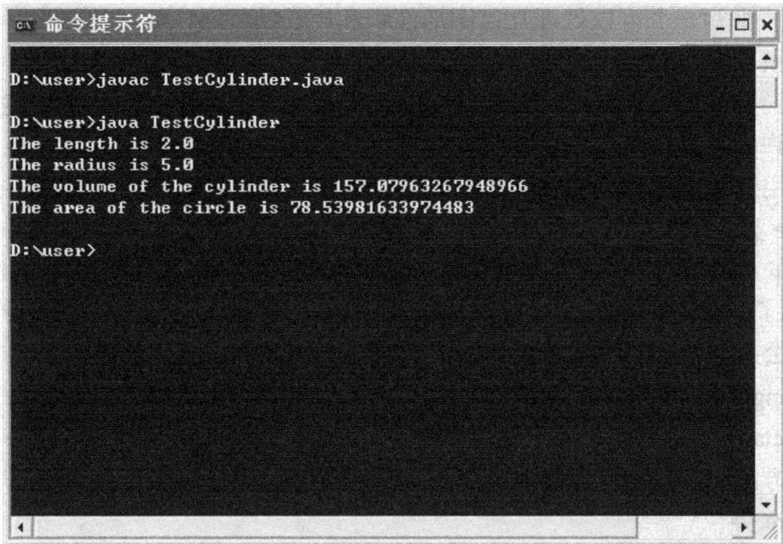

图 4-7　例 4-8 程序运行结果

分析程序运行结果，注意 super 的两种用法。

4.1.6　阻止继承

在实际应用中并不是所有类都需要派生子类。对于一些不希望被继承的类，为避免从这些类创建子类，可以使用 final 修饰符将它们定义为最终类。如

```
final class berd
 { public void fly()
    {……}
 }
```

该类将不能用来产生子类，否则将产生编译错误。

同样的道理，如果一个方法不希望被覆盖，则可使用 final 将其说明为最终方法。如

```
class animal
 { final void breath()
    {……}
 }
```

该方法将不能被覆盖，否则同样会产生编译错误。

另外，final 还有一个作用，我们前面曾经使用过，即用来说明常量。如

```
final int a=10;
```

变量 a 的值将不能再被改变。

4.1.7　应用实例

本节通过一个实例说明面向对象程序设计中继承的应用。

【例 4-9】 编写一个可以处理几何图形面积和周长的程序，如计算圆形、长方形、正方形的周长和面积。

问题分析：要处理的几何形状可能是矩形、圆形或其他的形状，如果创建多个毫不相关的类，则造成许多重复。在这里，我们使用继承，将通用的方法及公共属性放置在父类中，而将具有特殊用途的方法和属性放置在子类中。所以，本例可以设计下面几个类。

（1）Shape 类

Shape 类作为父类，它有 3 个成员变量（名称、面积、周长）和两个成员方法（构造方法、显示方法）。为了能够实现继承性，这些成员都不能是私有的，因此把成员变量作为保护类型，成员方法作为公有类型。当不知道具体的形状时，不能计算面积和周长。

（2）Rectangle 和 Circle 类

矩形（Rectangle）和圆形（Circle）都是几何图形，可以把它们作为 Shape 类的子类，两个类都在构造方法中初始化自己的成员变量，在成员方法中计算面积和周长。

（3）Square 类

正方形是一种特殊的矩形，所以它应当从 Retangle 类而不是 Shape 类中继承。

（4）ShapeTester 类

本程序的主类。

编程提示如下。

1）设计类时，如果一个类“有什么”，意味着该类需要一个成员变量；要“做什么”隐含着该类需要增加一个成员方法。而且如果已经有一个相近的类，就可以从该类中扩展出所需要的新类。

2）子类所需的成员在父类中必须是非私有的，因为子类无法继承私有成员。另一个解决办法是在父类中使用公有的 set/get 方法访问其私有成员变量。

3）关键字 extends 暗示子类比父类更加特殊，实际上子类是父类的一种特殊类别。例如，桌子比课桌更普通，使用面向对象的技术，课桌应从桌子中扩展而来。当我们创建一个类层次的时候，应当先抽象出父类，再通过父类衍生出子类。本例中，如果 Square 扩展自 Rectangle，那么同时也继承了两个成员变量（width 和 height），Square 只需要其中的一个。但是如果 Rectangle 扩展自 Square，因为只有一个成员变量，Rectangle 无法计算面积和周长，需要创建其他的方法，这就浪费了程序员的时间。

各个类的实现如下所示。

```
class Shape{
  protected String name;
  protected double area, perimeter;
  public Shape(){
    name="undetermined";
    area=perimeter=0;
  }
  public void display(){
    System.out.println("Name: " + name);
    System.out.println("Area: " + area);
    System.out.println("Perimeter: " + perimeter);
```

```
    }
}
class Rectangle extends Shape{
    protected double length, width;
    public Rectangle(double _length, double _width){
        name= "Rectangle";
        length = _length;
        width = _width;
    }
    public void computeArea(){
        area = length * width;
    }
    public void computePerimeter(){
        perimeter = 2*(length + width);
    }
}
class Circle extends Shape{
    protected double radius;
    public Circle(double _radius){
        name = "Circle";
        radius = _radius;
    }
    public void computeArea(){
        area = Math.PI * radius * radius;
    }
    public void computePerimeter(){
        perimeter = 2 *Math.PI * radius;
    }
}
class Square extends Rectangle{
    public Square(double _side){
        super(_side, _side);
        name = "Square";
    }
}
public class ShapeTester{
    public static void main(String args[]){
        Shape s = new Shape();
        Rectangle r = new Rectangle(2.0, 3.0);
        Circle c = new Circle(4.0);
        Square q=new Square(5.0);
        r.computeArea();
        r.computePerimeter();
        c.computeArea();
        c.computePerimeter();
        q.computeArea();
        q.computePerimeter();
        r.display();
```

```
            c.display();
            q.display();
            s.display();
        }
    }
```

程序运行结果如图 4-8 所示。

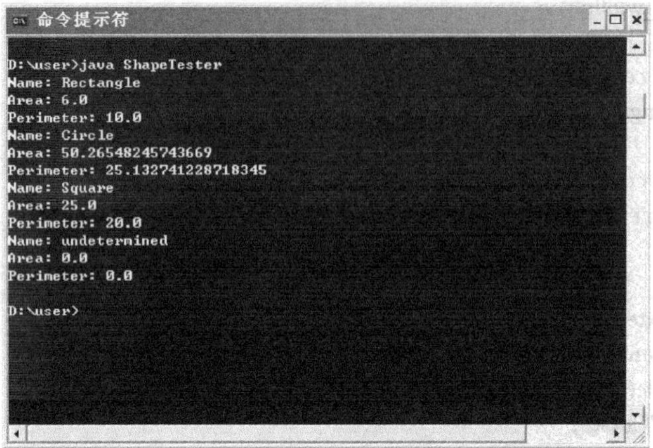

图 4-8　例 4-9 程序运行结果

4.2　抽象类与抽象方法

根据前面的介绍我们已经知道，在类的继承中子类可以继承父类的所有非私有成员，对父类中方法可以直接进行调用。但有时我们需要解决这样一类问题，在父类中只需要规定各子类共有哪些属性，而无法或不需要给出属性的具体信息，这些属性对每个子类可能都是不同的，需要在各子类中进行具体的定制。这时就需要用到 Java 中的抽象类和抽象方法的概念。

如在例 4-9 中的 Shape 类有成员变量 area 和 perimeter，但是没有计算这些值的方法。因为在没有具体几何形状的信息之前，这两个方法是无法确定，而在其子类中又需要包含这两个方法，此时，可将计算面积和周长的方法定义为两个抽象方法。而抽象方法必须定义在抽象类中。

4.2.1　抽象方法

如果父类中的某些方法在不同的子类中有各自不同的实现方法，这时可将此方法用关键字 abstract 声明为抽象方法，具体的实现由各个子类完成。

抽象方法声明的一般格式为

```
修饰符 abstract　类型　方法名（[参数列表]）;
```

如

```
public abstract void computeArea();
```

```
public abstract void computePerimeter();
```

抽象方法只有方法的说明部分，方法体被一个分号（;）代替，在其子类中必须对其进行覆盖才能使用。所有的抽象方法必须存在于抽象类中。

4.2.2 抽象类

所谓抽象类是不能使用 new 方法进行实例化的类，即没有具体实例对象的类。Java 中用修饰符 abstract 来说明抽象类。

抽象类声明的一般格式为

```
修饰符 abstract   class  类名
{
        //类体
}
```

抽象类中可以包含常规类中能够包含的所有成员。例如，可将 Shape 类定义为如下抽象类。

```
abstract class Shape{
   protected String name;
   protected double area, perimeter;
   public Shape(){
      name="undetermined";
      area=perimeter=0;
   }
   public void display(){
      System.out.println("Name: " + name);
      System.out.println("Area: " + area);
      System.out.println("Perimeter: " + perimeter);
   }
   public abstract double computeArea();              //抽象方法
   public abstract double computePerimeter ();        //抽象方法
}
```

说明

1）抽象类是类层次中较高层次的概括，抽象类的作用是让其他类来继承它的特征。

2）抽象类中可以包括被它的所有类共享的公共行为和公共属性。

3）在程序中不能用抽象类作为模板来创建对象。

4）声明一个方法为抽象方法时，无需实现该方法，但要确保它的所有子类实现该方法。

5）子类必须实现父类中所有的抽象方法。

【例 4-10】 抽象类和抽象方法的使用示例。

```
abstract class A                    //定义一个抽象类
 { abstract String getdata();       //定义一个抽象方法
   public void print()
     { System.out.print(getdata();)
```

```
      }
    }
class B extends A
  { String getdata()                    //覆盖抽象方法
    { return "Hello students!";
    }
  }
public class Exp
  { public static void main(String[ ] args)
    { B b1=new B();
      b1.print();
    }
  }
```

注意：① 抽象类是不能直接进行实例化的类；② 抽象方法是一项非常重要的技术，Java 包中的许多方法都是抽象的。

4.3 接口的定义及实现

Java 仅支持类的单继承，即一个类只能有一个父类。但实际应用中经常需要从多个类中继承某些属性或行为。为了弥补这种单继承性带来的不足，Java 引入了接口（Interface）的概念，以便实现多重继承。

如前所述，抽象类中可以包含一个或多个抽象方法，该抽象类的子类必须实现这些抽象方法。接口类似于抽象类，只是接口中的所有方法都是抽象的。这些方法由实现这一接口的不同类具体完成。

4.3.1 接口的定义

接口是由一些抽象方法和常量组成的一个集合。它的定义与抽象类类似，只定义了类中方法的原型，而没有直接定义方法的内容。其定义格式为

```
[接口修饰符] interface  接口名  [extends  父类名]
    {
      类型标识符 final  符号常量名 1 = 常数;
      类型标识符 final  符号常量名 2 = 常数;
      ......
      类型标识符 final  符号常量名 n = 常数;
      返回值类型  方法 1(参数表);
      返回值类型  方法 2(参数表);
      ......
      返回值类型  方法 n(参数表);
    }
```

接口中的方法都默认为 abstract，其访问控制修饰符要么为 public，要么为默认值；常量都默认为 final（即关键字 final 可以省略）。一个接口不能用来实例化一个对象，它不是一个类。

例如，

```
interface Callback {
    float final PI=3.14159;
    void callback(float   param);
}
```

定义了一个简单接口，该接口包含一个符号常量 PI 和带一个单精度实型参数的 callback( ) 方法。

4.3.2 接口的实现

一旦接口被定义，一个或多个类可以实现该接口。为实现一个接口，在类定义中必须加入 implements 子句，然后创建接口定义的方法。一个包括 implements 子句的类的定义一般形式如下所示。

```
[类修饰符 ] class   类名   [ extends   父类名称] [ implements  接口名列表]
    {
                类体
    }
```

说明

1）如果一个类实现多个接口，这些接口名之间用逗号分隔。

2）当一个类实现某个接口时，必须实现接口中的所有方法，且方法必须声明为 public; 如果不能实现，也必须写出一个空方法。而且，实现方法的类型必须严格与接口定义中指定的类型相匹配。

3）允许多个类实现一个接口。

下面是一个实现 Callback 接口的类 Area 的定义。

```
class Area implements Callback {
    public void callback(float   r) {
      System.out.println("半径为"+r+"圆的面积是：" + PI*r*r);
    }
}
```

注意：callback( )必须用 public 修饰符声明。

【例 4-11】 接口及其实现示例。

```
import java.util.*;
interface Callback {     //接口的定义
        final   double   PI=3.14159;
        void callback(double   param);
}
class Area implements Callback {     //实现接口的类的定义
      public void callback(double   r) {
        System.out.println("半径为"+r+"的圆的面积是：" + PI*r*r);
```

```
        }
    }

public   class InterfaceDemo {    //主类的定义
   public   static   void   main(String   args[])
      {
       Scanner in=new Scanner(System.in) ;
       double   x;
       Area   circle = new Area();       //创建类的对象
       System.out.print("请输入圆的半径：");
       x =in.nextDouble( );
       circle. callback(x);
    }
}
```

程序的运行情况如下所示。

```
请输入圆的半径：10.0
半径为 10.0 的圆的面积是：314.159
```

类在实现接口定义的同时，也允许定义接口之外的其他方法。例如，下面程序实现了 callback( )方法，并且增加了 nonIfaceMeth( )方法。

```
class area implements Callback {
    public void callback(int r) {
        System.out.println("半径为"+r+"的圆的面积是：" + PI*r*r);
    }
void nonIfaceMeth() {
    System.out.println("实现接口的类中可以定义接口之外的其他方法。");
    }
}
```

4.3.3 应用实例

编写一个实现各类运算的接口。

【例 4-12】 定义一个实现运算功能的接口，在不同的类中可以完成不同的运算。

```
interface Calculate{
        int   disp(int n);
        }
class   Sum   implements   Calculate{
        public int disp(int   n){
         int s=0,i;
         for (i=1;i<=n;i++)
             s=s+i;         //通过接口实现求累加和的运算
         return   s;
    }
}
 class Pro   implements Calculate{
```

```
        public  int disp(int  n){
            int m=1,i;
            for (i=1;i<=n;i++)
                m=m*i;        //通过接口实现求阶乘的运算
            return  m;
        }
    }
    public  class  UseInterface {
      public  static  void  main(String  args[]) {
          int n=10;
          Sum s=new  Sum();
          Pro p=new  Pro();
          System.out.println("1—"+n+"的和为："+s.disp(n));
          System.out.println("1—"+n+"的积为："+p.disp(n));
      }
    }
```

程序的输出结果如下所示。

```
1—10 的和为：55
1—10 的积为：3628800
```

在本例中定义了一个接口 Calculate，在接口体中有一个没有方法体的方法 disp()。在 Sum 类和 Pro 类中，分别用不同的代码实现了接口 Calculate 中的 disp()方法。这个例子也反映了接口的多态性。

4.4 包的应用

包（Package）是类的一种组织方式，是一组相关的类和接口的集合。利用面向对象技术开发一个系统时，通常需要设计许多类共同工作，Java 编译器要为每个类生成一个字节码文件，这样同名的类就会发生冲突。为了解决这一问题，Java 提供包来管理类名空间。

操作系统用目录来组织管理文件，Java 则利用包来组织相关的类，并控制其访问权限。同一包中的类在默认情况下可以互相访问，所以为了方便编程和管理，通常把需要在一起工作的类放在同一个包里。包中还可以再包含次一级的子包，以便有效地组织和管理自己的代码。包的概念体现了 Java 语言面向对象特性中的封装机制。

标准的 Java 类库分布在多个包中，如 java.lang、java.net、java.util 等。这些标准的 Java 包具有一个层次结构，如同硬盘的目录嵌套一样。所有标准的 Java 包都处于 Java 和 Javax 层次中。

4.4.1 将类放入包

在实际应用中，用户可以将自己的类组织成包结构。要想将一个类放入包中，就必须在源文件的开头定义类的代码之前，增加一条由 package 进行声明的语句。如

```
Package mypackage;
```

```
Public class Employee
{
  ……
}
```

此语句声明当前文件中定义的所有类都存储在 mypackage 包中，在磁盘的结构目录中对应一个文件夹。如果源文件中没有 package 语句，则文件中声明的所有类存储在一个默认的无名包中，一般为存储源文件的当前目录。

说明

1）程序中如果有 package 语句，它必须为 Java 源文件中的第一条语句。

2）一个源文件中最多只能有一条 package 语句。

3）Java 编译器把包对应于文件系统的目录结构。例如，对于创建的名为 mypackage 的包，首先要在磁盘上创建一个名为 mypackage 的文件夹，程序经过编译后将文件内所生成的所有的类文件都存储在文件夹 mypackage 下。

4）包可以进行嵌套。

Java 使用 package 语句声明包的一般语法格式为

```
package [包名称 1[.包名称 2[.包名称 3[. [……]]]]
```

即使用 package 创建包时，包中还可以再包含次一级的子包，各级包之间用“.”号分隔。

如果在程序中用 package 语句声明了包，那么 Java 编译器如何将其中的类存放到指定的包中呢？下面通过一个例子进行说明。

【例 4-13】 创建包示例。

```
package mypackage;
public class Circle
{ public double radius=1.0;
  public double findArea()
   { return radius* radius*3.14159;
   }
}
```

本示例中第一条语句声明了一个名为 mypackage 的包，并希望将编译生成的类文件 Circle.calss 存放在 mypackage 包中。实现这一目的的方法有两个。

1）首先在确定的位置（如 javatest 目录中）创建一个名为 mypackage 的目录（文件夹），将以上代码以文件名 Circle.java 保存在该目录中，然后使 mypackage 成为当前目录并编译 Circle.java，系统会将 Circle.calss 文件存储在 mypackage 目录下。这种方式下程序源文件与编译产生的类文件存储在同一目录 mypackage 中。

2）使用带-d 选项的编译命令来编译源程序。首先将本例中的程序代码以文件 Circle.java 保存在 javatest 目录中，并使 javatest 成为当前目录，然后使用带-d 选项的编译命令对包含 package 语句的源文件进行编译，编译器将自动使用包名创建一个目录，并把编译的类文件存放其中。带-d 选项的编译命令的一般格式为

Javac –d <存放包的目录>　<要编译的源文件>

本例使用命令

```
javac –d . Circle.java
```

这里的“.”表示当前目录。

在这种方法中，程序源文件和编译产生的类文件可以存储在不同的目录中。本例中源程序文件 Circle.java 存放在 javatest 目录中，Circle.calss 文件存放在 javatest\mypackage 目录中，编译命令的使用如图 4–9 所示。

图 4–9　带-d 选项的编译命令

4.4.2　使用包中的类

将类组织为包的目的是为了更好地使用包中的类。默认情况下，一个类只能引用与它同在一个包中的类。如果要引用某个或某些包中的类和接口，一般有两种方法。一种方法是直接在要引用的类和接口前给出它所属的包的名称，另一种方法是在程序的开始部分给出引用语句（import）。

（1）直接使用包

当在程序中引用的类和接口的次数较少时，使用这种方法是比较适当的。就是在要引用的类和接口前给出其所在包的名称。例如，

```
mypackage.Circle myCircle = new mypackage.Circle();
```

（2）使用包引用语句 import

为了从某个包中引入类和接口，要使用 import 语句。import 可以用来引入特定的类乃至整个包。一旦被引入，类和接口可以被直接引用。

在 Java 源程序文件中，import 语句一般紧接着 package 语句（如果 package 语句存在的话），它存在于任何类定义之前。如果引入单个的类，其声明的一般形式为

```
import 包名称 1[.包名称 2].类名;
```

如果引入的是整个包，其声明的一般形式为

```
import 包名称.*;        //*代表包中的类
```

例如，

```
import ch04.Sum;
```

```
import java.util.Date;
import ch04.*;
import   mypackage.*;
import java.io.*;
```

如果在用星号形式引用的两个不同包中存在具有相同类名的类，当引用其中的一个类时，必须明确地指明是哪个包中的类，即在类名前给出包名称，中间用点号（.）分隔。利用这种方法可以解决类名冲突的问题。

在任何用到类名的地方，都可以使用它的全名，全名包括它所有的包层次。例如，下面的程序使用了一个引入语句。

```
import java.util.*;
class MyDate extends Date {
}
```

如果不使用 import 语句，可以采用下面的形式。

```
class MyDate extends java.util.Date {
}
```

值得注意的是，用“*”形式引入的类并不是包中所有的类，而只是被声明为 public 类。

【例 4-14】 使用包中的类的示例。

使用例 4-13 所创建的 mypackage 包中的类，创建对象。

```
import mypackage. *;
public class TestCircle
{   public static void main(String[] args)
   {   Circle myCircle = new Circle();
        System.out.println("The area of the circle of radius "   + myCircle.radius + " is " + myCircle.findArea());
   }
}
```

本例首先利用 import 语句将 mypackage 包中的 Circle 类导入，然后使用该类创建对象。

注意：本例中，若生成 Circle 类的源文件 Circle.java 与 TestCircle.java 在同一个目录下（javatest 目录），当使用 javac TestCircle.java 命令编译时，将产生错误提示信息，如图 4-10 所示。

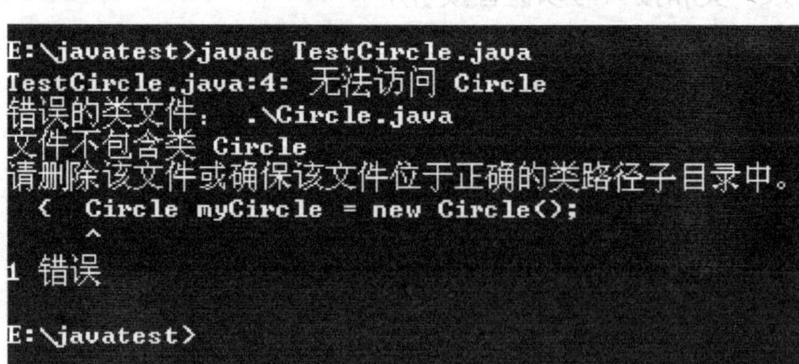

图 4-10　错误提示信息

错误的原因在于编译程序首先搜索当前路径下的文件，搜索到 Circle.java 造成错误。避免此类错误发生的方法有两个：一个是避免将这两个文件放在同一目录下；另一种方法是在 import 语句中不使用“*”而是指定要导入的类名，如使用 import mypackage. Circle;。

【例 4-15】 包使用实例。本例将 calculate 接口和 Sum 类存储在 ch04 包中，其他程序可对这些功能进行调用。

```
package  ch04;  //创建包 ch04
interface calculate{
        int   disp(int n);
 }
public class  Sum  implements  calculate{
    public int disp(int   n){
     int s=0,i;
     for (i=1;i<=n;i++)
         s=s+i;
     return   s;
    }
}
```

将以上代码以文件 Sum.java 存储在 ch04 目录下，并进行编译。编译之后 Calculate 接口的.class 文件、Sum 类的.class 文件都存储在 ch04 目录下。

使用以下代码调用 Sum 类和 disp()方法。

```
import   ch04.*;
public   class   Test {
  public   static   void   main(String   args[]) {
     int n=10;
     Sum s=new   Sum();
     System.out.println("1—"+n+"的和为："+s.disp(n));
    }
}
```

将以上代码以文件 Test.java 存储在 ch04 目录以外的目录中，进行编译运行得到如下的运行结果。

```
1—10 的和为：55
```

说明：作为一个试验，将 Sum 类前面的 public 去掉，然后重新编译 Sum，再对 Test 进行编译。这时将会产生错误，错误的原因是虽然在 Test 类引入了 ch04 包中的所有类，但是由于 Sum 类不是公共的，所以在 Test 类中不能引用 ch04 包中的类和接口。

4.4.3 常见的系统包及类的使用

Java 提供了用于程序开发的丰富类库，称为 Java 基础类（Java Foundational Class，JFC）库，也称为应用程序编程接口（Application Programming Interface，API），分别放在不同的包中。 Java 常用包及功能如表 4-1 所示。

表 4-1 Java 类库中的常用包

包　名	所提供类的主要功能
java.applet	提供了支持 Java.applet 所需的类和相应的接口
java.awt	提供了支持 Java 窗口编程的类
java.awt.image	定义了支持图像生成、存储及处理的类和接口
java.io	提供了支持基于流的读、写操作的类
java.lang	提供了一组在 applet、控制台程序和窗口程序中使用的核心类
java.math	提供有关数学计算的类及其方法
java.net	提供了一组可以实现网络应用程序的类
java.sql	提供与数据库连接的接口及有关支持
java.swing	提供了一组实用工具
java.text	提供有关操作数据、文本、数字和消息的类及其方法
java.util	提供了一组支持各种常用功能的类，包括日期、集合类等

说明

1）java.lang.Object 类是类库中所有类的父类，也是 Java 程序中所有类的直接或间接父类，所以它包含了所有 Java 类的公共属性。

2）默认情况下，程序只能访问 java.lang 中的类。要使用来自其他包里的类，可以通过包的名字来引用，或者可以把它们导入到源文件里。

3）要引用包里的类必须使用这个包的全名。例如，类 Color 包含在 java.awt 包内，所以在程序里要用 java.awt.Color 来引用。

在应用程序开发中，经常需要调用系统类库中的各种功能，所以熟悉一些常用的系统类及其方法的调用，对程序设计人员是必要的。下面就对一些常用类的功能和使用进行简单介绍。

1. 包装类

使用基本数据类型声明的变量不被视为对象。Java 语言专门提供了与基本数据类型相对应的类，称为包装类（或数据类型类），以便将基本数据类型当作对象使用。java.lang 包对每个基本数据类型都有一个相应的包装类，它的名字与基本数据类型的名字相似，不同的是包装类是一个类，它提供构造方法、常量和处理不同类型的转换方法。表 4-2 给出了各个基本数据类型所对应的包装类的名称。

表 4-2 包装类

数据类型类	基本数据类型
Boolean	boolean
Character	char
Double	double
Float	float
Integer	int
Long	long

下面通过两个实例介绍 Integer 类中的方法及其作用，其他数据类型类中的方法及作用与 Integer 类相似。Integer 类中定义了 MAX_VALUE 和 MIN_VALUE 两个属性及一系列方法。

【例 4-16】 输出 int 类型的最大值与最小值及 double 类型绝对值的最大值与最小值。

```
class Max_Min
  { public static void main(String args[])
     {System.out.println(Integer.MAX_VALUE);   //int 类型的最大值
      System.out.println(Integer.MIN_VALUE);   //int 类型的最小值
      System.out.println(Double.MAX_VALUE);    //double 类型绝对值的最大值
      System.out.println(Double.MIN_VALUE);    //double 类型绝对值的最小值
  }
}
```

程序运行结果如下所示。

```
2147483647
-2147483648
1.7976931348623157E308
4.9E-324
```

【例 4-17】 Integer 类常用方法的使用。

```
class Typrc
  { public static void main(String args[])
     { int a=69;
       System.out.println(a+"的二进制是:"+Integer.toBinaryString(a));
                  //将十进制数转换为二进制数
       System.out.println(a+"的八进制是:"+ Integer.toOctalString(a));
                  //将十进制数转换为八进制数
       System.out.println(a+"的十六进制是:"+Integer.toHexString(a));
                  //将十进制数转换为十六进制数
       Integer bj= Integer.valueOf("123");  ┐
       Integer bj1=new Integer(234);        ├ // 创建整型对象
       Integer bj2=new Integer("234");      ┘
       int i=bj.intValue();   //将对象转换为整型值
       System.out.println("bj="+bj);
       System.out.println("i="+i);
       System.out.println("bj1==bj2?"+bj1.equals(bj2));
       }
   }
```

程序运行结果如下所示。

```
69 的二进制是：1000101
69 的八进制是：105
69 的十六进制是：45
bj=123
i-123
bj1= =bj2? True
```

说明

1）ValueOf()用于创建一个新对象，并将它初始化为指定字符串表示的值。一般格式为

```
ValueOf(String s)
```

2）equals()检验两个对象是否相等。一般格式为

```
Object1.equals(Object2);
```

2. Math 类

Java.lang 包中的 Math 类提供了一些常量和一些基本的数学运算和几何运算方法，如平方根函数、指数函数、对数函数、三角函数等。此类中的方法都是静态的，而且 Math 类是一个 final 类。常用的 Math 类中的常量及方法如表 4-3 所示。

表 4-3　Math 常量、方法

常量/方法	说　明
double E	常量 e（2.71828）
double PI	常量 π（3.14159）
static double sin(double numvalue)	计算角 numvalue 的正弦值
static double cos(double numvalue)	计算角 numvalue 的余弦值
static double pow(double a, double b)	计算 a 的 b 次方
static double sqrt(double numvalue)	计算给定值的平方根
static double exp(double a)	计算 e 的 a 次方
static double log(double a)	计算 a 的自然对数
static int abs(int numvalue)	计算 int 类型值 numvalue 的绝对值，也接收 long、float 和 double 类型的参数
static double ceil(double numvalue)	返回大于等于 numvalue 的最小整数值
static double floor(double numvalue)	返回小于等于 numvalue 的最大整数值
static int max(int a, int b)	返回 int 型值 a 和 b 中的较大值，也接收 long、float 和 double 类型的参数
static int min(int a, int b)	返回 a 和 b 中的较小值，也可接收 long、float 和 double 类型的参数
static int round(float numvalue)	返回指定数字的取整值（四舍五入），也可接收 long 类型的参数
static double random()	产生 0~1 之间的随机数

【例 4-18】 Math 方法使用示例。

```
public class MFUN
{ public static void main(String[] args)
    { float a=3,b=4;
      System.out.println("exp(a)="+Math.exp(a));
      System.out.println("log(a)="+Math.log(a));
      System.out.println("sqr(a)="+Math.sqrt(a));
      System.out.println("abs(-a*b)="+Math.abs(-a*b));
      System.out.println("3*3*3*3="+Math.pow(a,b));
```

```
        System.out.println("max(a,b)="+Math.max(a,b)); //取 a,b 的较大值
    }
}
```

程序运行结果为

```
exp(a)=20.05536923187668
log(a)=1.0986122886681096
sqr(a)=1.7320508075688772
abs(-a*b) =12.0
3*3*3*3=81.0
max(a,b)=4.0
```

3. Date 类

Date 类由 java.util 包提供，表示日期和时间，提供操作日期和时间各组成部分的方法。Date 类的最佳应用之一是获取系统当前时间。Date 类常用方法如表 4-4 所示。

表 4-4 date 类的常用方法

方 法	说 明
Date()	使用当前日期创建对象
Date (long date)	使用自 1970 年 1 月 1 日开始到某时刻的毫秒数创建对象
boolean after(Date date)	如果日期在指定日期之后，返回 true
boolean before(Date date)	如果日期在指定日期之前，返回 true
boolean equals(Date date)	如果两个日期相等，返回 true
long getTime()	返回一个表示时间的长整型（毫秒）
void setTime(long time)	设定日期对象
String toString()	返回日期格式的字符串

【例 4-19】 Date 类使用示例。

```
import java.util.Date;
class DateTimeDisply{
  Date objDate;
  DateTimeDisply()
    { objDate=new Date();}
void display() {
        String strDate , strTime = "";
        System.out.println("今天的日期是：  " + objDate);
        long time = objDate.getTime();
        System.out.println("自 1970 年 1 月 1 日起" + "以毫秒为单位的时间 (GMT)：" + time);
        strDate = objDate.toString();
        strTime = strDate.substring(11 , (strDate.length() - 4));
        strTime =   "时间：  " + strTime.substring(0 , 8);
        System.out.println(strTime);
      }
}
```

```
class DataTest{
  public static void main(String [] args)
    { DateTimeDisply objDateTime=new DateTimeDisply();
      objDateTime.display();
    }
}
```

程序运行结果如图 4-11 所示。

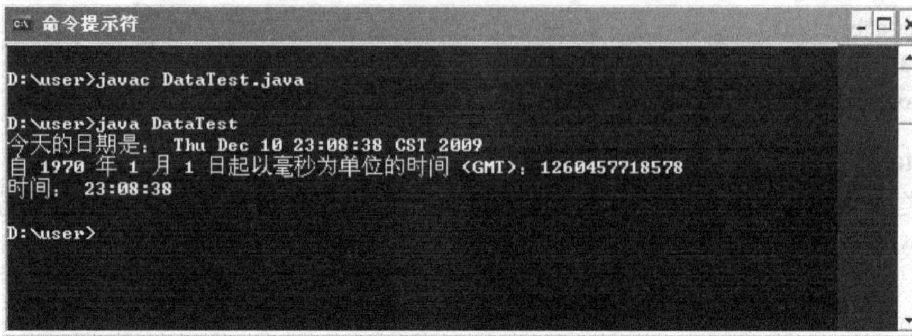

图 4-11　例 4-19 程序运行结果

4．Calendar 类

在 java.util 包中还提供了一个与日历相关的类 Calendar，它可以根据给定的 Date 对象以 YEAR 和 MONTH 等整型的形式检索信息。Calendar 类是抽象类，因此不能像 Date 类一样实例化。

GregorianCalendar 是 Calendar 的子类，可以实现 Gregorian 形式的日历。

Calendar 的常用方法如表 4-5 所示。

表 4-5　Calendar 类的常用方法

方　法	说　明
void add(int originalvalue,int value)	将 originalvalue 指定的时间或日期增加一个 value 值
int get(int calFields)	返回调用对象 calFields 指定部分的值，如年、月、日等
Calendar getInstance()	返回默认地区和时间的 Calendar 对象
Date getTime()	返回与调用对象具有相同时间的 Date 对象
void set(int calFields,int val)	将 val 中指定的值设置为调用对象 calFields 所指定的时间或日期的值
void clear()	清除当前 Calendar 对象中的时间组成部分
boolen equals(Object c)	如果当前日历对象表示的 Calendar 实例与对象 c 相同，返回 true

Calendar 类中还定义了一些用于获取或设置日期时间组成部分的 int 常量，这些常量包括 DATE、HOUR、MINUTE、MONTH、YEAR、DAY_OF_MONTH 等。

【例 4-20】 Calendar 类使用示例。

```
import java.util.Date;
import java.util.Calendar;
class CalendarComponents{
```

```
        Calendar objCalendar;
        CalendarComponents() {
            objCalendar = Calendar.getInstance(); //获取一个 Calendar 对象
        }
        void display() {
            // 显示 Date 和 Time 的组成部分
            System.out.println("\nDate 和 Time 的组成部分：");
            System.out.println("月：  " + objCalendar.get(Calendar.MONTH));
            System.out.println("日：" + objCalendar.get(Calendar.DATE));
            System.out.println("年：" + objCalendar.get(Calendar.YEAR));
            System.out.println("小时：" + objCalendar.get(Calendar.HOUR));
            System.out.println("分钟：" + objCalendar.get(Calendar.MINUTE));
            System.out.println("秒：" + objCalendar.get(Calendar.SECOND));
             // 向当前时间添加 30 分钟，然后显示日期和时间
            objCalendar.add(Calendar.MINUTE , 30);
            Date objDate = objCalendar.getTime();
            System.out.println("\n 向当前时间添加 30 分钟后的日期和时间：\n");
            System.out.println(objDate);
        }
    }
    class CalendarTest{
        public static void main(String [] args)
        { CalendarComponents objComponents=new CalendarComponents();
          objComponents.display();
        }
    }
```

程序运行结果如图 4-12 所示。

图 4-12　例 4-20 程序运行结果

5．Random 类

java.util.Random 提供了产生各种类型随机数的方法。它可以产生 int、long、float、double 以及 Gaussian 等类型的随机数。这也是它与 java.lang.Math 中的方法 Random()最大的不同之处，后者只产生 double 型的随机数。

类 Random 中的常用方法如表 4-6 所示。

表 4-6　Random 类的常用方法

方　法	说　明
Random(long seed)	产生一个以 seed 为基值的随机数，基值缺省时，以系统时间为 seed
int nextInt()	产生一个整型随机数
long nextLong()	产生一个 long 型随机数
float nextFloat()	产生一个 Float 型随机数
double nextDouble()	产生一个 Double 型随机数

【例 4-21】 Random 类使用示例。

```
import java.lang.*;
import java.util.Random;
public class RandomApp{
  public static void main(String args[]){
      Random ran1=new Random();
      Random ran2=new Random(123);
      System.out.println("第一组随机数:");
      System.out.println("\t 整型:"+ran1.nextInt());
      System.out.println("\t 长整型:"+ran1.nextLong());
      System.out.println("\t 浮点型:"+ran1.nextFloat());
      System.out.println("\t 双精度型:"+ran1.nextDouble());
      System.out.print("第二组随机数:");
      System.out.println();
      for(int i=0;i<4;i++){
          System.out.println("\t 第"+i+"个随机数:"+ran2.nextInt()+" ");
      }
  }
}
```

程序的主要功能是输出两组随机数，第一组为不同类型的随机数，第二组为同种类型的不同随机数。

4.5　内部类

内部类（Inner class）也叫做嵌套类，是一种在其他类的内部定义的类。先看一个内部类使用的程序段。

```
public class ShowInnerClass
{ private int data;
  public void m()
   { InnerClass instance=new InnerClass();}
 Class InnerClass                              //定义内部类
  {public void mi()
     { data++;
```

```
            m();
        }
    }
```

类 InnerClass 定义在 ShowInnerClass 类的内部。

内部类的定义方式与其他常规类相似，只是它定义在另一个类（称为外部类）的内部，使其具有以下特征。

1）内部类可以访问定义它的外部类的所有数据和方法，包括私有数据和方法。

2）内部类可以隐藏起来不被同一包中的其他类所见。因为程序经过编译后，内部类的名称形如“外部类名称$内部类名称.class ”。例如以上程序被编译后，其内部类的名称如下所示。

```
ShowInnerClass$ InnerClass.class
```

根据被定义的位置，内部类大致可分为两种。一种是类成员式的，就像属性、方法一样，把一个类声明为另一个类的成员；第二种是局部式的，即把类定义在一个方法之中。

如果一个局部内部类只用来创建一个对象，就可以不对它进行命名，这种类称为“匿名内部类”（Anonymous Inner class）。

请看以下程序段。

```
interface Contents
  { int value();
  }
public class InTest
  { public Contents    count()
     { return    new Contents()
        {private int i=15;
         public int value()
           { return i;
           }
         };
     }
```

程序中方法 count()使用匿名内部类直接返回了一个实现接口 Contents 的类的对象。

匿名内部类常用于事件处理的程序设计中。

4.6 应用实例

【例 4-22】 输出公司各类员工的信息。

问题描述：某公司需要显示 Director(主管)、Manager(经理)和 Staffer(一般职员)三类人员的信息。Director(主管)要显示的信息包括 name（姓名）、basic（基本工资）、address（地址）和 transportAllowance（交通补贴）；Manager(经理)要显示的信息包括 name（姓名）、basic（基本工资）、address（地址）和 departmen（部门）；Staffer(一般职员)要显示的信息包括 name（姓名）、basic（基本工资）、address（地址）和 lengthOfService（工作年限）。

通过分析可以看出，三类人员具有公共属性 name、basic、address 及公共行为显示人员信息。

提示：*在设计类时，应该将通用的方法放置在父类中，而将具有特殊用途的方法放置在子类中。这种将通用的功能放到父类的作法，在面向对象程序设计中十分普遍。*

所以需要定义一个包含所有公共属性和行为的类 Employee 作为父类，然后分别定义三个类对应三类不同的人员。

```
public class Employee                              //父类
{String name;
  double basic;
  String address;
  Employee( )        {    }
 Employee(String str,double sal, String addr)
  {   name=str;
      basic=sal;
      address=addr;
  }
 void show()
  {System.out.println("姓名:\t\t\t"+name);
   System.out.println("地址:\t\t\t"+address);
   System.out.println("基本工资:\t\t"+basic);
  }
}
class Manager extends Employee                  //经理类
{ String departement;
  Manager()
   {  }
  Manager(String str,double sal,String addr,String dept)
   {super(str,sal,addr);
    departement=dept;
   }
  void show()
  {super.show();
   System.out.println("部门:\t\t\t"+departement);
  }
}
class Director extends Employee                     //主管类
{double transportAllowance;
 Director() {   }
 Director(String str,double sal,String addr,double allowance)
  {super(str,sal,addr);
   transportAllowance=allowance;
  }
 void show()
  {super.show();
   System.out.println("交通津贴:\t\t"+transportAllowance);
```

```
        }
    }
    class Staffer extends Employee                    //一般职员类
    {int lengthOfService;
     Staffer() {    }
     Staffer(String str,double sal,String addr,int length)
      {super(str,sal,addr);
       lengthOfService=length;
      }
     void show()
      {super.show();
       System.out.println("工作年限:\t\t"+lengthOfService);
      }
    }
```

最后，定义一个主类运行该程序。

```
    public class EmployeeTest                              //主类
    { public static void main(String[] args)
        {Manager mgrobj=new Manager("Henry",3500.65,"Jinan","会计部");
         System.out.println("\n 经理详细信息");
         System.out.println("----------------------------");
         mgrobj.show();
         Director dirobj=new Director("Stephen",12564.00,"Beijing",1000);
         System.out.println("\n\n 主管详细信息");
         System.out.println("----------------------------");
         dirobj.show();
         Staffer staobj=new Staffer("Stephen",3000.00,"shanghai",10);
         System.out.println("\n\n 一般职员详细信息");
         System.out.println("----------------------------");
         staobj.show();
        }
    }
```

上机运行该程序，分析运行结果，加深对继承的理解和应用。

4.7 本章小结

继承是面向对象程序设计的重要技术。接口是 Java 语言特有的数据类型，它解决了 Java 语言不支持多重继承的问题。学习了继承和接口之后可以将类定义的一般格式归纳为

```
[类修饰符 ] class  类名  [ extends  父类名称] [ implements  接口名列表]
    {
          类体
    }
```

内部类是指在一个类的内部嵌套定义的类。为了解决类名可能相同的问题，Java 中提供包来管理类名空间。包是一组类和接口的集合，Java 提供了丰富系统类库，它们分门别类地

存放在不同的包中。熟悉系统类中提供的方法及属性可提高程序设计的效率。来自 Java.lang 之外的包的类必须用它们完整的包名进行导入或加前缀进行引用。

4.8 习题

一、填空题

1．Object 类是 Java 所有类的____________。

2．接口是一种只含有抽象方法或_______________的特殊抽象类。

3．在一个类的内部嵌套定义的类称为_____________。

二、选择题

1．下列对继承的说法，正确的是_______。

A．子类能继承父类的所有方法和状态

B．子类能继承父类的非私有方法和状态

C．子类只能继承父类的 public 方法和状态

D．子类只能继承父类的方法，而不能继承状态

2．下列对接口的说法，正确的是_______。

A．接口与抽象类是相同的概念

B．实现一个接口必须实现接口的所有方法

C．接口之间不能有继承关系

D．一个类可以实现多个接口

三、简答题

1．什么是继承？什么是多态?方法的重载和覆盖有何区别？

2．什么是抽象类？什么是接口？接口的功能是什么？接口与类有何异同？

3．什么是包？包有何作用？如何引用包中的某个类？如何引用整个包？

四、编程题

1．定义一个接口，它含有两个抽象方法。第一个抽象方法用于在两个数中求最小的数；第二个抽象方法用于在三个数中求最大数。定义一个类实现这个接口，再定义一个含有 main() 方法的主类来实现最小数和最大数的输出显示。

2．定义一个学生类 CStudent，该类功能如下所示。

1）包含学生的姓名、性别、年龄和学号信息。

2）在类中设置一个变量来记录学生的数量，即共为该类生成多少个实例。

3）具有输出学生人数的成员函数。

4）具有输入、输出学生信息的成员函数。

5）派生全日制学生和业余在职学生两个类，全日制学生添加监护人姓名及联系方式，业余在职学生添加工作单位及联系方式。

6）覆盖输入、输出成员函数以便输入、输出新添加的数据。

第5章　异 常 处 理

异常处理是对程序运行时出现的非正常情况进行处理。异常处理可提高程序的健壮性和容错性。本章首先给出了异常处理的概念和基本过程，随后讨论了异常处理的关键字，异常的处理机制，如何捕捉异常、抛出异常及用户自定义异常，并对各种 Error 和 Exception 进行了举例。

本章学习目标

- 了解异常的定义、异常处理的特点
- 理解异常处理机制和异常处理方式
- 掌握捕获异常时使用的 try 与 catch 语句以及多个 catch 语句的使用
- 掌握抛出异常、自定义异常

5.1　异常和异常类

5.1.1　什么是异常

程序中的错误一般分为编译错误、运行错误和逻辑错误三类。编译错误是因为程序存在语法问题未能通过编译而产生的，由编译系统负责检测和报告，没有编译错误是一个程序运行的基本条件；逻辑错误是指程序不能按照预期的方案执行，它是机器本身无法检测的，需要人工对运行结果及程序逻辑进行分析，从中找出错误的原因；运行错误是程序运行过程中产生的错误，这类错误可能来自程序员没有预料到的各种情况，或者超出程序员控制的各种因素，如被零除、数组下标越界、不能打开指定的文件等，这类错误称为异常（Exception），也叫例外。Java 提供了有效的异常处理机制，以保证程序的安全性。

程序在运行时发生的错误称为“异常”，在程序运行时跟踪这些错误被称为“异常处理”。在 Java 程序运行过程中由于硬件设备问题、软件设计错误或缺陷等很多情况都有可能导致异常的产生，如想打开的文件不存在、网络连接中断、操作数超出预定范围、正在装载的类文件丢失、访问的数据库打不开等。由此可见，在程序中产生异常的现象是非常普遍的。在 Java 编程语言中，对异常的处理有非常完备的机制。异常本身作为一个对象，产生异常就是产生一个异常对象。这个对象可能由应用程序本身产生，也可能由 Java 虚拟机产生，这取决于产生异常的类型。该异常对象中包括了异常事件的类型以及发生异常时应用程序的状态和调用过程。请看下面两个产生异常的例子。

【例 5-1】 数组下标超界异常示例。

```
//Exception1.java
public class Exception1{
    public static void main (String args[]) {
```

```
        String str[] = {"Bing","Shandong","Shanghai"};
        int i = 0;
        while (i < 4) {
            System.out.println (str[i]);
            i++;
        }
    }
}
```

程序运行结果如图 5-1 所示。

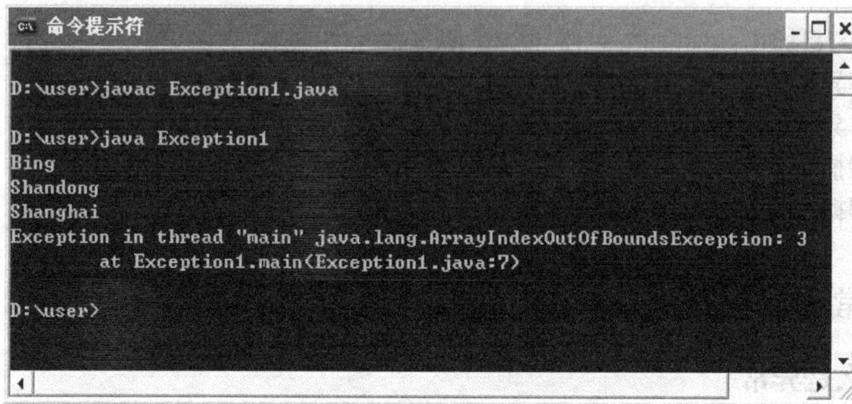

图 5-1　数组下标越界异常

程序编译可以通过，在其循环被执行三次之后，数组下标溢出，程序出现异常被终止并抛出异常信息“数组下标越界”。

```
Exception in thread "main" java.lang.ArrayIndexOutOfBoundsException: 3
at Exception1.main(Exception1.java:7)
```

【例 5-2】 除数为“0”异常示例。

```
public class Exception2 {
    public   Exception2() {        }
    public int calculate( int operand1, int operand2) {
        int result = operand1 / operand2;
        return result;
    }
    public static void main(String[] args) {
            Exception2 obj = new Exception2();
            int result = obj.calculate(9, 0);
            System.out.println(result);
    }
}
```

程序运行结果如图 5-2 所示。

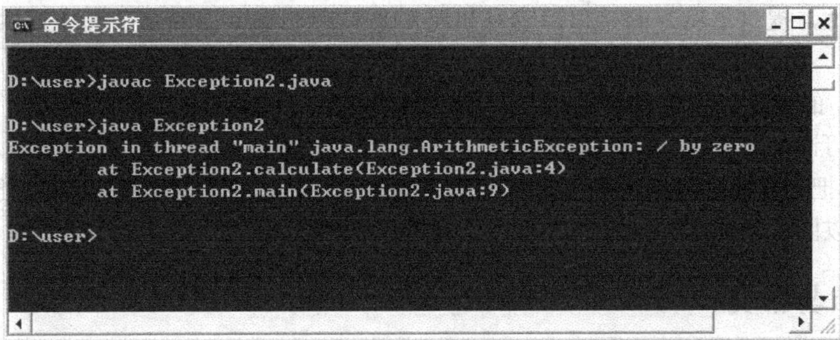

图 5-2　被“0”除异常

因为除数不能为 0，所以在程序运行的时候出现了除以 0 溢出的异常错误，并显示异常信息

```
Exception in thread "main" java.lang.ArithmeticException: / by zero
at Exception2.main(Exception2.java:4)
at Exception2. calculate (Exception2.java:9)
```

在以上两个例子中都出现了异常。屏幕上显示的信息“java.lang.ArrayIndexOutOfBounds Exception”以及“java.lang.ArithmeticException”分别指明了异常的类型以及异常所在的包。对这些异常，在以上程序并没有进行处理，而直接在运行时由系统来处理。其处理方法为显示异常信息，并终止程序运行。用户也可以自己写一些程序来处理异常，以便使程序可以安全退出。

5.1.2　异常处理机制

Java 中定义了很多异常类，每个异常类都代表一种运行错误，类中包含了与该错误有关的信息和处理错误的方法等。当程序运行产生可识别的错误，即有一个异常类与该错误对应时，系统就会生成一个该异常类的对象，其中包含一些信息指明异常事件的类型以及当异常发生时程序的运行状态等。而一旦有异常对象存在，Java 的异常处理机制就能够捕获并作出相应的处理，从而保证整个程序运行的安全性。

Java 语言提供了两种处理异常的机制。

（1）捕获异常

在 Java 程序运行过程中系统得到一个异常对象时，它将会沿着方法的调用栈逐层回溯，寻找处理这一异常的代码。找到能够处理这种类型异常的方法后，系统会把当前异常对象交给这个方法进行处理，这一过程称为捕获(catch)异常。这是一种积极的异常处理机制。如果系统找不到可以捕获异常的方法，则系统将会终止，相应的 Java 程序也将退出。

（2）声明抛弃异常

当系统得到一个异常对象时，如果一个方法并不知道如何处理出现的异常，则可在声明方法时声明抛弃（throws）异常。

Java 异常处理具有以下特点。

1）Java 通过面向对象的方法进行异常处理，把各种不同的异常事件进行分类，体现了良好的层次性，提供了良好的接口。这种机制对于具有动态特性的复杂程序提供了强有力的控制方式。

2）Java 的异常处理机制使得处理异常的代码和常规代码分开，大大减少了代码量，增加了程序的可读性。

3）由于把异常事件当成对象处理，利用类的层次性可以把多个具有相同父类的异常统一处理，也可以区分不同的异常分别处理，使用非常灵活。

5.1.3 Java 异常类

前面已经提到，在 Java 语言中所有异常都是用类表示的。当程序发生异常时，会生成某个异常类的对象。Throwable 是 java.lang 包中一个专门用来处理异常的类，它有 Error 和 Exception 两个直接子类。常用异常类层次结构图如图 5-3 所示。

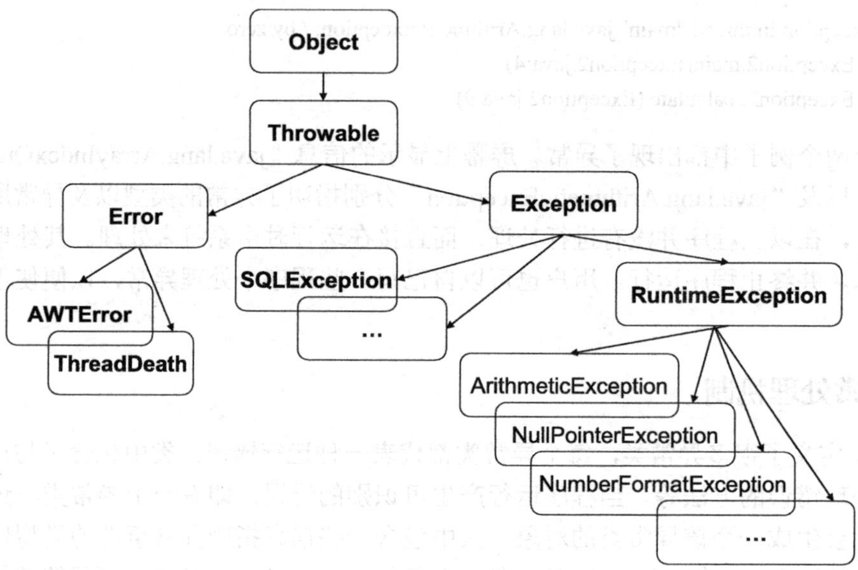

图 5-3 异常类的层次结构

（1）Error 类

Error 类的异常为内部错误，包括动态链接失败、线程锁死、图形界面错误、虚拟机错误等，通常 Java 程序不应该捕获这类异常，也不会抛弃这种异常。常见的 Error 类有 AnnotationFormatError、AssertionError、AWTError、LinkageError、CoderMalfunctionError、FactoryConfigurationError、ThreadDeathVirtualMachineError、TransformerFactoryConfiguration Error 等。

（2）Exception 类

Exception 处理用户程序应当捕获的异常情况。其中 RuntimeException 类包含了所有常见的运行时异常，如被零除、数组下标越界等。常见的异常及其作用如表 5-1 所示。

表 5-1 常见异常及其作用

异　常	说　明
Exception	异常层次结构的根类
RuntimeException	许多运行时异常的基类
ArithmeticException	算术错误情形，如以零作除数
IllegalArgumentException	方法接收到非法参数
ArrayIndexOutOfBoundException	数组大小小于或大于实际的数组大小
NullPointerException	尝试访问 null 对象成员
ClassNotFoundException	不能加载所需的类
NumberFormatException	数字转化格式异常，比如字符串到 float 型数字的转换无效
IOException	I/O 异常的根类
FileNotFoundException	找不到文件
EOFException	文件结束
InterruptedException	线程中断

Throwable 类常用的方法主要有以下几种。

（1）public String getMessage()

返回该 Throwable 对象的详细信息。如果该对象没有详细信息则返回 null。

（2）public void printStackTrace()

把该 Throwable 和它的跟踪情况打印到标准错误流。

（3）public void printStackTrace(PrintStream s)

把该 Throwable 和它的跟踪情况打印到指定打印流。

（4）public String toString()

返回该 Throwable 对象的简短字符串描述。

由于 Java 提供了有效的异常处理机制，当程序执行期间发生一个可识别的执行错误时，如果该错误有一个异常类与之对应，那么系统就会产生一个相应的该异常类的对象。一旦一个异常对象产生了，系统中就一定有相应的机制来处理它，从而保证用户程序在整个执行期间不会产生死机、死循环等异常情况，从而保证了用户程序执行的安全性。

5.2 异常处理

Java 异常处理方式主要有三种。

1）对于运行时的异常可以不作处理，由 Java 虚拟机自动进行处理，如前面的例 5-1、5-2。

2）使用 try-catch-finally 语句捕获异常。

3）通过 throws 子句声明自己的异常，并用 throw 语句来抛出它。

Java 的异常处理是通过以下 5 个关键词来实现的：try、catch、throw、throws 和 finally。用 try 来执行一段程序，如果出现异常，系统抛出（throws）一个异常，可以通过它的类型来捕捉（catch）异常，并用相应的方法处理该异常。如果在程序结束之前（无论异常是否发生）必须执行一些操作，则将此代码放置在 finally 块中。

5.2.1 捕获异常

如果程序中可能会发生异常，最好显式地对其进行处理。为此，可以使用关键字 try 和 catch 捕获程序发生时的异常，并处理异常。将可能产生异常的代码放置在 try 块内，catch 子句直接位于 try 块后，将处理异常的语句包含其中。一个 try 块可以有多条 catch 语句。一旦异常处理完毕，程序即可继续执行。捕获异常的 try-catch-finally 语句的语法格式如下所示。

```
try{
        // 可能会引发异常的代码
        }catch( ExceptionType1 e ){
         // 对 ExceptionType1 的处理
        }catch( ExceptionType2 e ){
        // 对 ExceptionType2 的处理
        }
        ......
        }finally{
        ......
    }
```

1．try

捕获异常的第一步是用 try{…}选定捕获异常的范围。由 try 限定的代码块中的语句在执行过程中可能会生成异常对象并抛弃。

2．catch

每个 try 代码块可以伴随一个或多个 catch 语句，用于处理 try 代码块中生成的异常事件。catch 语句只需要一个形式参数来指明它能够捕获的异常类型，这个类必须是 Throwable 的子类，运行时系统通过参数值把被抛弃的异常对象传递给 catch 块。

catch 块中的代码用来对异常对象进行处理。与访问其他对象一样，可以访问一个异常对象的变量或调用它的方法。如可以使用 getMessage( )方法得到有关异常事件的信息，用 printStackTrace()方法来跟踪异常事件发生时执行堆栈的内容等。

3．finally

捕获异常的最后一步是通过 finally 语句为异常处理提供一个统一的出口，使得在控制流转到程序的其他部分以前，能够对程序的状态作统一的管理，一般是用来关闭文件或释放其他系统资源。虽然 finally 是 try-catch-finally 结构的一部分，但在程序中是可选的，也就是说可以没有 finally 语句。如果存在 finally 语句，不论 try 块中是否发生了异常，是否执行过 catch 语句，都要执行 finally 语句。

【例 5-3】 数组下标越界时的异常捕获。

对例 5-1 进行改进，显示捕获异常并进行处理。

```
//Exception3.java
public class Exception3{
    public static void main (String args[]) {
```

```
        String str[] = {"Bing","Shandong","Shanghai"};
        int i = 0;
        while (i < 4) {
            try
              {
                System.out.println (str[i]);
              }
            catch(ArrayIndexOutOfBoundsException e)
              {
                System.out.println ("Re-setting Index Value");
                i=-1;
              }
            finally
              {
                System.out.println ("This is always printed");
              }
            i++;
        }
    }
}
```

程序运行结果如图 5-4 所示。

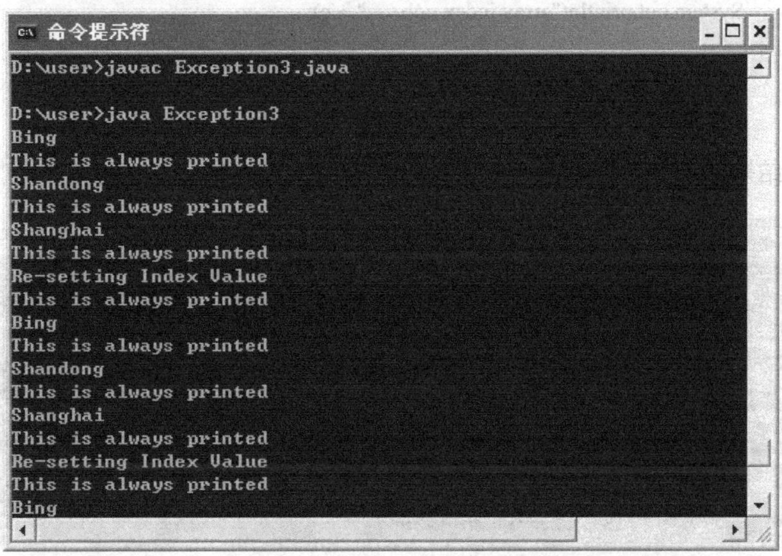

图 5-4　例 5-3 程序运行结果

本程序充分运用了 try—catch—finally 语句。其中数组 str 的长度为 3，在 while 循环中当 i=3 时将产生数组越界访问，此时将产生一个异常，异常类型是 ArrayIndexOutOfBoundsException，所以此异常将被 catch 语句（chtch 中的参数类型与异常类型相同）捕获，然后执行 catch 块中的语句，打印出“Re-setting Index Value”字符串，同时将 i 的值置为-1。对于 finally 语句，不管是否有异常发生都会被执行，所以每一次循环中都会打印出“This is always printed”的字符串。

由于本程序在 catch 块将 i 的值置为-1，这个 while 循环将永远不会结束，所以需要用〈Ctrl+C〉键结束本程序的运行。

4．多个 catch 子句的使用

在某些情况下，同一段程序可能产生不止一种“异常”情况，这时可以放置多个 catch 子句，其中每一种“异常”类型都将被检查，第一个与之匹配的子句就会被执行。如果一个类和其子类都有的话，应把子类放在前面，否则将永远不会到达子类。

【例 5-4】 多异常捕获及处理。

```
//MultiCatch.java
class MultiCatch{
public static void main(String args[]) {
    try {
         int a = args.length;
         System.out.println("a = " + a);
         int b = 42/a; int c[] = {1};
         c[42] = 99;
       }
    catch(ArithmeticException e) {
        System.out.println("div by 0：  " + e);
       }
    catch(ArrayIndexOutOfBoundsException e) {
         System.out.println("array index oob：  " + e);
       }
  }
}
```

程序运行结果如图 5-5 所示。

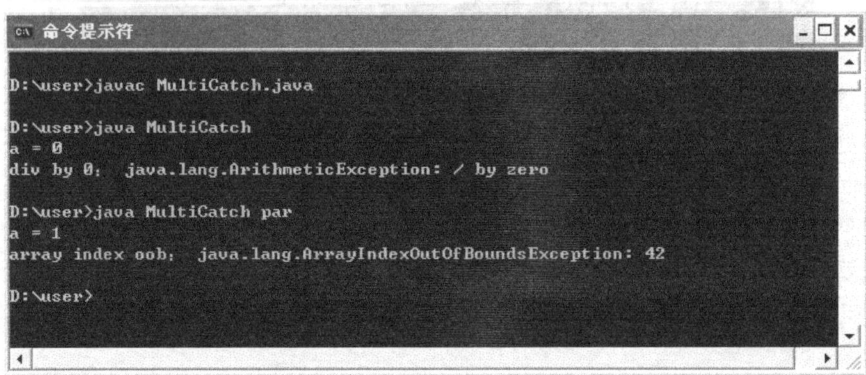

图 5-5　例 5-4 程序运行结果

程序说明：如果在程序运行时不跟参数，将会引起一个 0 作除数的异常，因为 a 的默认值为 0。如果提供一个命令行参数，将不会产生这个异常，但会引起一个 ArrayIndexOutOfBoundexception 的异常，因为整型数组 c 的长度是 1，却给 c[42]赋值。

注意：使用多重 catch 语句时，异常子类一定要位于异常父类之前，如

```
try{
    ......
} catch(Exception e) {
    ......
} catch(ArrayIndexOutOfBoundsException e) {
    ......
}
```

编译时将出现“catch not reached”的错误。这是因为 ArrayIndexOutOfBoundsException 异常是 Exception 的子类，异常已被第一个 catch 捕获，第二个 catch 子句永远不会被执行到。

5.2.2 声明异常

在程序运行中，当一个语句引起错误时，含有这个语句的方法就会创建一个异常对象并将它传递给系统。异常对象包含有关异常的信息，包括它的类型和出错时程序的状态。这一过程称为抛出异常。

声明异常就是告诉系统在执行方法的过程中可能出现的错误，除 Error、RuntimeException 或它们的子类之外，对大多数 Exception 子类来说，Java 编译器要求对一个方法中有可能抛出的异常的类型进行显式的声明。异常的声明通过关键字 throws 实现，其声明的一般格式为

```
修饰符  返回类型  方法名（参数列表） throws 异常列表
  {
      方法体;
  }
```

如

```
public void myMethod() throws IOException
  { ...... }
```

关键字 throws 指出方法 myMethod 有可能抛出异常 IOException。

如果方法中有可能抛出多个异常，异常列表中要一一列出，各异常之间用逗号隔开。

说明：通常使用 throws 子句声明异常的方法，语句本身不处理方法中产生的异常，而是由调用它的方法来处理这些异常。

5.2.3 抛出异常

在声明了异常的方法中，如果出现异常，就可以使用 throw 抛出一个异常对象，即 throw 语句用于显式地引发异常。其一般格式为

```
throw new TheException();
```

或

```
TheException() ex = new TheException();
throw ex;
```

为了能捕获到 throw 抛出的异常，应在 try 块中调用包含 throw 语句的方法。程序执行到 throw 语句后会立即终止，并转向 try-catch 寻找异常处理的方法。以下程序段在编译时将产生如图 5-6 所示的错误。

```
class ThrowsDemo1{
    static void procedure( ) {
        System.out.println("内部过程");
        throw new IllegalAccessException("抛出异常示例");
    }
    public static void main(String args[]){
        procedure( );
    }
}
```

本程序中抛出了异常 IllegalAccessException（非法存取异常）。它不是 RuntimeException 的子类，必须在产生该异常的方法中用 throws 进行声明。但以上程序既没有捕捉它，也没有用 throws 来声明，这在编译时将不会通过。为了让此程序通过编译，程序不但需要在方法 procedure 里抛出异常 IllegalAccessException，还需要在调用它的方法 main()里捕捉它。

图 5-6　抛出的异常错误

【例 5-5】 throw 语句和 throws 语句的使用。

```
class ThrowsDemo{
    static void procedure( ) throws IllegalAccessException{
        System.out.println("内部过程");
        throw new IllegalAccessException("抛出异常示例");
    }
    public static void main(String args[]){
        try{
            procedure( );
        }
        catch (IllegalAccessException e){
            System.out.println("捕捉异常    " + e);
        }
    }
}
```

图 5-7　例 5-5 程序运行结果

有关异常声明与抛出的几点说明。

1）声明异常的关键字是 throws，抛出异常的关键字是 throw。

2）一个方法只能抛出在方法中声明的异常、异常 Error、RuntimeException 和它的子类。

【例 5-6】 异常抛出应用实例。

```
class ThrowException{
  static int division(int a ) throws ArithmeticException {
        if (a==0)
          { ArithmeticException e=new ArithmeticException("除数不能为 0 ");
            throw e;
          }
        return (100/a);
     }
  public static void main(String args[]){
          try{
               System.out.println(division(0 ));
          }
          catch (ArithmeticException e){
             System.out.println(e.getMessage());
          }
     }
}
```

程序运行结果为“除数不能为 0”。

程序通过抛出异常保证执行 100/a 时，除数不为 0。

说明：本程序中的异常声明可以省略。

5.3　自定义异常类

尽管 Java 提供了相当多的异常类，但 Exception 和 Error 提供的系统异常并不一定总能捕获程序中发生的所有错误。当用户遇到了系统预定义的异常类不能描述的问题时，还需要创建用户自定义的异常。

自定义的异常同样要用 try—catch 捕获，但必须由用户自己抛出，格式为

```
throw new MyException
```

用户定义的异常必须继承自 Throwable 或 Exception 类，一般用 Exception 类。如

```
public class MyException extends Exception{//类体  };
```

Throwable 类中的方法都可以被自定义类继承，自定义类中还可以覆盖这些方法。

下面通过一个实例说明自定义异常的使用。

【例 5-7】 给出一个计算两数之和的例子。当一个数超出取值范围（设为 10～20），则抛出一个异常。

```
import java.util.*;
class NumberRangeException extends Exception{
    public NumberRangeException(){
        super("数据超出范围！");
        }
}
class CalcAnswe {
        CalcAnswe (int n1,int n2) {
          int1=n1;
          int2=n2;
          try {
                checkRange();
           } catch (NumberRangeException e) {
                System.out.println(e);
           }
        }
    private int int1,int2;
    public void checkRange() throws NumberRangeException {
      if ((int1<10)||(int1>20)||(int2<10)||(int2>20)){
                throw new NumberRangeException();
        }
      int s=int1+int2;
      System.out.println("sum="+s);
      }
  }
class UserDefinedExceptions1 {
      protected UserDefinedExceptions1() {
      }
        public static void main(String[] arg) {
          System.out.println("Input two int integer:");
          Scanner in=new Scanner(System.in);
          int n1=in.nextInt();
          int n2=in.nextInt();
          CalcAnswe obj = new CalcAnswe (n1,n2);
      }
}
```

程序运行结果如图 5-8 所示。

图 5-8　例 5-7 程序运行结果

本程序定义了一个继承自 Exception 的异常类 NumberRangeException，它只有一个构造方法用于显示异常信息。CalcAnswe 用于计算两数之和，在计算之前先检测数据是否在范围内。超出规定范围时则抛出异常。

5.4　本章小结

处理程序执行过程中出现的各种情况是程序设计中非常重要的一个环节。只有那些能将各种问题充分考虑的程序才能长期稳定地执行下去。本章内容涵盖了异常处理的基本概念以及 Java 中的异常处理机制，将异常处理妥善地运用到程序中，就可以提高程序的稳定性。

异常是运行时发生的错误，可以使用 try、catch、throw、throws 和 finally 来管理 Java 异常处理。要监控的程序语句包含在 try 块内，catch 块中的代码用于捕获和处理异常。在方法返回之前绝对必须执行的代码应放置在 finally 块中。要显式引发异常，使用关键字 throw。任何被抛到方法外部的异常都必须用 throws 子句指定。对特殊的异常情况，用户可以自定义异常进行处理。

5.5　习题

一、填空题

1．Java 中__________类是所有异常类的父类，它有__________和__________两个直接子类，其中__________类定义被认为是不能恢复的严重错误。

2．与 Java 异常处理相关的 5 个关键字是__________、________、______、__________和__________。

3．如果一个 try 程序段中有 3 个 catch 语句，则这些 catch 语句最多会执行________次。

4．try 程序段中的__________子句在任何情况下都能执行。

5．如果用户自己定义异常类，一般从________类继承。

二、选择题

1．Throwable 类的（　　）方法，用于获取有关错误的详细信息。

A．getMessage()　　B．toString　　C．message()　　D．getOutput()

2.（　　）是 Throwable 类的父类。

A．Exception　　B．Erroe　　C．Object　　D.RuntimeException

3．能单独和 finally 语句一起使用的块是（　　）。

A．try　　B．catch　　C．throw　　D．throws

4．下列类在多重 catch 中同时出现时，（　　）异常类应该最后列出。

A．ArithmeticException　　B．NumberFormatException

C．Exception　　D．ArrayIndexOutOfBoundException

5．下面程序段的执行结果是（　　）。

```
public class Fx{
    public static void main( String[] arge){
        try{
            return;}
        finally{
            System.out.println("Finally!");
        }
    }
}
```

A．程序正常运行，但不输出任何结果

B．程序正常运行，并输出“Finally!”

C．编译能通过，但运行时会出现在一个异常

D．因为没有 catch 语句块，不能通过编译

三、简答题

1．什么是异常？试列出三个系统定义的运行时异常类。

2．try-catch-finally 语句的执行顺序是怎样的？

3．简要说明 Java 的异常处理机制。

4．异常类的最上层是什么类？它又有哪两个子类？

四、编程题

有如下程序

```
public class ExceptionTest{
    public static void main( String[] arge){
        String s1=arge[1];
        String s2=arge[2];
        String s3=arge[3];
        System.out.println(s1+s2+s3);
    }
}
```

该程序编译之后，当用命令 java ExceptionTest red green blue 执行该程序时，会产生运行错误，请对这段代码进行异常处理。要求执行这条命令时在命令行输出“请再增加一个命令行参数”。

第 6 章　Java 图形用户界面设计

图形用户界面（Graphics User Interface，GUI），已经成为目前几乎所有软件的标准界面。它使用图形的方式，借助菜单、按钮等标准界面元素和鼠标操作，帮助用户方便地向计算机系统发出指令、启动操作，并将系统运行的结果同样以图形方式显示给用户。图形用户界面画面生动操作简单，省去了字符界面用户必须记忆各种命令的麻烦。

Java 语言中，为了方便 GUI 的开发，设计了专门的类库 Java.awt 包和 Javax.swing 包来生成各种标准图形界面元素，处理图形界面的各种事件。

本章学习目标

- 了解 Java 图形用户界面编程基础理论和图形用户界面程序设计方法
- 掌握 AWT 布局管理器的应用
- 熟练掌握常见 Swing 组件和事件处理机制
- 熟悉图形绘制、字体及颜色设置的方法

6.1　Java 图形用户界面概述

程序用户界面是计算机的使用者与计算机系统进行交互的接口，其功能是否完善、使用是否方便将直接影响到用户对软件的使用。图形用户界面采用图形的方式，借助于菜单、按钮等标准界面元素和鼠标操作，帮助用户方便地向计算机发出命令，并将运行的结果同样以图形的方式显示给用户。目前，基于 Web 的应用程序开发，均使用图形用户界面。

设计和实现图形用户界面的工作主要有以下几种。

1）创建组件（Component）：创建组成界面的各种元素。

2）指定布局（Layout）：根据需要排列组件的位置。

3）响应事件（Event）：定义图形用户界面的事件和各界面元素对不同事件的响应，从而实现图形用户界面与用户的交互功能。

6.1.1　AWT 与 Swing 组件

为了使开发人员能够方便地进行 GUI 设计，Java 提供了丰富的类库来生成各种标准的图形界面元素(称为组件)、处理图形界面的各种事件。在 Java1.0 刚刚出现时，它包含了一个用于基本 GUI 程序设计的类库，Sun 将它称为抽象窗口工具（Abstract Windows Toolkit，AWT）。基本 AWT 库将用户界面元素的任务委派给每个目标平台（如 Windows、Unix、Solaris 等等）的本地 GUI 工具箱，由本地 GUI 工具箱负责用户界面元素的创建和动作。例如，如果使用 AWT 在 Java 窗口中放置一个文本框，就会有一个底层的“对等体”文本框，用它来实际处理文本输入。对于简单应用程序来说，这种“对等体”方法的效果还不错。但要想依靠本地用户界面元素编写高质量、可移植的图形库就显现出了缺陷。例如，菜单、滚动条和文本框这些用户界面元素，在不同的平台上操作行为存在着一些微妙的差别。因此，要想给予用户一致的、可预见性的界面操作方式是相当困难的。而且有些系统环境并没有像 Windows 这样丰富的用户界面组件集合。更严重的是，不同平台上的 AWT 用户界面库中存在着不同的 bug。

1996 年，Netscape 创建了一种 IFC（Internet Foundation Class）的 GUI 库，它采用了与 AWT 完全不同的工作方式。它将按钮、菜单这样的用户界面元素绘制在空白窗口上，而对等体只需要创建和绘制窗口。因此，Netscape 的 IFC 部件在所有平台上的外观和动作都一样。Sun 与 Netscape 合作完善了这种方式，创建了一个名为 Swing 的用户界面库。现在，Swing 已是 Java 基础类库（Java Foundation Class，JFC）的一部分。

但是，Swing 不能完全代替 AWT，而是基于 AWT 之上的，Swing 仅仅提供了能力更强大的用户界面组件。在采用 Swing 编写的程序中，还需要使用基本的 AWT 处理事件。所以本章主要介绍 Swing 组件的使用及 AWT 的布局管理器、事件处理及字体、颜色设置等。

6.1.2 Java 图形 API

Java 中涉及图形 API 的包有 java.awt 和 javax.swing 两个，AWT 类定义在 java.awt 包中，swing 组件定义在 javax.swing 包中。大多数 Swing 组件的名字前都有前缀 J，如 JComponent、JApplet 等。图形 API 包含下列基本类，它们的层次结构关系如图 6-1 所示。

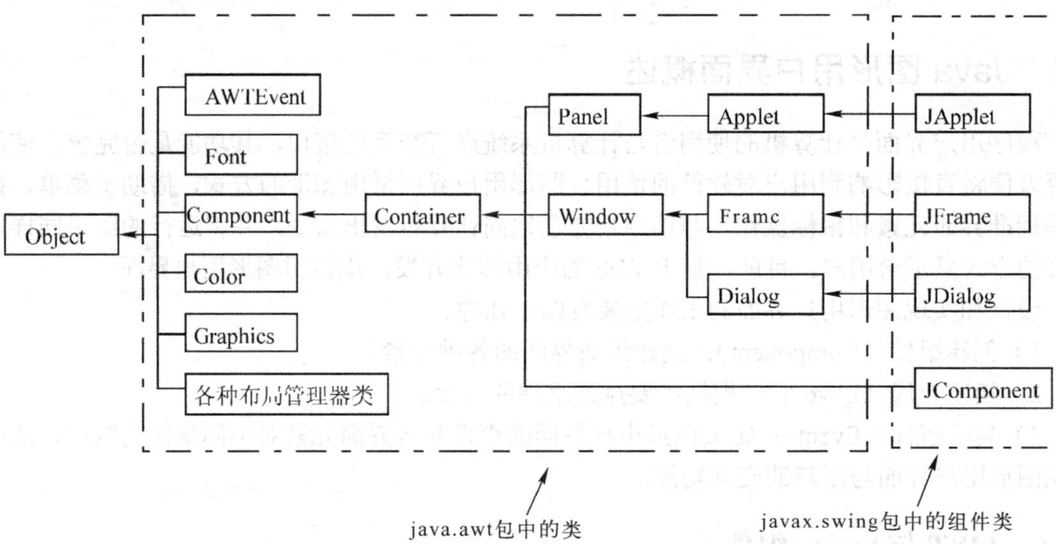

图 6-1 Java GUI 程序设计的常用类及层次结构

1）Component 是所有用户界面类的父类。

2）Container 是一个容器类，其主要功能是容纳其他组件和容器。

3）JComponent 是所有 Swing 组件的父类，它的子类包括 JButton、JCheckedBox、JMenu、JRadioButton、JLable、JList、JTextField、JTextArea、JPanel 、JScrollPane 等，是构成 GUI 的基本元素。

4）JFrame 是框架类。它是一个不包含在其他窗口内的窗口（顶层窗口），可以包含其他 Swing 组件和容器。

5）JDialog 为弹出式窗口类，用于接收用户附加信息或发布消息的临时窗口。

6）JApplet 是 Applet 的一个子类。要创建基于 Swing 的 Java applet 必须扩展 JApplet。

7）JPanel 为 Swing 容器，称为面板。它是一个存放用户界面组件的不可见的容器。

8）Graphics 为绘图类。它是一个抽象类，提供了绘制字符串、直线和一些简单形状的图形环境。

9）Color 用来处理图形组件的颜色。

10）Font 用来设置字符串的字体、字型和大小。

6.1.3 Java 图形用户界面的构成

Java 图形用户界面的各种元素称为组件（Componet），它是以图形化的方式显示在屏幕上并能与用户进行交互的对象，如一个按钮、一个文本框等。Java 图形用户界面主要由容器、控制组件和用户自定义成分组成。

1．容器

容器（Conatiner）用来组织其他界面成分和元素的单元。它是 Component 的子类，因此容器本身也是一个组件，具有组件的所有性质，但是它的主要功能是容纳其他组件和容器。Java 容器可以容纳多个组件，并使它们成为一个整体。容器可以简化图形化界面的设计，以整体结构来布置界面。容器分为顶层和非顶层容器两大类，一个应用程序中至少有一个顶层容器，其中可以包含若干个其他容器。javax.swing 包中主要包括以下三个容器。

1）JFrame：扩展 java.awt.Frame 类，用于在 Swing 程序中创建窗口，包含边框、标题和用于关闭和图标化窗口的按钮。

2）JPanel：中间容器，用于将 Swing 组件组合在一起。

3）JApple：可在 Web 页面中开辟一个存放 Java 组件的区域。

其中主要使用的容器是 JFrame 和 JPanel。Java 容器类层次结果图如图 6-2 所示。

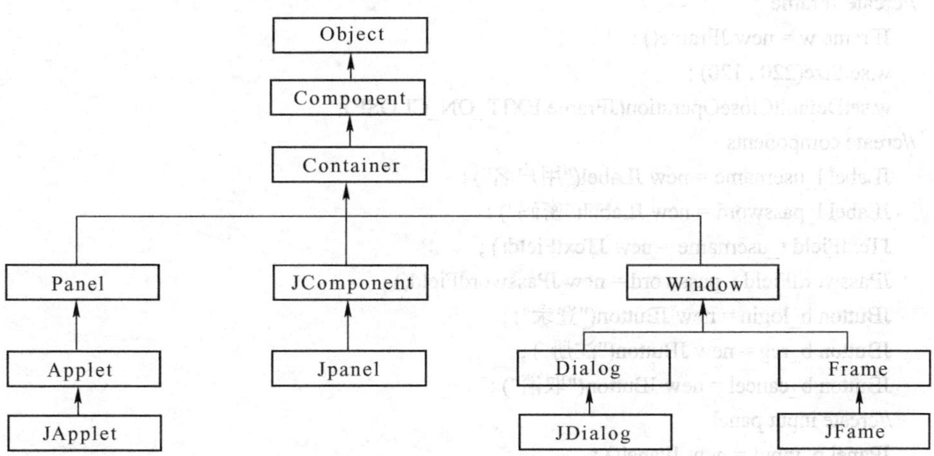

图 6-2　容器类层次结构

2．控制组件

控制组件是组成图形用户界面的最小单位之一，它里面不再包含任何其他的成分。控制组件的作用是完成与用户的一次交互，如接受用户命令、接受用户的文本输入、显示文本或图形等。javax.swing 中提供的常用控制组件有 JLabel、JTextField、JTextArea、JButton、JCheckBox、JRadioButton、JcomboBox 和 JMenu 等。

3. 用户自定义成分

除了以上标准的图形界面元素，用户还可以根据需要设计一些自定义的图形界面成分，如绘制一些几何图形、加入标志图案等。这些图形界面通常只起到装饰和美化作用，不能响应用户的动作、不具备交互功能。

6.1.4 图形用户界面程序实例

图 6-3 是一个经常用到的用户登录界面。现在让我们来看一下如何用 Java 来实现该界面。

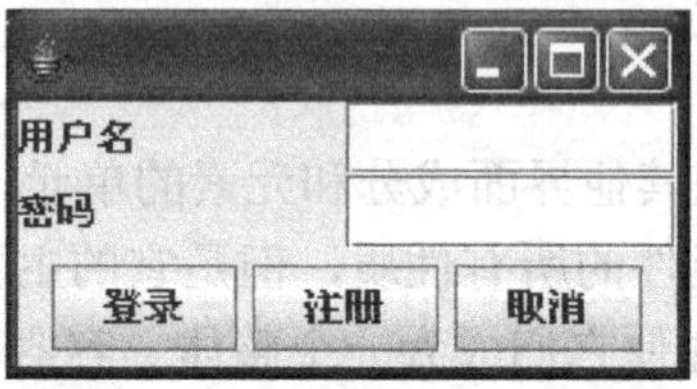

图 6-3 用户登录界面

【例 6-1】 用 Swing 组件创建用户登录界面，程序代码如下所示。

```
import javax.swing.* ;
import java.awt.* ;
public class Login {
public static void main(String args[]){
//create JFrame
   JFrame w = new JFrame() ;
   w.setSize(220 , 120) ;
   w.setDefaultCloseOperation(JFrame.EXIT_ON_CLOSE);
//create components
   JLabel l_username = new JLabel("用户名") ;
   JLabel l_password = new JLabel("密码") ;
   JTextField t_username = new JTextField() ;
   JPasswordField t_password = new JPasswordField() ;
   JButton b_login = new JButton("登录") ;
   JButton b_reg = new JButton("注册") ;
   JButton b_cancel = new JButton("取消") ;
   //create input panel
   JPanel p_input = new JPanel() ;
   p_input.setLayout(new GridLayout(2 , 2)) ;
   p_input.add(l_username) ;
   p_input.add(t_username) ;
   p_input.add(l_password) ;
   p_input.add(t_password) ;
```

```
//create button panel
    JPanel p_button = new JPanel() ;
    p_button.setLayout(new FlowLayout()) ;
    p_button.add(b_login) ;
    p_button.add(b_reg) ;
    p_button.add(b_cancel) ;
  //frame
    w.setLayout(new BorderLayout()) ;
    w.add(p_input , BorderLayout.CENTER) ;
    w.add(p_button , BorderLayout.SOUTH) ;
    w.setVisible(true) ;
  }
}
```

程序说明如下。

1）程序中创建了一个 JFrame 框架作为应用程序的窗口。

2）程序中创建了两个 JPanel 容器，分别用于存放文本框和按钮。

3）程序中定义的控制组件有 JLabel（标签）、JTextField（文本框）、JPasswordField（口令框）和 JButton（按钮）。

4）将组件添加到容器。

本程序只是创建的界面所需要的组件，还没有定义事件及进行事件处理。

6.2 Java 布局管理

在 GUI 程序设计中，组件在界面中的布局（组件的大小和位置）也是至关重要的一个环节。Java 用布局管理器（LayoutManager）来自动设定容器中组件的大小和位置。当容器改变大小时，布局管理器自动改变其位置。每种容器都有自己的默认布局管理器。

布局管理器属于 AWT 组件。常用的布局管理器类主要有 FlowLayout、BorderLayout、GridLayout、CardLayout、GridBagLayout 五个。

每一种容器都有自己默认的布局管理器。如果不希望使用默认的布局管理器，则可以使用 Container 的 setLayout()方法来设置容器的布局管理器，如以下语句可以将 JPanel 的布局管理器设置为 BorderLayout。

```
JPanel pane=new Jpanel();
pane. setLayout(new BorderLayout);
```

在以上五种布局管理器中，前三种是比较常用的组件布局方式。下面将对这三种布局管理器的使用进行详细介绍。

1. FlowLayout

FlowLayout 称为流布局管理器，是一种最基础的布局。FlowLayout 是 Panel、Applet 的默认布局管理器，其组件的放置规律是从上到下、从左到右依次进行放置。如果容器足够宽，第一个组件先添加到容器第一行的最左边，后续的组件依次添加到上一个组件的右边。如果当前行已放置不下该组件，则放置到下一行的最左边。

FlowLayout 的构造方法有如下几种。

1）FlowLayout()：创建每行组件居中对齐、组件间距为 5 个像素单位的布局管理器对象。

2）FlowLayout(int align)：创建指定每行组件对齐方式、组件间距为 5 个像素单位的布局管理器对象。align 的取值是表示组件对齐方式的三个常量：CENTER（指定组件的每一行居中对齐）、LEFT（指定组件的每一行左对齐）、RIGHT（指定组件的每一行右对齐）。如

```
FlowLayout(FlowLayout.LEFT);
```

3）FlowLayout(int align ,int hgap ,int vgap)：创建指定每行组件对齐方式、并指定组件间距的布局管器对象。其中第一个参数表示组件的对齐方式，第二个参数是组件之间的横向间隔，第三个参数是组件之间的纵向间隔，单位是像素。如

```
FlowLayout(FlowLayout.RIGHT,20,40);
```

【例 6-2】 FlowLayout 应用示例。

```
import java.awt.*;
import javax.swing.*;
public class FlowLayoutTest{
 public static void main(String args[])
 {JFrame f=new JFrame();
  f.setLayout(new FlowLayout(FlowLayout.LEFT,10,20)); //组件对齐方式设定为左对齐
  JButton button1 = new JButton("Ok");
  JButton button2 = new JButton("Open");
  JButton button3 = new JButton("Close");
  f.add(button1);
  f.add(button2);
  f.add(button3);
  f.setSize(300,100);
  f.setVisible(true);
  f.setDefaultCloseOperation(JFrame.EXIT_ON_CLOSE);
 }
}
```

程序运行结果如图 6-4 所示。

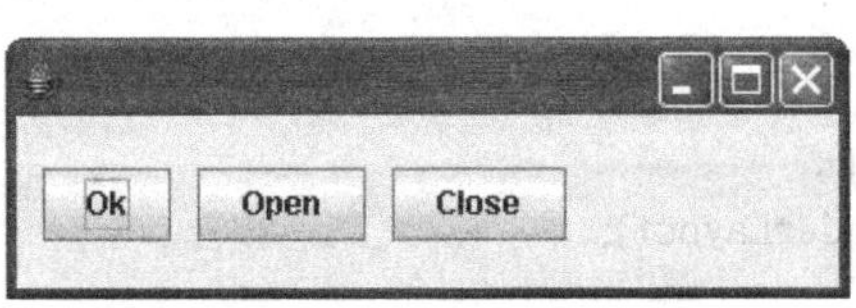

图 6-4　例 6-2 程序运行结果

读者可以改变语句

```
f.setLayout(new (FlowLayout.LEFT,10,20));
```

中的对齐方式，重新运行该程序，比较运行结果。

FlowLayout 非常适合于容器中只有少量组件时的情况。当容器中存在较多组件时，组件

的布局将显得的无序而凌乱。

2. BorderLayout

BorderLayout 为边框布局管理器，将容器的布局分为上、下、左、右、中五个区域，分别对应 North(北区)、South(南区)、West(西区)、East(东区)和 Center（中区）。当容器的大小改变时，容器中的各个组件相对位置不变，其中间部分的尺寸会发生变化，四周组件宽度固定不变。

向 BorderLayout 布局的容器添加组件时，每添加一个组件都应指明该组件的位置。可使用 add(component,index)方法向容器添加组件，其中第二个参数指明组件位置，其取值为以下五个常量之一：BorderLayout. NORTH、BorderLayout. SOUTH、BorderLayout. WEST、BorderLayout . EAST、BorderLayout. CENTER，如 add(button1, BorderLayout. NORTH)。

BorderLayout 的构造方法有如下几种。

1）BorderLayout()：创建组件间无间距的布局对象。

2）BorderLayout(int hgap ,int vgap)：创建指定组件间距的布局对象。

BorderLayout 是窗口、框架和对话框类容器的默认布局管理器。

【例 6-3】 BorderLayout 应用示例。

```
import javax.swing.*;
import java.awt.*;
public class BorderLayoutTest extends JFrame
   { public BorderLayoutTest()
        { Container container = getContentPane();
          container.setLayout(new BorderLayout(5, 10));
          container.add(new JButton("East"), BorderLayout.EAST);
          container.add(new JButton("South"), BorderLayout.SOUTH);
          container.add(new JButton("West"), BorderLayout.WEST);
          container.add(new JButton("North"), BorderLayout.NORTH);
          container.add(new JButton("Center"), BorderLayout.CENTER);
        }
     public static void main(String[] args)
        {
          BorderLayoutTest frame = new BorderLayoutTest();
          frame.setTitle("Show BorderLayout");
          frame.setDefaultCloseOperation(EXIT_ON_CLOSE);
          frame.setSize(300, 200);
          frame.setVisible(true);
        }
   }
```

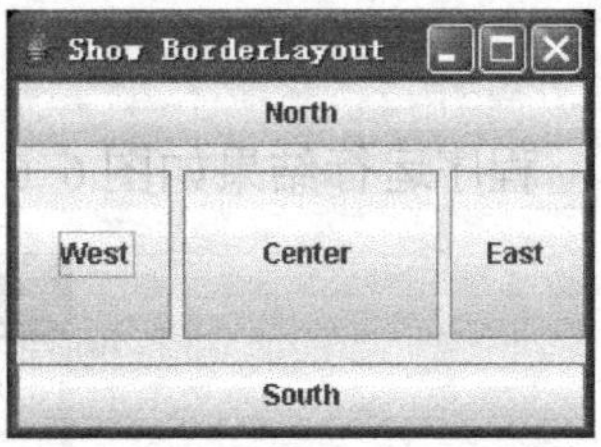

图 6-5　例 6-3 程序运行结果

程序运行结果如图 6-5 所示。

3. GridLayout

GridLayout 为网格布局管理器，将容器分成尺寸相同的网格，组件被放置在网格的空白处，顺序与流式布局一样。网格中的组件大小相同。

GridLayout 布局管理器有三种构造方法。

1）GridLayout()：以每行一列的方式构建一个 GridLayout 对象。

2）GridLayout(int row, int columns)：根据指定行数和列数构造一个 GridLayout 对象，组件间距为 0。

3）GridLayout(int row, int columns, int hgap, int vgap)：根据指定行数和列数构造一个 GridLayout 对象，组件间距按指定值设置。

GridLayout 中的行数与列数有如下规定。

1）行数和列数可以为零，但不能全为零。如果一个为零，另一个不为零，不为零的维数固定，为零的维数根据容器中组件个数动态地决定。例如，指定网格的行数为 0，列数为 3，有 10 个组件，GridLayout 创建 3 个固定的列和 4 个行，最后一行只包含 1 个组件。

2）如果行数和列数都不为零，那么行数是固定的，列数根据容器中组件个数动态地决定。例如，指定一个 3 行 3 列的网格，有 10 个组件，GridLayout 创建 3 个固定的行和 4 个列，最后一行只包含 2 个组件。

【例 6-4】 GridLayout 应用示例。

```
import javax.swing.*;
import java.awt.*;
public class GridLayoutTest extends JFrame
{   public GridLayoutTest()
   { Container container = getContentPane();
     container.setLayout(new GridLayout(4, 3, 5, 5));
     for (int i=1; i<=10; i++)
        container.add(new JButton("Component " + i));
   }
   public static void main(String[] args)
   {
     GridLayoutTest frame = new GridLayoutTest();
     frame.setTitle("Show GridLayout");
     frame.setDefaultCloseOperation(JFrame.EXIT_ON_CLOSE);
     frame.setSize(200, 200);
     frame.setVisible(true);
   }
}
```

程序运行结果如图 6-6 所示。

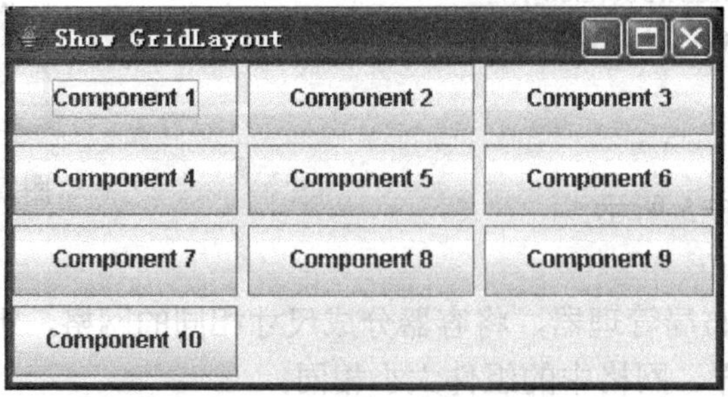

图 6-6　例 6-4 程序运行结果

4. CardLayout

CardLayout 为卡片布局管理器，它将组件放在一系列卡片上，一次只能看到一张卡片，一张卡片中只能放一个组件。使用构造方法 CardLayout()可以构建 CardLayout 对象。组件按添加顺序放在卡片序列中，使用下面的方法可以将组件添加到容器中。

```
add(Component component, String name );
```

其中，String 型参数 name 给卡片中的组件指定一个标识。

为了使组件在使用 CardLayout 的容器中可见，可使用 CardLayout 对象的下列方法。

1）frist(Container container)：显示容器中的第一张卡片。

2）last(Container container)：显示容器中的最后一张卡片。

3）next(Container container)：显示容器中的下一张卡片。

4）show(Container container, String name)：显示容器中指定名称的卡片。

【例 6-5】 CardLayout 应用示例。

```
import javax.swing.*;
import java.awt.*;
public class CardLayoutTest extends JFrame
{   public CardLayoutTest()
    { Container container = getContentPane();
      CardLayout layout=new CardLayout();
      container.setLayout(layout);
      container.add(new JButton("卡片一" ),"card1");
      container.add(new JButton("卡片二" ),"card2");
      container.add(new JButton("卡片三" ),"card3");
      layout.show( container,"card2");
    }
    public static void main(String[] args)
    {
      CardLayoutTest frame = new CardLayoutTest();
      frame.setTitle("Show CardLayout");
      frame.setDefaultCloseOperation(JFrame.EXIT_ON_CLOSE);
      frame.setSize(200, 200);
      frame.setVisible(true);
    }
}
```

程序运行结果如图 6-7 所示。

程序中如果没有语句

```
layout.show( container,"card2");
```

窗口中将显示“卡片一”。

图 6-7 例 6-5 程序运行结果

5. GridBagLayout

GridBagLayout 为网格块布局管理器，是一种灵活而复杂的布局管理器，它与 GridLayout

布局管理器相似，都是按网格安放组件。不同的是 GridBagLayout 的组件可以大小不同，可以按任意次序添加。

由于 GridBagLayout 布局管理器比较复杂，使用也比较少，在此不再详细介绍，使用时可参看 Java API 说明。

6.3 Java 事件处理

前面几个例子仅仅完成了 GUI 界面的设计及布局，用户和程序还无法进行交互。要实现用户与程序的交互就要使用事件处理。

在 Java 中，除了键盘或鼠标操作，系统的状态改变也可以引发事件。可能产生事件的组件称事件源，不同事件源上发生的事件种类是不同的。若希望事件源上引发的事件被程序处理，需要将事件源注册给能够处理该事件源上那种事件类型的监听器。监听器具有监听和处理某类事件的功能。由于事件源本身不处理事件，而是委托相应的事件监听器来处理，这种事件处理模式被称为委托模式。

在这种模式下，每一个可以触发事件的组件被当作事件源，每一种事件都对应专门的监听器。监听器负责接收和处理这种事件。一个事件源可以触发多种事件，如果它注册了某种事件的监听器，那么这种事件就会被接收和处理。

例如，在图 6-8 中，Frame 是一个事件源，它可以触发键盘事件和鼠标事件等。键盘事件对应一个键盘监听器，它会在某个键被按下和被释放时作出响应。Frame 注册了键盘监听器，所以它触发的键盘事件将被处理。对于 Frame 触发的鼠标事件，由于没有注册相应的鼠标监听器，所以这种事件不会被处理。

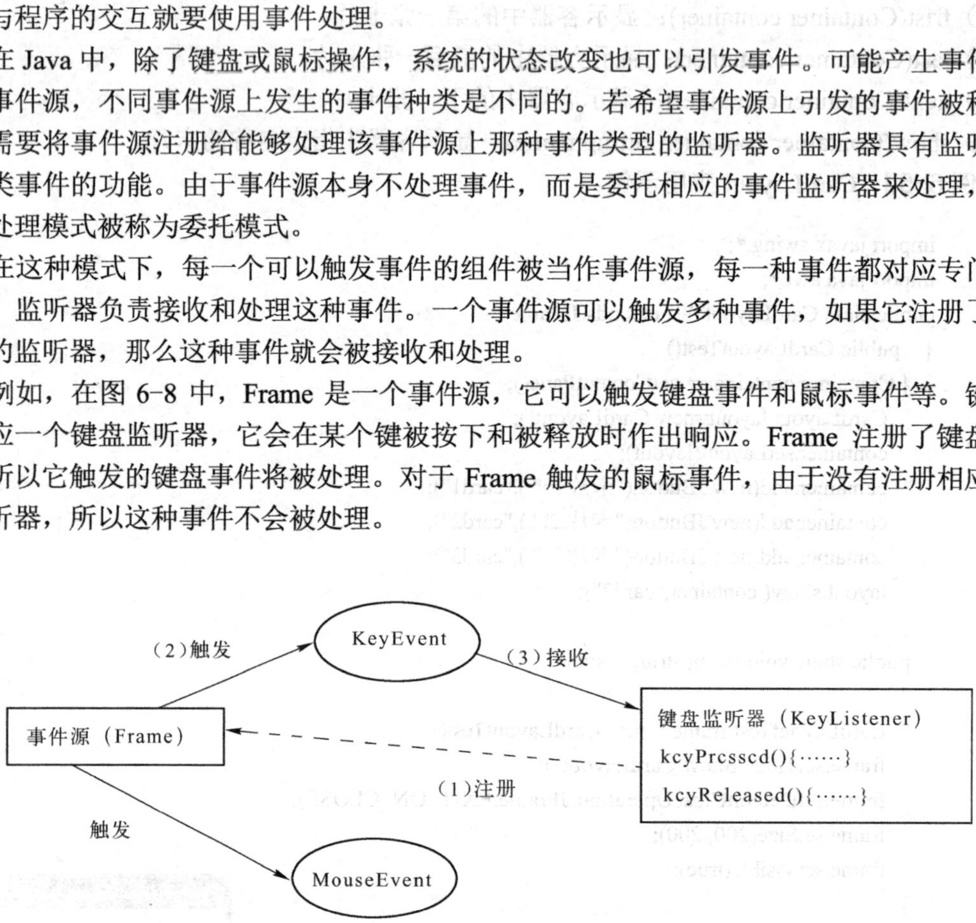

图 6-8　Java 事件处理过程

Java 中所有事件都定义在 java.awt.event 中，用相应的类来表达不同的事件，如键盘事件类 KeyEvent、鼠标事件类 MouseEvent 等。这些事件类都是从 AWTEvent 类继承而来的。每个事件类对应一个事件监听接口，如 KeyEvent 对应的事件监听接口为 KeyListener。监听接口中定义了一个或多个事件的处理方法，称为事件处理器。如果程序需要处理某种事件，就需要实现相应的事件监听接口。

Java 中各种事件对应的事件类型及接口如表 6-1 所示。

表 6-1　事件、事件类型及对应监听器接口

触发事件	事件类型	监听器（接口）
单击按钮、双击列表项、选择菜单项	ActionEvent	ActionListener
滚动条位置改变	AdjustmentEvent	AdjustmentListener
调整组件大小，移动、隐藏或显示组件	ComponentEvent	ComponentListener
容器内组件的添加、删除	ContainerEvent	ContainerListener
组件失去或获取焦点	FocusEvent	FocusListener
选择或取消列表框、复选框等选项	ItemEvent	ItemListener
按下、放开某键	KeyEvent	KeyListener
鼠标移动、单击、拖动或释放	MouseEvent	MouseListener
		MouseMotionListener
文本框的输入或修改等	TextEvent	TextListener
窗口打开、关闭、激活或退出	WindowEvent	WindowListener

各监听器接口定义的事件处理方法如下所示。

1）ActionListener：actionPerformed（ActionEvent e）。

2）AdjustmentListener：adjustmentValueChanged（AdjustmentEvent e）。

3）ComponentListener：componentResized(ComponentEvent e)，componentMoved(Component Event e)，componentShown(ComponentEvent e)，componentHidden(ComponentEvent e)。

4）ContainerListener：componentAdded(ContainerEvent e)，componentRemoved(Container Event e)。

5）FocusListener：focusGained(FocusEvent e)，focusLost(FocusEvent e)。

6）ItemListener：itemStateChanged(ItemEvent e)。

7）KeyListener：keyTyped(KeyEvent e)，keyReleased(KeyEvent e)，keyPressed(KeyEvent e)。

8）MouseListener：mouseClicked(MouseEvent e)，mousePressed(MouseEvent e)，mouseReleased (MouseEvent e)，mouseEntered(MouseEvent e)，mouseExited(MouseEvent e)。

9）MouseMotionListener：mouseDragged(MouseEvent e)，mouseMoved(MouseEvent e)。

10）TextListener：textValueChanged(TextEvent e)。

11）WindowListener：windowOpened(WindowEvent e)，windowClosing(WindowEvent e)，windowClosed(WindowEvent e)，windowIconified(WindowEvent e)，windowDeiconified(Window Event e)，windowActivated(WindowEvent e)，windowDeactivated(WindowEvent e)。

监听器接口定义的方法的名称便于记忆。从方法名可以看出这个方法被调用的源或条件。

下面通过一个程序实例，说明事件处理过程。

【例 6-6】 处理按钮单击事件。

在一个面板中放置三个按钮，单击其中一个按钮之后，相应按钮的背景将随之改变，如图 6-9 所示。程序如下所示。

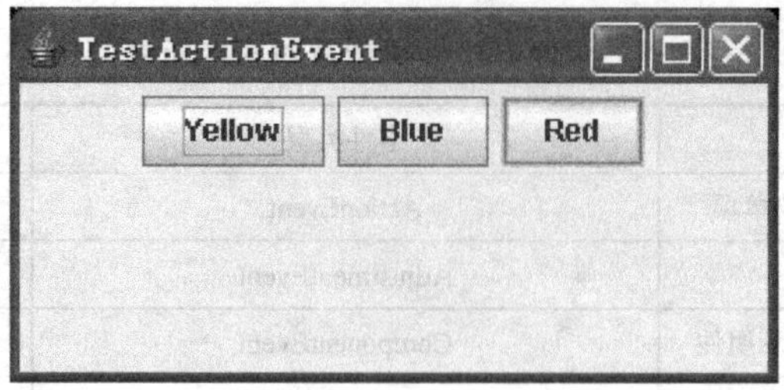

图 6-9 事件处理实例

```
import javax.swing.*;
import java.awt.*;
import java.awt.event.*;
public class TestActionEvent extends JFrame    implements ActionListener
{ private JButton yellowButton = new JButton("Yellow");
  private JButton blueButton = new JButton("Blue");
  private JButton redButton = new JButton("Red");
  // Default constructor
  public TestActionEvent()
  { // Set the window title
    setTitle("TestActionEvent");
    Panel panel=new Panel();
    panel.setLayout(new FlowLayout());
    // Add buttons
    panel.add(yellowButton);
    panel.add(blueButton);
    panel.add(redButton);
    add(panel);
    // Register listeners
    yellowButton.addActionListener(this);
    blueButton.addActionListener(this);
    redButton.addActionListener(this);
  }
  // Main method
  public static void main(String[] args)
  {   TestActionEvent frame = new TestActionEvent();
      frame.setDefaultCloseOperation(JFrame.EXIT_ON_CLOSE);
      frame.setSize(300, 200);
      frame.setVisible(true);
  }
  // This method will be invoked when a button is clicked.
  public void actionPerformed(ActionEvent e)
  {
    if (e.getSource() == yellowButton)
```

```
        {
          yellowButton.setBackground(Color.YELLOW);
        }
        else if (e.getSource() == blueButton)
        {
          blueButton.setBackground(Color.BLUE);
        }
      else if (e.getSource() == redButton)
        {
          redButton.setBackground(Color.RED);
        }
      }
    }
```

根据注释仔细阅读程序，体会事件处理的过程。

6.4 常用 Swing 组件的使用

Swing 提供了丰富的组件类以满足各种 GUI 设计的需求，本节将一些比较重要和常用的组件进行说明。

6.4.1 JComponent 的常用属性和方法

所有 Swing 控制组件都是 JComponent 的子类，它们都继承了 JComponent 的属性和方法。下面列举出一些常用方法，并说明其作用，在后面介绍各个组件时就不再一一列举了。

- public Color getBackground()：获取组件的背景色。
- public Font getFont()：获取组件的字体。
- public Color getForeground()：获取组件的前景色。
- public Graphics getGraphics()：获取此组件上使用的图形对象。
- public void setBackground(Color c)：设置组件的背景色。
- public void setForeground(Color c)：设置组件的前景色。
- public void setEnabled(boolean enabled)：设置是否启用此组件。
- Public void setFont(Font font)：设置此组件的字体。
- public void setSize(int width,int height)：设置此组件的大小。
- Public void setVisible(boolean aFlag)：设置组件是否可见。
- public void requestFocus()：使组件获得输入焦点。

6.4.2 容器组件

设计 GUI 时需要一个主窗口，用来放置不同的可视化组件。主窗口也称为顶层容器，它包含窗口中出现的所有其他组件。为了合理布局窗口中的组件，每个顶层容器可以包含一个或若干个中间容器，称其为内容面板。一个 GUI 应用程序至少有一个顶层容器。

本节主要介绍 Swing 中的 JFrame 和 JPanel 容器，JApplet 将在下一章专门进行讲解。

1．JFrame 框架

JFrame 是 Swing 图形用户界面应用程序中的主窗口，窗口有边界、标题、关闭按钮等。表 6-2 列出了 JFrame 的构造方法和常用方法。

表 6-2　JFrame 方法

方　法	说　明
JFrame()	创建一个无标题的初始不可见的框
JFrame(String title)	创建一个标题为 title 的初始不可见的框
void pack()	紧凑排列窗口，使其尽量小，小到刚刚能够包含其中的组件
void setSize(int width, int height)	将窗口大小调整为指定的宽度和高度
setDefaultCloseOperation(JFrame.EXIT_ON_CLOSE)	单击框架的关闭按钮时，退出程序
void setTitle(String name)	设置框架的标题

说明

1）JFrame 默认初始化为不可见、且宽和高均为 0 个像素。可使用 setVisible(true) 方法使之可见，并用 setSize()设置大小。

2）JFrame 的默认布局管理器为 BorderLayout。如果不进行布局设置，将只显示最后添加到框架中的一个组件，且显示在框架的中央，占据整个框架。

以下程序段可用于创建一个标题为“我的窗口”的框架。

```
import java.awt.*;
import javax. Swing.*;
public class FrameDemo extends JFrame {
  public static void main(String args[])
  { JFrame f = new JFrame("我的窗口");
    f.setSize(400,400);
    f.setTitle("你好!");
    f.setVisible(true);
  }
}
```

再如，

```
import java.awt.*;
import java.awt. Swing.*;
public class TestFrame extends JFrame {
  public static void main(String args[])
  { JFrame f = new JFrame("测试窗口");
    f.setSize(800,400);
    f.setBackground(Color.red);
```

```
        f.setVisible(true) ;
    }
}
```

可以使用 add 方法直接在框架中添加组件，使用 setLayout 设置框架的布局。如

```
JFrame f = new JFrame(   );
f.setSize(800,400);
f.add(new JButton("OK"));
f.setLayout(new FlowLayout(FlowLayout.LEFT,10,20));
```

说明：在 JDK1.4 之前的版本中，以上程序段是不允许的，JFrame 不能直接通过 add()方法添加组件，也不能直接通过 setLayout()方法设置布局，否则将抛出异常。设计框架时要使用以下代码将所有组件添加到框架的内容窗格中。

```
Container container = getContentPane();
container.add(new new JButton("OK"));
container.setLayout(container.setLayout(new BorderLayout(5, 10));
```

2．JPanel

JPanel 是一种添加到其他容器中使用的组件，GUI 设计中一般将一组相关的组件添加到 JPanel 中，然后再将 JPanel 添加到框架或 applet 中。

JPanel 的构造方法有以下几种。

1）JPanel()：创建具有默认 FlowLayou 布局的 JPanel 对象。

2）JPanel(LayoutManager layout)：创建具有指定布局管理器的 JPanel 对象。

以下程序段是使用 JPanel 的有关核心语句。

```
Panel pn1=new Panel();
pn1.setSize(100,200);
pn1.setLoation(0,50);
Frame f=new Frame();
f.add(pn1);
pn1.add(button)
```

JPanel 的默认布局管理器是 FlowLayout。

6.4.3 按钮(JButton)

按钮是一种单击时触发行为的组件，是 GUI 中非常重要的一种基本组件。

1．JButton 构造方法

JButton 有如下类型的构造方法。

- JButton( )：创建不带文本和图标的按钮。
- JButton(Icon icon)：创建带图标的按钮。
- JButton(String text)：创建带文本的按钮。
- JButton(String text, Icon icon)：创建带文本和图标的按钮。

图标是一个固定大小的图片，用于装饰组件。利用类 ImageIcon 可以从图像文件中得到图标，如

```
Icon icon=new ImageIcon("photo.gif");
JButton button=new JButton(Icon icon);
```

目前 Java 支持 GIF 和 JPEG 图像格式。

2．常用方法

（1）public void setMnemonic(int mnemonic)

本方法可设置快捷字母键，它通常是与〈Alt〉键组合。如

```
Button. setMnemonic(KeyEvent.VK_W);
```

可以设置快捷字母键为 W，按下〈Alt+W〉可将些按钮激活。

（2）public void setActionCommand(String actionCommand)

本方法用于设置按钮的动作命令。

3．JButton 事件

按钮可触发多种事件，不过需要响应的是 ActionEvent，可实现 ActionListener 监听器接口中的 actionPerformed(Event e)。在 actionPerformed(Event e)方法中，可用 e.getActionCommand()或 e.getSource()确定事件源。

6.4.4 标签(JLabel)

标签是用户只能查看不能修改其内容的组件，常用来在界面输出信息。

1．JLabel 构造方法

创建标签的构造方法有以下几种。

- public JLabel ()：创建一个空标签。
- public JLabel (String text)：创建一个指定文字的标签。
- public JLabel (Icon image)：创建一个指定图标的标签。
- public JLabel (String text，Icon image，int horizontalAlignment)：创建一个指定文字、图标和水平对齐方式的标签。

其中，horizontalAlignment（水平对齐方式）可以是 SwingConstants 中定义的 LEFT、CENTER、RIGHT、LEADING 或 TRAILING 这几个常量中的一个。

实现标签对象的程序语句为

```
JLabel jLabel = new JLabel("这是 Swing 标签"，JLabel.LEFT);
contentPane.add(jLabel);
```

再如

```
JLabel mapLabe = new JLabel(new ImageIcon("c.gif"));
```

2．常用方法

- getText()：返回标签显示的文本字符串。
- setIcon(Icon icon)：定义标签将显示的图标。

● setText(String text)：定义此组件将要显示的单行文本。

6.4.5 文本框(JTextField、JTextArea、JPasswordField)

Java 提供了单行文本框 JTextfield、多行文本框 JTextArea 和口令框 JPasswordField，既可以作为输入组件又可以作为输出组件。

1. 单行文本框 JTextField

JTextField 的构造方法有以下几种。

- JTextField( )：构造一个空的文本输入框。
- JTextField(String text)：构造一个新的文本输入框，以指定文本作为初始文本。
- JTextField(String text，int columns)：构造一个新的文本输入框，并指定文字和初始列数。

JTextField 常用方法有以下几种。

- setText(String text)：设置文本框中显示的字符串。
- getText( )：获取文本框中显示的字符串。
- getColumns( )：获取文本框中的列数。
- setColumns(int columns)：设置文本框中的列数。
- setHorizontalAlignment(int value)：设置文本框中文本的水平对齐方式。其中，value 取值为 JTextField. LEFT、JTextField.CENTER、JTextField.RIGHT 等。
- setFont(Font f)：设置文本框中文本的字体。

利用 JTextField 在文本框中单击鼠标或按〈Enter〉键时可以触发 ActionEvent 事件，改变文本框的内容时可以引发 TextEvent 事件。

【例 6-7】设计一个计算两个整数最大公约数的界面，结果如图 6-10 所示。

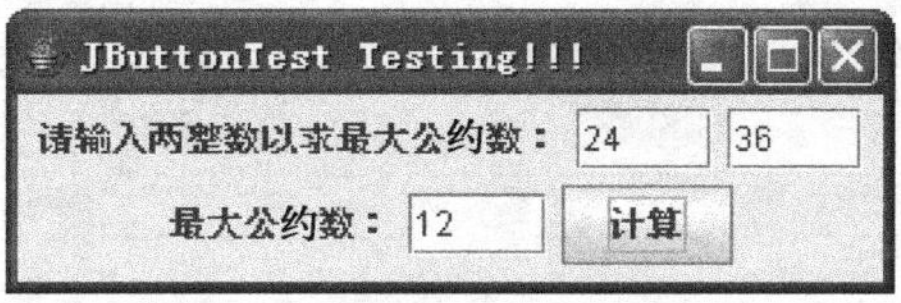

图 6-10　计算两个整数的最大公约数

界面中用两个标签作为提示信息，三个文本框分别显示两个参与运算的整数和运算结果，一个命令按钮用于触发完成计算的事件源，其程序如下所示。

```
import java.awt.*;
import javax.swing.*;
import java.awt.event.*;
public class JButtonTest extends JFrame implements ActionListener{
  private JTextField ShowAnswer;
  private JTextField Input1,Input2;
  private JButton Ok;
  public   JButtonTest(){
    super("JButtonTest Testing!!!");
    Container c=getContentPane();
    c.setLayout(new FlowLayout());
```

```
        Input1=new JTextField(4);          //创建输入文本框 1
        Input2=new JTextField(4);          //创建输入文本框 2
        ShowAnswer=new JTextField(4);      //创建计算结果显示文本框
        Ok=new JButton("计算");             //创建计算按钮
        c.add(new JLabel("请输入两整数以求最大公因数：")); //添加标签
        c.add(Input1);
        c.add(Input2);
        c.add(new JLabel("最大公因数："));
        c.add(ShowAnswer);
       c.add(Ok);
       Ok.addActionListener(this);
       }
    public static void main(String[] args){
      JButtonTest J_T=new JButtonTest();
      J_T.setSize(310,100);
      J_T.setVisible(true);
      J_T.setDefaultCloseOperation(JFrame.EXIT_ON_CLOSE);
      }
    public void actionPerformed(ActionEvent e){
      int num1=Integer.parseInt(Input1.getText());     //把输入 1 赋值给 num1
      int num2=Integer.parseInt(Input2.getText());     //把输入 2 赋值给 num2
      if(num1<0) num1=-1*num1;
      if(num2<0) num2=-1*num2;
      if(num1<num2){
         int tmp=num1;
         num1=num2;
         num2=tmp;
      }
      do{
         int x;
         x=num2;
         num2=num1%num2;
         num1=x;
         } while(num2!=0);
      ShowAnswer.setText(String.valueOf(num1));  //把计算结果传递给结果框
      }
  }
```

2．多行文本框 JTextArea

要在文本框中处理多行文字，则需要使用 JTextArea 组件。JtextArea 又称为文本区组件。JtextArea 的构造方法有以下几种。

- JTextArea()：构造一个空的多行文本区。
- JTextArea(String text)：用指定的显示文本构造一个新的文本区。
- JTextArea(int rows,int columns)：创建一个指定行数和列数的空文本区。

● JTextArea(Strint text,int rows,int columns)：创建一个指定行数、列数和文本内容的文本区。如

```
JTextArea jTextArea = new JTextArea("这是多行文本域!");
contentPane.add(jTextArea);
```

JtextArea 的常用方法有以下几种。

● insert(String s,int pos)：将字符串 s 插入到文本区的指定位置。
● append(String s)：将字符串 s 插入到文本区的末尾。
● replaceRange(String s,int start,int end)：用字符串 s 替换文本中从位置 start 到 end 的文字。
● setLineWrap(boolean wrap)：设定文本区的文本是否自动换行。wrap 为 true 时自动换行，默认不自动换行。

多行文本框的文本内容仍可用 setText() 和 getTex()方法进行设置和获取。触发的事件只有 TextEvent。

【例 6-8】 将多行文本框中选中的文本"复制"到单行文本框中。

程序如下所示。

```
import javax.swing.*;
import java.awt.*;
import java.awt.event.*;
public class TextAreaTest extends JFrame implements ActionListener
{ TextArea ta=new TextArea(5,25);
  TextField tf=new TextField(25);
  Button button=new Button("复制");
  String a="TextArea 是一个多行文本区\n"+
      "TextArea 可以触发 TextEvent 事件   \n"+
      "TextArea 不支持 ActionEvent 事件";
  public TextAreaTest()
    { super("TextArea   Testing!!!");
      ta.setText(a);
    add(ta);
    add(button);
    add(tf);
      setLayout(new FlowLayout());
    button.addActionListener(this);
    }
    public void actionPerformed(ActionEvent e)
    { String s;
    s=ta.getSelectedText();
    if (e.getSource()==button)
      tf.setText(s);
    }
 public static void main(String[] args){
     TextAreaTest Jf=new TextAreaTest();
```

```
        Jf.setSize(310,100);
        Jf.setVisible(true);
        Jf.setDefaultCloseOperation(JFrame.EXIT_ON_CLOSE);
        }
    }
```

程序运行结果如图 6-11 所示。

图 6-11　文本组件的使用

3．口令文本框 JPasswordField

口令文本框 JPasswordField 允许编辑一个单行文本，但不显示原始字符，是一个专门用于输入用户口令的文本组件。

JPasswordField 构造方法与 JTextField 类的构造方法类似。常用的其他方法有以下几种。

- getPassword()：获取输入的口令。
- setEchoChar(char c)：设置用于显示的字符，默认值为 '*'。

创建口令文本框的语句如下所示。

```
JPasswordField jPasswordField = new JPasswordField();
contentPane.add(jPasswordField);
```

6.4.6　复选框(JCheckBox)

复选框可以为用户提供多个选项，让用户从中任意选择，它具有开关或真假两种状态。当用户单击复选框时，状态会发生改变。创建复选框的构造函数有如下几种。

- JCheckBox( )：创建不带文本或图标、初始非选中的复选框。
- JCheckBox(String text)：用指定的文本创建初始非选中的复选框。
- JCheckBox(String text, boolean selected)：用指定文本创建一个复选框，并指定是否初始选中该复选框。若 selected 为真，表示初始状态为选中。

如
```
JCheckBox jCheckBox1 = new JCheckBox("北京");
contentPane.add(jCheckBox1);
JCheckBox jCheckBox1 = new JCheckBox("北京", true);   //初始状态为选中
```

JCheckBox 类常用的其他方法是 isSelected()，其格式为

```
public Boolean isSelected();
```

当复选框被选中时返回值为 true，否则为 false。

JcheckBox 能引发 ActionEvent 和 ItemEvent 事件。以下代码说明实现 itemStateChanged() 的方法。

```
JCheckBox jchk1=new JCheckBox();
JCheckBox jchk2=new JCheckBox();
……
Public void itemStateChangde(ItemEvent e)
{if (e.getSource() instanceof JCheckBox)
   { if (jchk1.isSelected())
```

```
        {  ……  }
      if (jchk2.isSelected())
        {  ……  }
    ……
  }
  }
```

这段程序首先判断是否选中了复选框，再判断是哪一个复选框按钮被选中，然后作出相应的处理。

说明：instanceof ( ) 是 Java 的一个二元操作符，和==，>，<等作用相同。由于它是由字母组成的，所以也是 Java 的关键字。它的作用是测试它左边的对象是否是它右边的类的实例，返回 boolean 类型的数据。

6.4.7 单选按钮(JRadioButton)

单选按钮为用户提供多个选项，让用户从中选择一项，即实现"多选一"。为了实现从一组单选按钮选择一个，应该把多个单选按钮放入一个按钮组（ButtonGroup），这样当选中某一项时，其他的单选按钮才能变成未选中状态。如果不放入按钮组，其使用效果与复选框相同。

JRadioButton 的构造方法与 JCheckBox 相似，可引发的事件也是 ItemEvent 和 ActionEvent。以下程序代码可实现单选按钮创建。

```
ButtonGroup buttonGroup = new ButtonGroup();      //声明按钮组
JRadioButton jRadioButton1 = new JRadioButton("男");
JRadioButton jRadioButton2 = new JRadioButton("女");
buttonGroup.add(jRadioButton1);
buttonGroup.add(jRadioButton2);
contentPane.add(jRadioButton1);
contentPane.add(jRadioButton2);
```

【例 6-9】 复选按钮与单选按钮的使用。要求在标签中显示所选的内容，如图 6-12 所示。

图 6-12 复选按钮与单选按钮

```
import javax.swing.*;
import java.awt.*;
import java.awt.event.*;
public class JCheckBoxTest extends JFrame implements ItemListener
{   JCheckBox jCheckBox1 = new JCheckBox("北京");
    JCheckBox jCheckBox2 = new JCheckBox("上海");
    JCheckBox jCheckBox3 = new JCheckBox("广州");
```

```
        JCheckBox jCheckBox4 = new JCheckBox("深圳");
        ButtonGroup buttonGroup = new ButtonGroup();
        JRadioButton jRadioButton1 = new JRadioButton("男");
        JRadioButton jRadioButton2 = new JRadioButton("女");
        JLabel jLabel=new JLabel();
        public JCheckBoxTest()
          { Container contentPane = getContentPane();
            contentPane.setLayout(new FlowLayout());
            contentPane.add(jLabel);
            contentPane.add(jCheckBox1);
            contentPane.add(jCheckBox2);
            contentPane.add(jCheckBox3);
            contentPane.add(jCheckBox4);
            buttonGroup.add(jRadioButton1);
            buttonGroup.add(jRadioButton2);
            contentPane.add(jRadioButton1);
            contentPane.add(jRadioButton2);
            jCheckBox1.addItemListener(this);
            jCheckBox2.addItemListener(this);
            jCheckBox3.addItemListener(this);
            jCheckBox4.addItemListener(this);
            jCheckBox1.addItemListener(this);
            jRadioButton1.addItemListener(this);
            jRadioButton2.addItemListener(this);
          }
    public void itemStateChanged(ItemEvent e)
    { String s=jLabel.getText();
      if (e.getSource() instanceof JCheckBox)
      {     if (jCheckBox1.isSelected())
              { jLabel.setText(jCheckBox1.getText());}
            if (jCheckBox2.isSelected())
              { jLabel.setText(jCheckBox2.getText());}
            if (jCheckBox3.isSelected())
              { jLabel.setText(jCheckBox3.getText());}
            if (jCheckBox4.isSelected())
               { jLabel.setText(jCheckBox4.getText());}
      }
      if (e.getSource() instanceof   JRadioButton)
        { if (jRadioButton1.isSelected())
            { jLabel.setText(jRadioButton1.getText());}
          if (jRadioButton2.isSelected())
            { jLabel.setText(jRadioButton2.getText());}
        }
    }
    public static void main(String[] args){
        JCheckBoxTest Jf=new JCheckBoxTest();
```

```
        Jf.setSize(400,100);
        Jf.setVisible(true);
        Jf.setDefaultCloseOperation(JFrame.EXIT_ON_CLOSE);
    }
}
```

6.4.8 组合框(JComboBox)

JComboBox 组合框是由若干项目组成的简单列表，用户能够从列表中进行选择，一次只能从中选择一项。使用这一组件可以限制用户的选择范围，并能避免对输入数据有效性的验证。

创建 JComboBox 的构造方法有以下几种。

- JComboBox()：创建一个下拉列表为空的组合框。
- JComboBox(Object[ ] stringItems)：用指定的数组创建组合框。

对 JcomboBox 的操作有以下常用方法。

- addItem(Object item)：将项添加至项的列表。
- getItemAt(int index)：返回指定索引位置的列表项。
- getItemCount()：返回列表（作为对象）中的项数。
- getSelectedItem()：将当前选择的项作为一个对象返回。
- getSelectedIndex()：返回当前选择项的索引位置。
- removeItem(Object item)：删除指定的项。
- removeAllItem( )：删除列表中的所有项。

如

```
JComboBox jcb=new JComboBox();
jcb. addItem("Item1");
jcb. addItem("Item2");
jcb. addItem("Item3");
```

此程序段创建了一个有三个选项的组合框。

JcomboBox 可以引发 ActionEvent 和 ItemEvent 事件。

【例 6-10】 利用文本框显示所选内容，如图 6-13 所示。

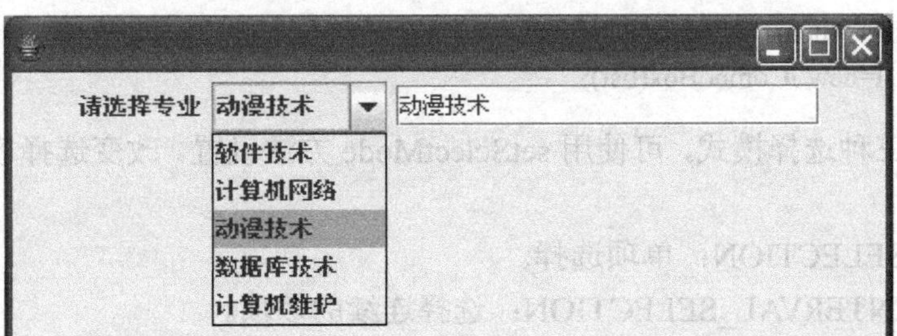

图 6-13 组合框使用

程序如下。

```
import javax.swing.*;
import java.awt.*;
import java.awt.event.*;
public class JComboBoxTest extends JFrame implements ItemListener
{ JLabel lb=new JLabel("请选择专业");
  JTextField tf=new JTextField(20);
  String[ ] itm={"软件技术","计算机网络","动漫技术","数据库技术","计算机维护"};
  JComboBox txt=new JComboBox(itm);
  public   JComboBoxTest()
  { setLayout(new FlowLayout());
      add(lb);
      add(txt);
      txt.addItemListener(this);
      add(tf);
   }
   public void itemStateChanged(ItemEvent e)
   { tf.setText((String)txt.getSelectedItem());
    }
 public static void main(String[] args)
{ JComboBoxTest Jf=new JComboBoxTest();
   Jf.setSize(400,100);
   Jf.setVisible(true);
   Jf.setDefaultCloseOperation(JFrame.EXIT_ON_CLOSE);
  }
}
```

6.4.9 列表框(JList)

JList 列表框的作用与组合框基本相同，但它允许用户同时选择多个选项。可以用一组字符串构造一个列表，格式为

```
JList(Object[] stringItems);
```

如

```
String[ ] list={"Item1", "Item2", "Item3",}
JList   jList=new JComboBox(list);
```

JList 对象有三种选择模式，可使用 setSelectMode 方法设置。改变选择模式的参数有以下三个。

- SINGLE_SELECTION：单项选择。
- SINGLE_INTERVAL_SELECTION：选择连续的多项。
- MULTIPLE_INTERVAL_SELECTION：选择不连续的多项。

JList 默认值为 MULTIPLE_INTERVAL_SELECTION。

JList 的监听器是 ListSelectionListener，实现的方法是 valueChanged(ListSelectionEvent e)。如

```
public void valueChanged(ListSelectionEvent e)
{ String selectedItem=(String)jList.getSeletedValue();
}
```

【例 6-11】 利用 JList 改写例 6-10，运行结果如图 6-14 所示。

程序如下。

```
import javax.swing.*;
import javax.swing.event.*;
import java.awt.*;
import java.awt.event.*;
public class JListTest extends JFrame implements ListSelectionListener
{ JLabel lb=new JLabel("请选择专业");
  JTextField tf=new JTextField(20);
  String[ ] itm={"软件技术","计算机网络","动漫技术","数据库技术","计
    算机维护"};
  JList jList=new JList(itm);
  public   JListTest()
  {  setLayout(new FlowLayout());
     add(lb);
     add(jList);
     jList.addListSelectionListener(this);
     add(tf);
     }
   public void valueChanged(ListSelectionEvent e)
   { tf.setText((String)jList.getSelectedValue());
     }
 public static void main(String[] args)
  { JListTest Jf=new JListTest();
   Jf.setSize(400,100);
   Jf.setVisible(true);
   Jf.setDefaultCloseOperation(JFrame.EXIT_ON_CLOSE);
  }
}
```

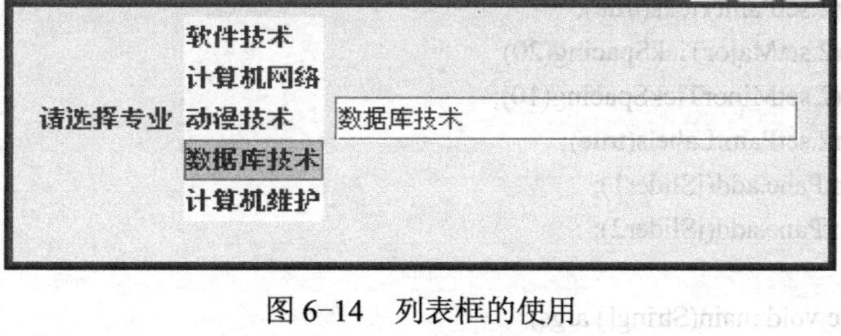

图 6-14　列表框的使用

6.4.10 滚动条(JSlider)

JSlider 滚动条用于明确地让用户从一个范围内选择一个值。使用的方式是让用户利用鼠标移动滑块。实现滚动条的代码如下所示。

```
JSlider jSlider1 = new JSlider(SwingConstants.VERTICAL, 0, 100,0);
JSlider jSlider2 = new JSlider(SwingConstants.HORIZONTAL, 0, 100,20);
// VERTICAL 表示滑动条是垂直的； HORIZONTAL 表示滑动条是水平的
//第一个整型参数表示最小值，第二个表示最大值，第三个表示初始值。
contentPane.add(jSlider1);
contentPane.add(jSlider2);
```

光有滑动条是远远不够的，还要为它设置刻度，实现刻度的代码为：

```
jSlider1.setPaintTicks(true);
jSlider1.setMajorTickSpacing(10);
//主刻度标志
jSlider1.setMinorTickSpacing(5);
//次刻度标志
jSlider2.setPaintTicks(true);
jSlider2.setMajorTickSpacing(20);
jSlider2.setMinorTickSpacing(10);
```

添加滑动标签以显示主要刻度的数字值，其代码为

```
jSlider1.setPaintLabels(true);
jSlider2.setPaintLabels(true);
```

【例 6-12】 滚动条的使用。

```
import java.awt.*;
import javax.swing.*;
public class JSliderDemo extends JFrame
  {JSlider jSlider1 = new JSlider(SwingConstants.VERTICAL, 0, 100,0);
   JSlider jSlider2 = new JSlider(SwingConstants.HORIZONTAL, 0, 100,20);
   public JSliderDemo()
     { Container contentPane = getContentPane();
       contentPane.setLayout(new FlowLayout());
       jSlider1.setPaintTicks(true);
       jSlider1.setMajorTickSpacing(10);
       jSlider1.setMinorTickSpacing(5);
       jSlider1.setPaintLabels(true);
       jSlider2.setPaintTicks(true);
       jSlider2.setMajorTickSpacing(20);
       jSlider2.setMinorTickSpacing(10);
       jSlider2.setPaintLabels(true);
       contentPane.add(jSlider1);
       contentPane.add(jSlider2);
     }
  public static void main(String[] args)
```

```
    { JSliderDemo Jf=new JSliderDemo();
      Jf.setSize(300,200);
      Jf.setVisible(true);
      Jf.setDefaultCloseOperation(JFrame.EXIT_ON_CLOSE);
    }
}
```

程序运行结果如图 6-15 所示。

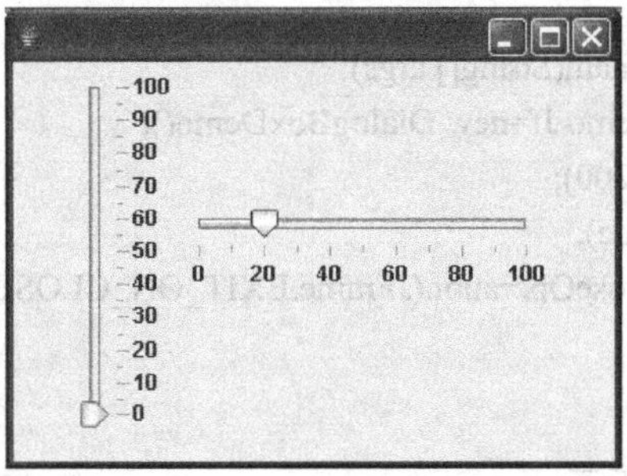

图 6-15　滚动条的使用

用户改变“滚动条”的值时，滚动条产生 AdjustmentEvent 事件。如果要进行事件处理应实现 AdjustmentListener 中的 adjustmentValuehanged 方法。

6.4.11　对话框(JOptionPane)

对话框是一种大小不能变化、不能有菜单的容器窗口。它不能作为一个应用程序的主框架，必须包含在其他容器中。Java 提供多种类型的对话框，在此介绍一种使用 Swing 工具实现对话框的方法，利用 JOptionPane 类创建对话框。

系统提供了不同的对话框类型和样式。可以调用 JOptionPane 的静态方法显示各种类型对话框。

- showMessageDialog：消息对话框，向用户显示消息。
- showConfirmDialog：确认对话框，提问一个要求确认的问题，能够得到响应。
- showInputDialog：文本域输入对话框，提示用户输入。
- showOptionDialog：组合框输入对话框，可配置的对话框。

每一种对话框都可以使用一些 JOptionPane 常量来确定对话框的样式。

消息对话框常用的表示对话框类型的 JOptionPane 常量有 PLAIN_MESSAGE、ERROR_MESSAGE、INFORMATION_MESSAGE、WARNING_MESSAGE 和 QUESTION_MESSAGE。

【例 6-13】 对话框使用示例。实现一个消息对话框，对话框标题为“消息对话框”，显示一条问候信息“你好吗？”。

```
import java.awt.*;
import javax.swing.*;

public class DialogBoxDemo extends JFrame {
    String dialogTitle = "消息对话框";
```

```
        String dialogMessage = "你好吗?";
        int dialogType = JOptionPane.QUESTION_MESSAGE;
        public DialogBoxDemo ()
        {   Container contentPane = getContentPane();
            contentPane.setLayout(new FlowLayout());
            JOptionPane.showMessageDialog((Component) null,
                   dialogMessage,dialogTitle,dialogType);

        }
          public static void main(String[] args)
             { DialogBoxDemo Jf=new DialogBoxDemo();
               Jf.setSize(300,200);
               Jf.setVisible(true);
               Jf.setDefaultCloseOperation(JFrame.EXIT_ON_CLOSE);
      }
    }
```

图 6-16　消息对话框

程序运行结果如图 6-16 所示。

改变程序中 dialogType 的取值，重新编译运行程序，了解各种对话框的形式。

6.5　图形界面中的用户自定义成分

本节介绍如何使用 Graphics 类来绘制用户自定义的界面成分。在进行 GUI 设计时除使用标准的 Java 组件外，还可以利用 Graphics 类中提供的方法创建自己想要的图形或文字，也可以将已经存在的图形、图像加载到程序中。

6.5.1　绘制图形和文本

在 Java 中框架是一个容器，可以将用户界面的元素和菜单放置其中。如果要在框架中绘制一些图形或文字，需要先创建一个面板（JPanel），将图形或文字绘制在面板上，再将面板添加到框架中。通常的作法是首先定义一个扩展于 JPanel 的类，在类中覆盖 paintComponent() 方法并添加一些方法。

1．绘制图形

利用 Graphics 类的实例可以调用 Graphics 类的图形绘制方法。读者可以任意绘制直线、矩形、多边形、圆和椭圆等。

要绘制图形首先要确定想绘制什么样的图形，然后决定使用哪一个方法。Graphics 类中提供的常用方法有以下几种。

1）画线方法 drawLine（），后跟四个整形参数。前两个参数表示线段起点的坐标，后两个参数表示线段终点的坐标。

2）画弧方法 drawArc()，有六个整形参数。前两个参数是该弧所在椭圆的外切矩形左上角顶点的坐标，第三个参数是椭圆横轴的长度，第四个参数是椭圆纵轴的长度。如果给出的横轴和纵轴的值相等就画成圆弧了。第五个参数是起点的角度，第六个参数是终点的角度。

3）画矩形方法 drawRect()以及画实心矩形方法 fillRect()，它们都有四个整形参数。前两个参数是矩形左上角顶点的坐标，第三个参数是矩形的宽，第四个参数是矩形的高。

4）画椭圆方法 drawOval()以及画实心椭圆方法 fillOval()，它们都有四个整形参数。前两个参数是椭圆外切矩形左上角顶点的坐标，第三个参数是椭圆横轴的长度，第四个参数是椭圆纵轴的长度。如果给出的横轴和纵轴的值相等，就画成圆了。

5）画圆角矩形方法 drawRoundRect()以及画实心圆角矩形方法 fillRoundRect()，它们都有六个整形参数。前两个参数是圆角矩形左边和上边延长线交点的坐标，第三个参数是圆角矩形的宽，第四个参数是圆角矩形的高。最后两个参数用来调整圆角的弧度。如果有一个为 0，就画成矩形了。

6）画多边形方法 drawPolygon()以及画实心多边形方法 fillPolygon()，它们都有三个整形参数。前两个参数是数组，数组中的元素数是一致的。第一个参数中的各个值依次代表多边形各个点的横坐标，第二个参数中的各个值依次代表多边形各个点的纵坐标，第三个参数代表多边形的边数（即顶点数，也就是前两个数组中的元素个数）。

确定了要绘制时图形后，就要决定图形的坐标。容器左上角默认是坐标原点（0,0），向右为 X 轴正方向，向下为 Y 轴正方向。然后要确定图形的大小。

2．绘制文本

在框架中显示文字的方法与绘制图形的方法类似，也需要先创建一个面板（JPanel），将文字绘制在面板上，再将面板添加到框架中。Graphics 类的 drawString（）方法可以在面板的指定位置显示字符串。

drawString 方法的一般格式为

```
public abstract void drawString(String str,int x,int y)
```

其作用是使用当前字体和颜色绘制由 str 给定的文本。字符串的起始坐标为 (x, y)。

【例 6-14】 利用上述各个方法，绘制图形和文本。

程序的代码如下所示。

```
import java.awt.*;
import javax.swing.*;
public class DrawDemo extends JFrame
{ public DrawDemo()
   { setTitle("Show DrawDemo");
     getContentPane().add(new DrawPanel());
   }
  public static void main(String[] args)
   { DrawDemo frame = new DrawDemo();
     frame.setDefaultCloseOperation(JFrame.EXIT_ON_CLOSE);
     frame.setSize(500,500);
     frame.setVisible(true);
   }
}
class DrawPanel extends JPanel
{ public void paintComponent(Graphics g)
```

```
        { super.paintComponent(g);
          g.drawString("Welcome to Java",200,50);
          g.setColor(Color.red);
          g.drawLine(50,30,150,70);
          g.drawArc(300,30,100,60,0,90);
          g.drawRect(50,100,100,60);
          g.fillRect(300,100,100,60);
          g.drawOval(50,210,100,60);
          g.fillOval(300,210,100,60);
          g.setColor(Color.cyan);
          g.drawRoundRect(50,320,100,60,30,30);
          g.fillRoundRect(300,320,100,60,30,30);
          int[] xdCoord = {50,100,150,150};
          int[] ydCoord = {430,430,490,460};
          g.drawPolygon(xdCoord,ydCoord,4);
          int[] xfCoord = {300,350,400,400};
          int[] yfCoord = {430,430,490,460};
          g.fillPolygon(xfCoord,yfCoord,4);
        }
    }
```

本程序的显示结果如图 6-17 所示。本例题着重介绍如何使用各个方法，重点是它们的参数设置。

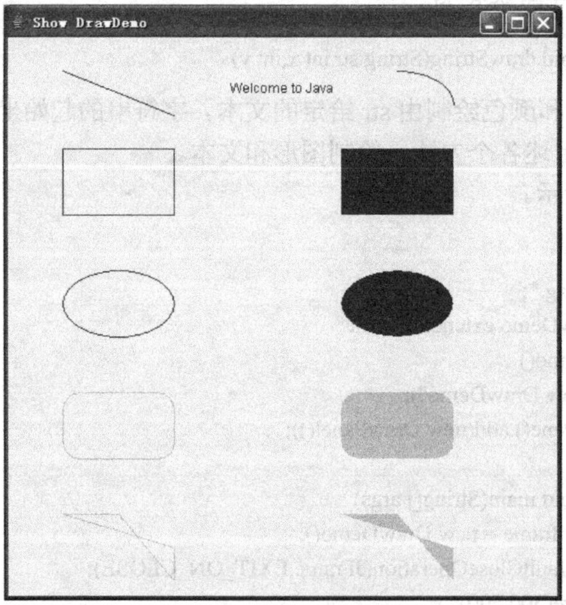

图 6-17　用户自定义图形

请尝试给程序添加几条画弧的语句，如 g.drawArc(300,30,100,60,90,180)，g.drawArc(300,30,100,60,180,270)和 g.drawArc(300,30,100,60,270,0)。这三条语句与程序中的画弧语句同时出现，正好构成一个椭圆，与程序中所画的椭圆及实心椭圆的大小是一样的。

6.5.2 字体设置

要设置 GUI 中组件或所画对象的字体，首先要用 Font 类创建一个 Font 对象，然后调用 Font 类中的方法，设置组件或所画对象的字体、字形和字号。

用 Font 类来创建对象的语法格式为

```
Font    myFont= new Font(String name,int style, int size)
```

其中，name 代表字体名，可以是宋体、楷体、黑体、Courier、Dialog 等；style 代表字形，有以下三种选择。

- Font.BOLD　表示加粗。
- Font.ITALIC 表示斜体。
- Font.PLAIN　表示普通。

三种字形可以互相组合，如 Font.BOLD+Font.ITALIC。

size 代表字号，单位是 point，如

```
Font f=new Font ("楷体", Font.ITALIC,20);
```

用 setFont()方法可以设置组件或字符的字体，如

```
Graphics g;
g.setFont(f);
Button btn=new Button();
btn. setFont(f);
```

【例 6-15】 定义并使用字体示例。

```
import java.awt.*;
import javax.swing.*;
public class FontDemo extends JFrame
{public FontDemo()
   { setTitle("Show FontDemo");
     getContentPane().add(new DrawPanel());
   }
 public static void main(String[] args)
   { FontDemo frame = new FontDemo();
     frame.setDefaultCloseOperation(JFrame.EXIT_ON_CLOSE);
     frame.setSize(500,500);
     frame.setVisible(true);
   }
}
class DrawPanel extends JPanel
{ public void paintComponent(Graphics g)
   { super.paintComponent(g);
     String FontName[] = {"宋体", "黑体","楷体_GB2312"};//定义字体类型
     String StyleName[ ] = {"普通","加粗","斜体"};//定义字体风格的名字
     int FontStyle[] = {Font.PLAIN,Font.BOLD,Font.ITALIC};
```

```
        // PLAIN、BOLD 和 ITALIC 是系统可识别的三种字体风格，分别对应"普通"
        //"加粗"、"斜体"。
        Font oldFont = g.getFont();
        g.drawString("本来的字体:" + oldFont.getName() +","      +StyleName[oldFont.getStyle()]
        +","+oldFont.getSize()+"point",10,20);
       for(int i = 0; i < 3; i ++)
         { for(int j = 0; j < 3; j ++)
             { g.setFont(new Font(FontName[j],FontStyle[i],(i+1)*14));
               g.drawString("当前字体是:" + FontName[j] + "      " + FontStyle[i],10,30+11*(2*i+1)*(i*2+j+2));
       }
         }
       g.setFont(oldFont);
       g.drawString(" 返 回 原 来 的 字 体 :"  +  oldFont.getName()  +","+StyleName[oldFont.getStyle()]
      +","+oldFont.getSize()+"point",10,500);
     }
   }
```

程序运行结果如图 6-18 所示。

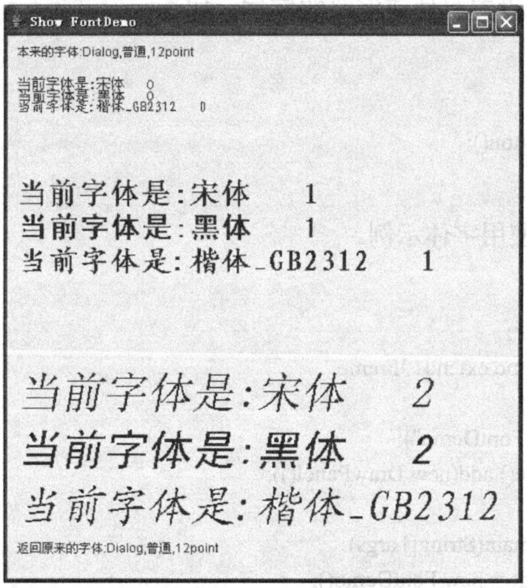

图 6-18　设置字体实例结果

6.5.3　颜色控制

可以用 Java.awt.Color 类为 GUI 元素设置颜色，每个 Color 对象代表一种颜色，颜色由红、绿、蓝三原色构成，可以通过调配三种颜色的比例达到定制颜色的目的。三种颜色都是用 0~255（一个字节）之间的整数值表示。创建 Color 对象的构造方法格式为

```
Color(float r,float g,float b);
```

如

```
Color color=new Color(128,100,100);
```

可以使用定义在 Component 类中的 setBackground(Color c) 和 setForeground(Color c)来设置组件的背景色和前景色。

设置颜色的另一种方式是直接使用 Color 类中定义的颜色常量，如 Color.BLUE、Color.RED 等。

Java.awt.Color 中将 13 种标准颜色定义为常量，分别是：

BLACK(黑色)、GREEN(绿色)、RED(红色)、BLUE(蓝色)、LIGHT_GRAY(浅灰)、WHITE(白色)、CYAN（青色）、MAGENTA（洋红）、YELLOW(黄色)、DARK_GRAY(深灰)、ORANGE（橙色）、GRAY(灰色)、PINK(粉红色)。

说明：在 JDK1.4 之前的版本中，标准颜色的名字为小写形式，如 Color.red。因为 Java 编码的惯例是采用大写形式书写常量，这有些违反了 Java 的命名惯例，所以从 JDK1.4 开始，可以采用大写形式书写标准颜色的名字。不过，为了向前兼容，也可以用小写形式书写。

6.5.4 显示图像

通过前面的讨论，我们已经知道如何绘制一些简单的图形。而对于照片这样的复杂图像，通常都由扫描仪或特殊的图像处理软件生成。所以一般不能在程序中绘制图像，而是把已经存在于本地或 Internet 某个位置上的图像文件直接读入 Java 应用程序，并在 Graphics 对象上进行显示。

如果图像文件存储在本地，可用以下语句进行调用。

```
String filename=" ……";
Image image=ImageIO.read(new File(filename));
```

否则应提供 URL，使用下面的语句调用。

```
String urlname="……";
Image image=ImageIO.read(new URL(urlname));
```

如果图像不可用，read 方法将抛出一个 IOException。

图像文件读入之后，可以使用 Graphics 的 drawImage 方法将图像显示出来，方法如下所示。

```
public void paintComponent(Graphics g)
{ ……
   g. drawImage(image,x,y,null) ;
}
```

6.6 创建和使用菜单

菜单是 GUI 中的重要组件，它是各种命令的集合。图 6-19 显示了一个带有子菜单的典型菜单。

位于窗口顶部的菜单栏（MenuBar）包括了下拉菜单的名字，单击这个名字可以打开包含了菜单项（MenuItem）和子菜单（Submeun）的菜单。当用户单击菜单项时，将相应的操作命令发送到程序，相当于引发了一个ActionEvent。

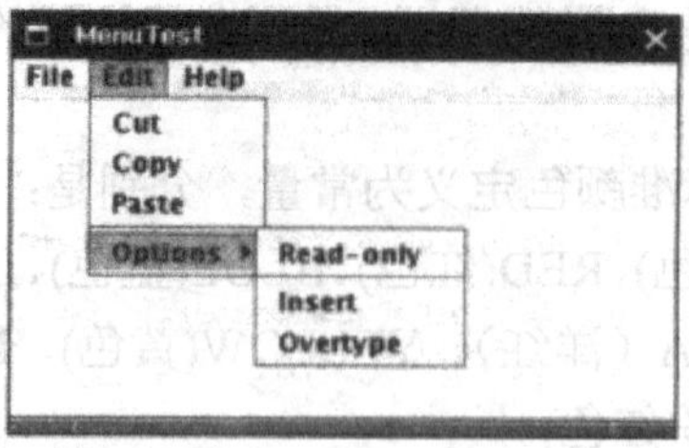

图 6-19　GUI 菜单

6.6.1　创建菜单

每个菜单组件都由菜单栏、子菜单项和菜单项组成。菜单组件中的每一个成分都有相应的类与之对应，Javax.swing.JMenuComponent 类是所有菜单类的父类，它的子类有 JMenuBa（菜单栏）、JMenu（子菜单项）、JMenuItem（菜单项）和 JPopupMenu（弹出菜单）。创建菜单可通过以下步骤完成。

1．创建一个菜单栏，并建立它与框架的关联

```
JFrame frame =new JFrame();
frame.setSize(500,500);
JMenuBar jmenuBar = new JMenuBar();
Frame.setJMenuBar(jmenuBar);//将菜单条设置为当前窗口的菜单条
```

2．创建菜单

可以使用以下的构造方法创建菜单。

```
Public JMenu(String label);
```

如

```
JMenu fileMenu = new JMenu("文件");
JMenu editMenu = new JMenu("编辑");
jmenuBar.add(fileMenu);//添加到菜单栏中
jmenuBar.add(editMenu);
```

以上语句创建了两个名称为“文件”和“编辑”的菜单，如图 6-20 所示。

3．创建菜单项并将它们添加到菜单

```
fileMenu.add(new JMenuItem("新建" ));
fileMenu.add(new JMenuItem("打开" ));
fileMenu.addSeparator();
fileMenu.add(new JMenuItem("打印" ));
fileMenu.addSeparator();
fileMenu.add(new JMenuItem("退出" ));
```

以上代码依次将菜单项“新建”、“打开”、“打印”和“退出”添加到“文件”菜单，并通过 addSeparator()方法在菜单中添加分隔线，将菜单项进行分组。

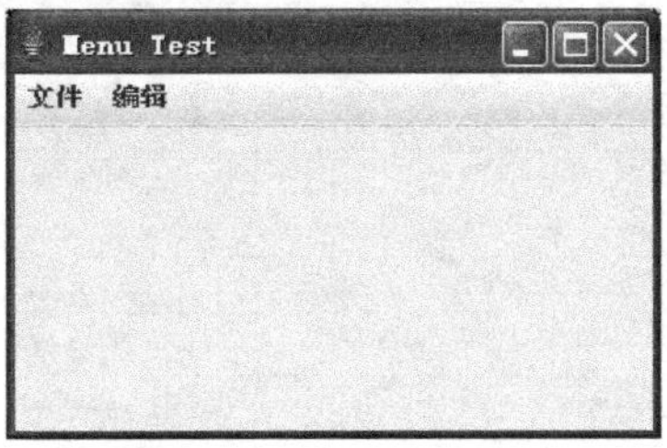

图 6-20　创建菜单栏

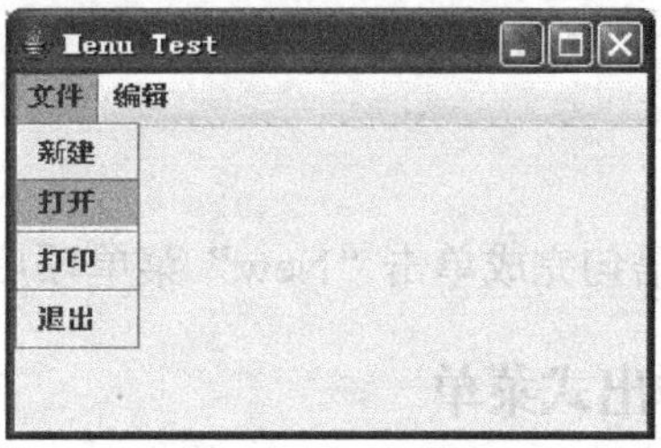

图 6-21　创建菜单项

4．创建子菜单

可以将一个菜单嵌入到另一个菜单中，嵌入的菜单就称为子菜单。如

```
editMenu.add(new JMenuItem("剪切"));
editMenu.add(new JMenuItem("复制"));
editMenu.add(new JMenuItem("粘贴"));
editMenu.addSeparator();
JMenu optionsMenu = new JMenu("选项");
editMenu.add(optionsMenu);//添加子菜单
optionsMenu.add(new JMenuItem("只读"));
optionsMenu.add(new JMenuItem("修改"));
optionsMenu.add(new JMenuItem("添加"));
```

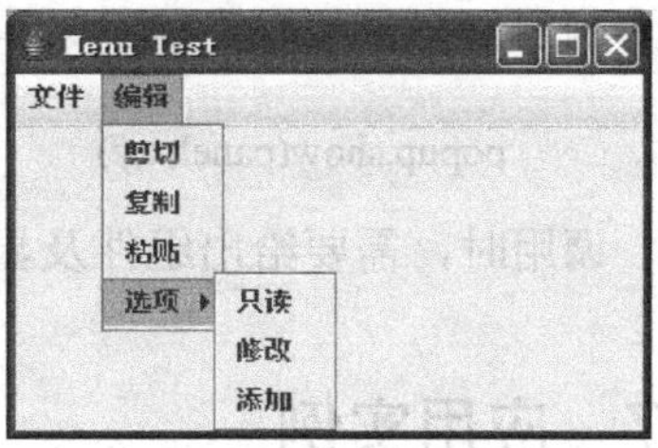

图 6-22　创建子菜单

上述代码完成了“编辑”菜单的创建，其中“选项”菜单为子菜单，它又包括“只读”、“修改”和“添加”三个菜单项，如图 6-22 所示。

至此，一个简单的菜单就完成了。为了使菜单更加美观、易用，还可以对这一菜单进一步修饰。

5．为菜单项添加图标及快捷键

菜单组件具有 icon 和 mnemonic 属性。以下代码可以给“新建”和“打开”添加图标、设置热键。

```
JMenuItem jmiNew，jmiOpen;
fileMenu.add(jmiNew=new JMenuItem("新建（N）") ,);
fileMenu.add(jmiOpen=new JMenuItem("打开（O）"););
jmiNew.setIcon(new ImageIcon("new.gif"));
jmiOpen.setIcon(new ImageIcon("open.gif"));
jmiNew.setMnemonic('N');
jmiOpen.setMnemonic('O');
以下语句可以给“打开”菜单项添加快捷键(CTRL--O)
jmiOpen.setAccelerator(KeyStroke.getKeyStroke(KeyEvent.VK_O,ActionEvent.CTRL_MASK));
```

6．菜单项事件

菜单项产生 ActionEvent 的事件，如

```
Public void actionPerformed(ActionEvent e)
{String ac=e.getactionCommand;
  if (e.getSource() instanceof JMenuItem)
    if ("New".equals(ac))
          ……
}
```

以上语句完成单击“New”菜单项后的事件处理。

6.6.2 弹出式菜单

弹出式菜单是一种不固定在菜单栏中随处浮动的菜单。建立弹出菜单的方法与建立一般菜单相似，但是菜单没有标题。

```
JPopupMenu popup=new JPopupMenu();
```

然后用常规方法添加菜单项。

```
JMenuItem item=new JMenuItem("Cut");
popup.add(item);
```

需要弹出菜单时，调用 show 方法，如

```
popup.show(panel,x,y)
```

调用时，需要给出组件及显示位置坐标。

6.7 应用实例

作为本章知识的一个综合应用，这里完成一个能进行算术运算的用户界面程序设计。界面包括标签和文本框 Number1、Number2 和 Result。Result 文本框用于显示 Number1 和 Number2 的算术运算结果。用户既可以用按钮完成运算也可以选择菜单完成运算。界面如图 6-23 所示。

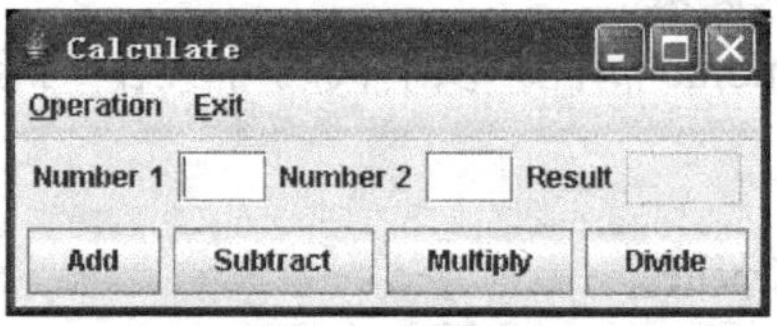

图 6-23 算术运算界面

【例 6-16】 用菜单或按钮完成算术运算。当除数为零时，给出提示信息。

程序代码如下所示。

```
import java.awt.*;
import java.awt.event.*;
import javax.swing.*;
public class Calculate extends JFrame implements ActionListener
{
  // Text fields for Number 1, Number 2, and Result
```

```
private JTextField jtfNum1, jtfNum2, jtfResult;
// Buttons "Add", "Subtract", "Multiply" and "Divide"
private JButton jbtAdd, jbtSub, jbtMul, jbtDiv;
// Menu items "Add", "Subtract", "Multiply","Divide" and "Close"
private JMenuItem jmiAdd, jmiSub, jmiMul, jmiDiv, jmiClose;
// Main Method
public static void main(String[] args)
{
   Calculate frame = new Calculate();
   frame.setDefaultCloseOperation(JFrame.EXIT_ON_CLOSE);
   frame.pack();
   frame.setVisible(true);
}
// Default Constructor
public Calculate()   {
   setTitle("Calculate");
   // Create menu bar
   JMenuBar jmb = new JMenuBar();
   // Set menu bar to the frame
   setJMenuBar(jmb);
   // Add menu "Operation" to menu bar
   JMenu operationMenu = new JMenu("Operation");
   operationMenu.setMnemonic('O');
   jmb.add(operationMenu);
   // Add menu "Exit" in menu bar
   JMenu exitMenu = new JMenu("Exit");
   exitMenu.setMnemonic('E');
   jmb.add(exitMenu);
   // Add menu items with mnemonics to menu "Operation"
   operationMenu.add(jmiAdd= new JMenuItem("Add", 'A'));
   operationMenu.add(jmiSub = new JMenuItem("Subtract", 'S'));
   operationMenu.add(jmiMul = new JMenuItem("Multiply", 'M'));
   operationMenu.add(jmiDiv = new JMenuItem("Divide", 'D'));
   exitMenu.add(jmiClose = new JMenuItem("Close", 'C'));
   // Set keyboard accelerators
   jmiAdd.setAccelerator(
      KeyStroke.getKeyStroke(KeyEvent.VK_A, ActionEvent.CTRL_MASK));
   jmiSub.setAccelerator(
      KeyStroke.getKeyStroke(KeyEvent.VK_S, ActionEvent.CTRL_MASK));
   jmiMul.setAccelerator(
      KeyStroke.getKeyStroke(KeyEvent.VK_M, ActionEvent.CTRL_MASK));
   jmiDiv.setAccelerator( KeyStroke.getKeyStroke(KeyEvent.VK_D,
            ActionEvent.CTRL_MASK));
   // Panel p1 to hold text fields and labels
   JPanel p1 = new JPanel();
   p1.setLayout(new FlowLayout());
```

```
    p1.add(new JLabel("Number 1"));
    p1.add(jtfNum1 = new JTextField(3));
    p1.add(new JLabel("Number 2"));
    p1.add(jtfNum2 = new JTextField(3));
    p1.add(new JLabel("Result"));
    p1.add(jtfResult = new JTextField(4));
    jtfResult.setEditable(false);
    // Panel p2 to hold buttons
    JPanel p2 = new JPanel();
    p2.setLayout(new FlowLayout());
    p2.add(jbtAdd = new JButton("Add"));
    p2.add(jbtSub = new JButton("Subtract"));
    p2.add(jbtMul = new JButton("Multiply"));
    p2.add(jbtDiv = new JButton("Divide"));
    // Add panels to the frame
    getContentPane().setLayout(new BorderLayout());
    getContentPane().add(p1, BorderLayout.CENTER);
    getContentPane().add(p2, BorderLayout.SOUTH);
    // Register listeners
    jbtAdd.addActionListener(this);
    jbtSub.addActionListener(this);
    jbtMul.addActionListener(this);
    jbtDiv.addActionListener(this);
    jmiAdd.addActionListener(this);
    jmiSub.addActionListener(this);
    jmiMul.addActionListener(this);
    jmiDiv.addActionListener(this);
    jmiClose.addActionListener(this);
  }

  // Handle ActionEvent from buttons and menu items
  public void actionPerformed(ActionEvent e)
  {
    String actionCommand = e.getActionCommand();
    // Handle button events
    if (e.getSource() instanceof JButton)
    {
      if ("Add".equals(actionCommand))
        calculate('+');
      else if ("Subtract".equals(actionCommand))
        calculate('-');
      else if ("Multiply".equals(actionCommand))
        calculate('*');
      else if ("Divide".equals(actionCommand))
        calculate('/');
    }
```

```
        else if (e.getSource() instanceof JMenuItem)
        {
          // Handle menu item events
          if ("Add".equals(actionCommand))
            calculate('+');
          else if ("Subtract".equals(actionCommand))
            calculate('−');
          else if ("Multiply".equals(actionCommand))
            calculate('*');
          else if ("Divide".equals(actionCommand))
            calculate('/');
          else if ("Close".equals(actionCommand))
            System.exit(0);
        }
      }
      // Calculate and show the result in jtfResult
      private void calculate(char operator)
      {
        // Obtain Number 1 and Number 2
        int num1 = (Integer.parseInt(jtfNum1.getText().trim()));
        int num2 = (Integer.parseInt(jtfNum2.getText().trim()));
        int result = 0;
        // Perform selected operation
        try
        {
          // Perform selected operation
          switch (operator)
          {
            case '+': result = num1 + num2;
                      break;
            case '−': result = num1 − num2;
                      break;
            case '*': result = num1 * num2;
                      break;
            case '/': result = num1 / num2;
          }
          // Set result in jtfResult
          jtfResult.setText(String.valueOf(result));
        }
        catch (RuntimeException ex)
        {
          JOptionPane.showMessageDialog(this, ex.getMessage(),
            "Operation error", JOptionPane.ERROR_MESSAGE);
        }
      }
    }
```

6.8 本章小结

Swing 是在 AWT 基础上发展起来的轻量级组件，用于开发 Java GUI 应用程序。容器对象是能够容纳其他 Swing 组件的一种组件。容器负责对它包含的组件进行布局，常用的容器有 JFrame、JPanel。组件可置于用户界面上，并可使其显示或改变大小，常用的组件有 JLabel、JTextField、JTextArea、JButton、JCheckBox、JRadioButton 和 JComboBox 等。要处理事件，事件源要注册相应的事件监听接口，通过事件监听接口定义的事件处理程序完成对事件的处理。布局管理器可在容器中自动定位组件使组件得到合理的布局。

6.9 习题

一、填空题

1．Java 图形用户界面设计主要用到的两个包是________________、________________。

2．Java 常用的布局管理器有__________、____________、___________和_____________。

3．常用的容器有__________、____________、______________。

4．单击按钮引发的事件是____________，对应的事件监听器是______________，处理该事件的方法是__________________。

5．用于绘制图形的类是____________，设置字体的类是________________，设置颜色的类是_________________。

6．框架的默认布局管理器是_____________，____________是面板的默认布局管理器。

二、编程题

1．编写一个应用程序，接受用户输入的账号和密码，给出三次机会。

2．设计一个界面，包括一个文本框和三个按钮。当按下每个按钮时有不同的文字显示在文本框中。

3．改写例 6-16，使之能够进行双精度数据的运算。

4．完成图 6-24 所示图形界面的设计。当单击“验证”按钮时会弹出一个确认对话框，单击“重置”按钮则清除已输入的数据。

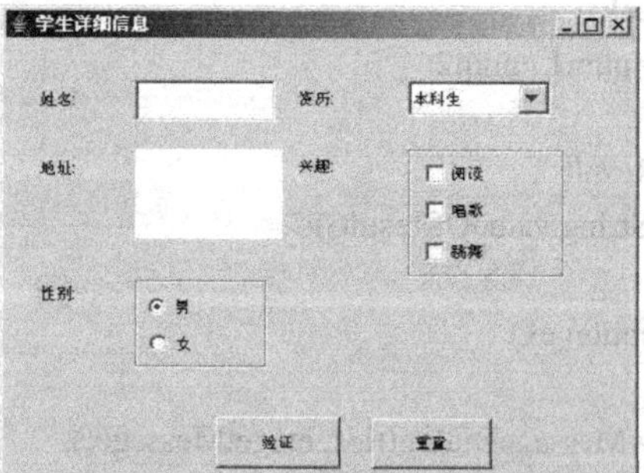

图 6-24　学生详细信息处理

5．在窗口中设置一组单选按钮，选择不同的按钮时面板中绘制相应的图形。

第7章 Java Applet小应用程序

Java Applet也称做Java小应用程序，是为在Web浏览器中显示图形而编写的类文件。要运行Java Applet，必须使用HTML的〈APPLET〉和〈/APPLET〉标记，将其嵌入到Web页面中。当调用该Web页面时，Java Applet被自动下载并由浏览器运行。利用Java Applet可以处理图形、显示动画，也可以处理文本域和按钮。

本章学习目标

- 了解Java Applet的特点
- 会创建小应用程序
- 掌握Applet在HTML中的应用
- 能够设计Java Applet应用程序

7.1 Java Applet的特点

Java Applet是Java语言与网络相结合的产物，是一种被嵌入到Web页中、由浏览器执行的小程序，可以生成具有动态效果和交互功能的Web页。

Java Applet 是Java程序的一种特殊形式。从语法上看，Application 的语法完全适用于Applet，包括语句、方法和图形界面设计技术等，二者之间的差异在于 Applet是在浏览器环境下运行的。Applet的应用是目前Java语言应用的重要内容，在Internet上可以浏览到数量惊人的Applet程序，其设计丰富多彩、千变万化，极大地丰富了Web页面的内容。

Applet类是定义在java.applet包中的一个AWT类。若要编写基于Swing的Applet程序，必须通过扩展 javax.swing.JApplet 类来创建 Java Applet 程序。javax.swing.JApplet 是java.applet.Applet的一个子类，JApplet继承了Applet类的所有方法，而且支持Swing组件。

通过上一章的学习我们已经知道，JApplet是一个容器组件，可以在其中添加组件或面板容器，也可以绘制各种图形，就像给JFrame添加组件一样。

先看一个Applet小程序的实例。

【例7-1】 HelloWorld.java 源程序。

```
import java.awt. Graphics; //引入图形类Graphics
    import javax.swing.*; //引入JApplet类
    public class HelloWorld extends JApplet {
      String hw_text ;
      public void init () { //init()方法是Applet首先执行的方法
      hw_text = "Hello World";
     }
     public void paint(Graphics g) {
     g.drawString(hw_text,25,25) ;//在坐标为(25,25)的地方显示字符串hw_text
```

```
    }
}
```

Applet 程序编写完后，首先要用 Java 编译器编译成字节码文件，然后编写相应的 HTML 文件才能够正常执行。例如，为运行上面的 Applet 程序而编写的 HTML 文件 HelloWorld.html 如下。

```
<HTML>
<TITLE>HelloWorld! Applet</TITLE>
<APPLET
  CODE=" HelloWorld.class"
  WIDTH=200
  HEIGHT=100>
</APPLET>
</HTML>
```

本例中，<APPLET>语句指明该 Applet 字节码文件的文件名和以像素为单位的窗口的大小。虽然这里 HTML 文件使用的文件名为 HelloWorld.HTML，它对应 HelloWorld.java 的名字，但这种对应关系不是必须的，可以用其他的任何名字(比如说 Ghq.HTML)命名该 HTML 文件。但是使文件名保持对应关系可给文件的管理带来方便。

如果要用 appletviewer 运行 HelloWorld.html，可在 DOS 命令行输入如下的命令

```
appletviewer HelloWorld.html
```

此时应保证 HelloWorld.html 所在的目录为当前目录。

如果用浏览器运行 HelloWorld.html，需在浏览器的地址栏中输入 HTML 文件的 URL 地址，或在资源管理器中直接运行该文件。

由此可见，Applet 是使用 Java 语言编写的一段代码，它可以在浏览器环境中运行。它与 Application 的区别主要在于其执行方式不同。application 是从其中的 main() 方法开始运行的，而 Applet 是在浏览器中运行的，必须创建一个 HTML 文件，通过编写 HTML 语言代码告诉浏览器载入何种 Applet 以及如何运行。

7.1.1 Java Applet 的执行过程

Applet 程序是在浏览器中运行的一段 Java 小应用程序，它必须要在支持 Java 的浏览器中运行。Applet 利用了浏览器的资源，当它被嵌入时它的外部环境是浏览器预先定义好的执行环境，然后浏览器会根据 HTML 文本中的信息提供 Applet 要求的环境。Applet 程序执行后，可以显示图像、演奏声音等。

Applet 小程序的解释、执行由支持 Java 的 Web 浏览器完成。Applet 小程序在 Web 浏览器中的执行过程如图 7-1 所示。

Applet 小程序的字节码文件与 HTML 文件保存在 Web 服务器（如 Apache 服务器）中。当用户在浏览器的地址栏中输入一个 URL 向 Web 服务器发出请求时，浏览器首先将 HTML 文件下载到客户机，并由浏览器解释 HTML 的各种标记。当遇到有<Applet>…</Applet>标记时，浏览器会根据 Applet 小程序的名字和位置自动把字节码文件从 Web 服务器下载到

本地客户机上，并由浏览器自身的 Java 解释器直接解释执行这个字节码文件。所以 Applet 小程序的执行过程就是一个网络程序的发布过程。如果 Applet 小程序发生变化，只需要对 Web 服务器上的程序进行一次修改，而不必对每一台运行该 Applet 小程序的客户机都进行修改。

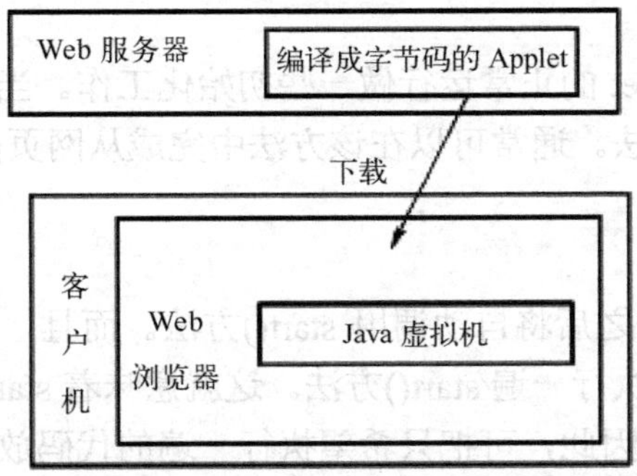

图 7-1　Applet 程序的执行过程

7.1.2　Java Applet 的生命周期

Applet 的生命周期是指自 Applet 程序被下载直至它被系统回收所经历的历程。在这个历程中，有以下事件能够改变 Applet 的状态。

1）下载 Applet 可以产生一个 Applet 主类的实例，并对其进行初始化。

2）离开或返回 Applet 所在的主页。离开网页或最小化浏览器窗口可使 Applet 停止运行，返回主页或恢复浏览器窗口可使 Applet 程序重新启动。

3）退出浏览器将使 Applet 程序停止自身执行，并进行善后处理。

当 Applet 所在的页面和字节码被浏览器载入后，Applet 就自动产生。这时系统自动调用 Applet 的 init()方法，进行一些必要的初始化工作。接着系统将调用 start()方法启动 Applet 的执行。当浏览器切换到别的页面时，stop()方法被调用，终止 Applet 的执行。当浏览器又切换回 Applet 所在的页面，或者当浏览器从图标状态恢复为窗口时，系统将从调用 start( )方法开始启动 Applet 的又一次运行。当浏览器关掉时，Applet 走到了它一生的终点。系统将先调用 stop()停止它的执行，然后用 destroy()方法来完成资源回收等收尾工作。如果浏览器重载页面，就会先令 Applet 结束工作（依次调用 stop()和 destroy()），然后装入页面（调用 init()），开始 Applet 的又一次生命。Applet 的生命周期如图 7-2 所示。

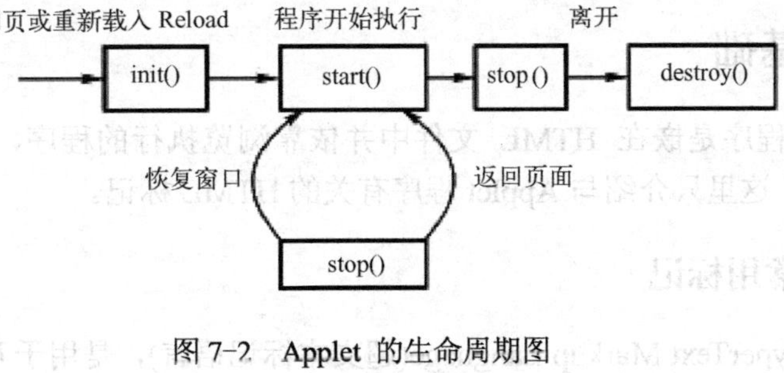

图 7-2　Applet 的生命周期图

7.1.3 Applet 类的主要方法

Apple 类主要提供了 init()、start()、stop()、destroy()、paint()等方法，这些方法在 Java Applet 处于不同状态时，由浏览器自动调用。默认情况下，这些方法什么也不做。为了执行特定的功能，需要在用户的 Applet 程序中覆盖它们，以便浏览器能正确调用相应的代码。

1．init()方法

这个方法主要是为 Applet 的正常运行做一些初始化工作。当一个 Applet 被系统调用时，系统首先调用的就是这个方法。通常可以在该方法中完成从网页向 Applet 传递参数、添加用户界面的基本组件等操作。

2．start()方法

系统在调用完 init()方法之后将自动调用 start()方法。而且，每当用户离开包含该 Applet 的页面再返回时，系统会再执行一遍 start()方法。这就意味着 start()方法可以被多次执行，而不像 init()方法只执行一次。因此，可把只希望执行一遍的代码放在 init()方法中，而在 start()方法中开始一个线程，如继续一个动画、声音等。

3．stop()方法

这个方法在用户离开 Applet 所在页面时执行，因此它也是可以被多次执行。它可以在用户并不注重 Applet 的时候，停止一些耗用系统资源的工作以免影响系统的运行速度。假如 Applet 中不包含动画、声音等程序，通常也不必实现该方法。

4．destroy()方法

与对象的 finalize()方法不同，Java 在浏览器关闭的时候才调用该方法。Applet 是嵌在 HTML 文件中的，所以 destroty()方法不关心 Applet 何时被关闭，它在浏览器关闭的时候自动执行。在 destroy()方法中可以释放指定的资源。假如在 Applet 仍在运行时浏览器被关闭，系统将先执行 stop()方法，再执行 destroy()方法。

5．paint()

Applet 小程序首次被装载，以及每次窗口放大、缩小、刷新时都要调用 paint() 方法。该方法的作用主要是在 Applet 界面中显示文字、图形等。paint()方法中有一个固定的参数，就是 Graphics 类的对象 g。Applet 启动后，浏览器自动生成一个 Graphics 类的实例 g（即创建一个 Graphics 的对象），并把 g 作为参数传给 paint()方法。paint()方法调用实例 g 的相关方法，就能在 Applet 显示区显示相应的内容。

paint()是由浏览器调用的，而不是由程序调用的。当程序希望调用 paint() 方法时，需使用 repaint()命令。

7.2 HTML 基础

Java Applet 程序是嵌在 HTML 文件中并依靠浏览执行的程序，所以应该掌握基本的 HTML 语言知识。这里只介绍与 Applet 程序有关的 HTML 标记。

7.2.1 HTML 常用标记

HTML——HyperText Markup Language(超文本标记语言)，是用于互联网的标识语言，它通过各种各样的标记来编排超文本信息，其中可以嵌入文字、图像、声音、动画等信息，也可以嵌入网上的其他资源，如 Applet 程序等。

任何 HTML 文件都必须包含一个文件类型说明、标题和文件主体。创建 HTML 文件时，可以用相应的元素进行标识。下面介绍常用标记和属性。

1．常用的 HTML 标记

1）〈HTML〉出现在HTML文件的开头，通知客户端该文件是一个HTML文件。〈/HTML〉是一个结束标记，出现在 HTML 文件的结尾，表示该 HTML 文件结束。

2）〈HEAD〉和〈/HEAD〉紧跟在〈HTML〉之后，标明文件的题目或者介绍。〈/HEAD〉表示文件标题部分结束。

3）〈TITLE〉和〈/TITLE〉用于〈HEAD〉和〈/HEAD〉之间，用来设定文件的标题。

4）〈BODY〉和〈/BODY〉用来书写文件主体。

5）〈CENTER〉和〈/CENTER〉用来使其中的内容居中。

6）〈APPLET〉和〈/APPLET〉用来插入 Java Applet 程序。

7）〈PARAM〉和〈/PARAM〉用来为 Java Applet 指定参数值，它支持 NAME（参数的名字）和 VALUE（参数的值）。

注意：HTML 标记不区分大小写，但涉及到 Java 程序的成分要区分大小写，如 Java Applet 程序的名字。

2．常用的 HTML 属性

常用的 HTML 属性主要是 BGCOLOR，用来指定背景颜色。可以用十六进制的 RGB 色值，也可以用 Color 类中定义的颜色常量，如

```
BGCOLOR = "#FF00FF";
BGCOLOR = "blue";
```

7.2.2 Applet 标记

能够在 HTML 中嵌入 Java Applet 程序的标记是<APPLLET>…</APPLET>，其中至少包括 CODE、HEIGHT、WIDTH 三个参数。

1）CODE 给出要嵌入到 HTML 中已编译好的 Java Applet 类的名字（包括扩展名.class）。其格式为 CODE=appletFile.class。一般情况下，Java Applet 程序的类文件与 HTML 文件存放在同一目录中，所以这里无需路径名。如果不在同一目录时应该指明路径，且这个路径只能是相对路径（相对于当前 HTML 页面）。

2）HEIGHT 给出 Java Applet 在 Web 页面中显示区域的初始高度。

3）WIDTH 给出 Java Applet 在 Web 页面中显示区域的初始宽度。

以下 HTML 文件可以嵌入一个名为 AppletDemo1.class 的 applet 程序，Web 页面标题为"轻松学习 Java!!"。

```
〈HTML〉
〈HEAD〉
〈TITLE〉
```

```
        轻松学习 Java!!
    〈/TITLE〉
    〈/HEAD〉
    〈BODY BGCOLOR = "purple"〉
    〈CENTER〉
    〈APPLET
        code = "AppletDemo1.class"
        width= 500
        height= 300
        〉
    〈/APPLET〉
    〈/CENTER〉
    〈/BODY〉
    〈/HTML〉
```

其中〈CENTER〉和〈/CENTER〉能够使 Applet 窗体在浏览器的显示区内居中，code 用来指定主类文件的名字，width 和 height 用来指定显示 Applet 的像素空间（即 Applet 窗口）的宽和高。

7.2.3 HTML 与 Applet 参数传递

在 HTML 文件中，<APPLET>的<PARAM>标记能够向 Applet 传递参数。也就是说，可以将 Web 页面的信息通过这个参数传递给 Applet 程序去处理。对于 HTML 传递的参数，Applet 必须用 getParameter()方法进行读取，读取得到的的参数类型为字符串。

<PARAM>标记的语法格式如下所示。

```
<param name=parametername value=parametervalue>
```

标记中指明了要传递的参数名和参数的值。

【例 7-2】 HTML 参数传递示例。

```
// AppletPDemo.html  文件内容
〈HTML〉
〈HEAD〉
〈TITLE〉
    轻松使用 Java!!
〈/TITLE〉
〈/HEAD〉
〈BODY BGCOLOR = "RED"〉 //设置 Web 背景色
〈CENTER〉
〈APPLET
  code= "AppletPDemo.class"
  width=500
  height=300
     〉
〈PARAM NAME = "string" VALUE = "     王平       " 〉
〈/PARAM〉
```

```
〈/APPLET〉
〈/CENTER〉
〈/BODY〉
〈/HTML〉
//AppletPDemo.java  文件内容
import java.awt.*;
import java.applet.*;
public class AppletPDemo extends Applet {
  public void init() {
  }
  public void paint(Graphics g) {
       g.drawString("欢迎  "+getParameter("String") +"  光临!", 50, 60 );
  }
}
```

程序运行结果如图 7-3 所示。

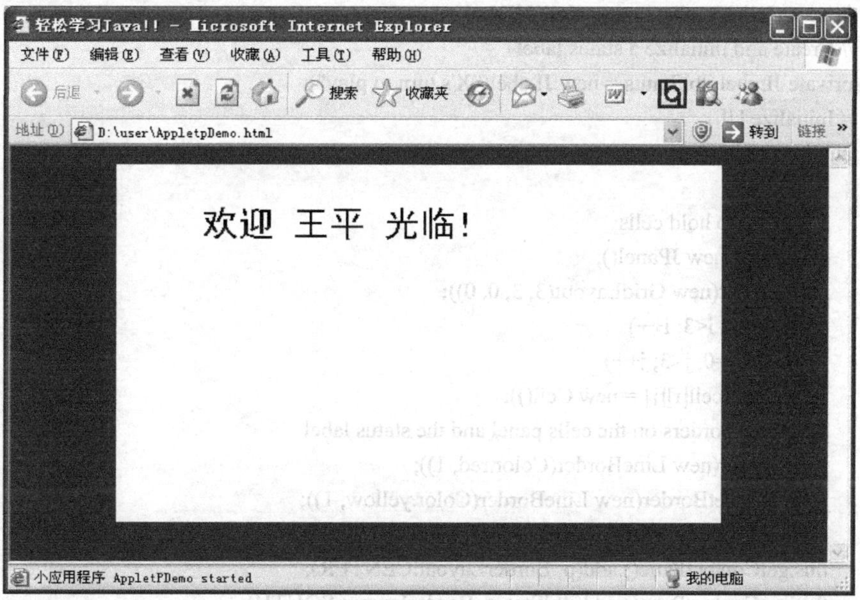

图 7-3　例 7-2 程序运行结果

改变 HTML 中传递的参数并在 Web 浏览器上重新装载 HTML 文件，就会显示不同的信息。

7.3　应用实例

因为 Applet 相当于图形用户界面中的一个容器，其默认的布局管理器是 BorderLayout。上一章介绍的有关组件、绘图、事件处理的方式对 Apple 都适用，在此就不再赘述。下面通过一个应用实例进一步说明 Applet 的使用。

【例 7-3】 三子棋游戏。

程序功能说明：两个游戏者在 3×3 网格的单元格中轮流作标记，一个人用 X，另一个人用 O。如果一个游戏者在网格的水平、竖直或对角线方向上作了三个连续标记，游戏就以这个游戏者胜利而告终。当网格的所有单元格都标满了标记而没有产生优胜者，就出现了平局。

程序代码如下所示。

```
// TicTacToe.java: Play the TicTacToe game
import java.awt.*;
import java.awt.event.*;
import javax.swing.*;
import javax.swing.border.LineBorder;
public class TicTacToe extends JApplet
{   // Indicate which player has a turn, initially it is the X player
    private char whoseTurn = 'X';
    // Create and initialize cells
    private Cell[][] cell =   new Cell[3][3];
    // Create and initialize a status label
    private JLabel jlblStatus = new JLabel("X's turn to play");
    // Initialize UI
    public void init()
    {
      // Panel p to hold cells
      JPanel p = new JPanel();
      p.setLayout(new GridLayout(3, 3, 0, 0));
      for (int i=0; i<3; i++)
        for (int j=0; j<3; j++)
          p.add(cell[i][j] = new Cell());
      // Set line borders on the cells panel and the status label
      p.setBorder(new LineBorder(Color.red, 1));
      jlblStatus.setBorder(new LineBorder(Color.yellow, 1));
      // Place the panel and the label to the applet
      this.getContentPane().add(p, BorderLayout.CENTER);
      this.getContentPane().add(jlblStatus, BorderLayout.SOUTH);
    }
    // This main method enables the applet to run as an application
    public static void main(String[] args)
    {
      // Create a frame
      JFrame frame = new JFrame("Tic Tac Toe");
      // Create an instance of the applet
      TicTacToe applet = new TicTacToe();
      // Add the applet instance to the frame
      frame.getContentPane().add(applet, BorderLayout.CENTER);
      // Invoke init() and start()
      applet.init();
      applet.start();
```

```
    // Display the frame
    frame.setSize(300, 300);
    // frame.setDefaultCloseOperation(JFrame.EXIT_ON_CLOSE);
    frame.setVisible(true);
  }
  // Determine if the cells are all occupied
  public boolean isFull()
  {
    for (int i=0; i<3; i++)
      for (int j=0; j<3; j++)
        if (cell[i][j].getToken() == ' ')
          return false;
    return true;
  }
  // Determine if the player with the specified token wins
  public boolean isWon(char token)
  {
    for (int i=0; i<3; i++)
      if ((cell[i][0].getToken() == token)
           && (cell[i][1].getToken() == token)
           && (cell[i][2].getToken() == token))
      {
        return true;
      }
    for (int j=0; j<3; j++)
      if ((cell[0][j].getToken() ==    token)
           && (cell[1][j].getToken() == token)
           && (cell[2][j].getToken() == token))
      {
        return true;
      }
    if ((cell[0][0].getToken() == token)
         && (cell[1][1].getToken() == token)
         && (cell[2][2].getToken() == token))
    {
      return true;
    }
    if ((cell[0][2].getToken() == token)
         && (cell[1][1].getToken() == token)
         && (cell[2][0].getToken() == token))
    {
      return true;
    }
    return false;
  }
  // An inner class for a cell
```

```
public class Cell extends JPanel implements MouseListener
{
  // Token used for this cell
  private char token = ' ';
  public Cell()
  {
    setBorder(new LineBorder(Color.black, 1)); // Set cell's border
    addMouseListener(this);   // Register listener
  }
  // The getter method for token
  public char getToken()
  {
    return token;
  }
  // The setter method for token
  public void setToken(char c)
  {
    token = c;
    repaint();
  }
  // Paint the cell
  public void paintComponent(Graphics g)
  {
    super.paintComponent(g);
    if (token == 'X')
    {
      g.drawLine(10, 10, getSize().width-10, getSize().height-10);
      g.drawLine(getSize().width-10, 10, 10, getSize().height-10);
    }
    else if (token == 'O')
    {
      g.drawOval(10, 10, getSize().width-20, getSize().height-20);
    }
  }
  // Handle mouse click on a cell
  public void mouseClicked(MouseEvent e)
  {
    if (token == ' ') // If cell is not occupied
    {
      if (whoseTurn == 'X')   // If it is the X player's turn
      {
        setToken('X');   // Set token in the cell
        whoseTurn = 'O';   // Change the turn
        jlblStatus.setText("O's turn");   // Display status
        if (isWon('X'))
          jlblStatus.setText("X won! The game is over");
```

```
                else if (isFull())
                    jlblStatus.setText("Draw! The game is over");
            }
            else if (whoseTurn == 'O') // If it is the O player's turn
            {
                setToken('O'); // Set token in the cell
                whoseTurn = 'X';    // Change the turn
                jlblStatus.setText("X's turn"); // Display status
                if (isWon('O'))
                    jlblStatus.setText("O won! The game is over");
                else if (isFull())
                    jlblStatus.setText("Draw! The game is over");
            }
        }
    }
    public void mousePressed(MouseEvent e)
    {
        // TODO: implement this java.awt.event.MouseListener method;
    }
    public void mouseReleased(MouseEvent e)
    {
        // TODO: implement this java.awt.event.MouseListener method;
    }
    public void mouseEntered(MouseEvent e)
    {
        // TODO: implement this java.awt.event.MouseListener method;
    }
    public void mouseExited(MouseEvent e)
    {
        // TODO: implement this java.awt.event.MouseListener method;
    }
  }
}
// HelloApplet.html
<html>
<head>
<title>     Java Applet </title>
</head>
<BODY>
<applet code="TicTacToe.class"    width=400 height=50>
</applet>
</body>
</html>
```

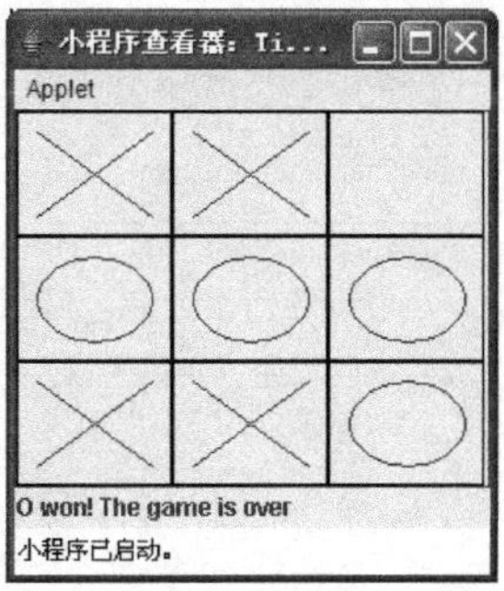

图 7-4　例 7-3 程序运行示列

程序运行示例如图 7-4 所示。

这是一个比较复杂的程序，读者可以对其仔细分析，掌握 Applet 的使用。

7.4 本章小结

Applet 是嵌入在网页中的 Java 程序，必须使用<APPLET>标记嵌入到 HTML 页面中运行。与普通应用程序不同，Applet 不需要 main()方法，但需要有且必须有一个类是 JApple(或 Applet)的子类。Applet 通过重载 Apple 类提供的 init()、start()、stop()、destroy()、paint()等方法完成小应用程序的初始化、绘制和运行。

7.5 习题

一、填空题

1．Java 程序可分为__________和____________两大类。

2．Applet 嵌入到 HTML 文件中，HTML 的 CODE 属性用于指定 Applet 的_________文件名称。

3．Java 中的__________类提供了绘制基本图形的方法，显示字符串用___________方法。

二、简答题

1．简述 Applet 小程序的执行过程。

2．Applet 类有哪 4 个重要的方法？它们在 Applet 生命周期中有什么作用？

3．简述 HTML 文件与 Applet 小程序之间参数传递的过程。

三、编程题

1．编写一个 Applet 小程序，接受 HTML 文件传递过来的 3 个参数。其中，第 1 个参数是字符串常量“来自 HTML 文件的参数”，另外两个参数是第 1 个参数在 Applet 显示区域的坐标。编写对应的 HTML 文件运行这个 Applet 小程序。

2．设计一个程序在 Applet 中绘制各种图形、显示指定图像。

3．设计一个 Applet 程序，运行效果如图 7-5 所示。单击不同的按钮时，在文本框中显示不同的内容。

图 7-5　程序运行结果

第8章　多　线　程

多线程是 Java 的一个重要特征。在同一程序中可以同时并行多个相对独立的线程，大大提高了程序的运行效率和处理能力。

本章学习目标

- 了解多线程的基本概念和实现方法
- 理解线程的状态及不同状态间的转换
- 掌握线程的控制方法
- 熟悉共享受限资源的方法与线程间的同步

8.1　多线程的基本概念

在操作系统中，同一时刻似乎有很多个程序在运行，每个程序都好像是在独自运行并且有自己的 CPU。例如，在浏览器中访问一个网页的同时，可以播放声音和动画，可以打印文件。多任务操作系统通过周期性的将 CPU 切换到不同的任务，使其能够同时运行不止一个进程（程序），而每个进程都像是连续运行、一气呵成的。

多线程程序在更低的层次中引入多任务，从而扩展了多任务的思想，使单个程序看起来可以同时处理多个任务。每一个这样的独立任务称为一个线程，它是控制线程的简称。可以一次运行多个线程的程序被称为是多线程的。

那么，多线程和多进程有什么区别呢？本质的区别在于每个进程拥有自己的地址空间，而线程则是共享相同的数据。对程序来说，共享的变量使线程之间的通信比进程间的通信更加有效而简单。而且对于某些操作系统而言，线程比进程更“轻量级”，创建和销毁单个线程比发起进程的开销要小很多。

在实际使用中，多线程非常有用。例如，一个浏览器能够同时下载多幅图片；一个 Web 服务器能够处理并发的请求；Java 程序设计语言本身就使用了一个线程在后台进行垃圾回收，使用户不用为内存管理操心。因此，如果程序中的某个部分与一个特定的事件或资源联系在一起，而用户又不想让这种联系阻碍程序其余部分的运行。这时可以创建一个与这个事件或资源相关联的线程，并且让此线程独立于主程序运行。

8.2　多线程的实现机制

8.2.1　继承 Thread 类

编写一个线程最简单的作法是从 java.lang.Thread 类继承，这个类已经具有了创建和运行线程所必要的架构。Thread 类最重要的方法是 run( )，子类可以通过覆盖这个方法来实现线程的具体行为。

通过继承 Thread 类的方法来实现多线程程序的具体步骤包括以下几步。

1）实现一个继承自 Thread 类的子类。

```
public class MyThread extends Thread {
        public MyThread( ) {
                //编写子类的构造方法
        }
        public void run( ) {
                //编写自己的线程代码
        }
}
```

2）创建一个线程对象。

```
MyThread threadObj=new MyThread( );
```

3）启动线程。

```
threadObj.start( );
```

需要注意的是，不要调用 Thread 类的 run( )方法。直接调用 run( )方法只会在当前线程中执行任务，并不会启动新的线程。正确的做法是调用 Thread 类的 start( )方法，它会创建一个新的线程来执行 run( )方法。

8.2.2 实现 Runnable 接口

如果一个类已经继承了其他类，在这种情况下就不可能同时还继承 Thread 类了（Java 不支持多重继承）。这时，可以使用 Runnable 接口来达到上述目的。要实现 Runnable 接口，只需要实现 run( )方法，而且 Thread 类也是从 Runnable 接口实现而来的。

通过实现 Runnable 接口来实现多线程程序的具体步骤包括以下几步。

1）实现一个使用 Runnable 接口的类。

```
public class MyRunnableThread implements Runnable {
        public MyRunnableThread( ) {
                //编写子类的构造方法
        }
        public void run( ) {
                //编写自己的线程代码
        }
}
```

2）创建一个 Runnable 对象。

```
Runnable r=new MyRunnableThread( );
```

3）由 Runnable 对象创建一个线程对象。

```
Thread t=new Thread(r);
```

4）启动线程。

```
t.start( );
```

当某个对象具有 Runnable 接口，即表明它有 run( )方法，但也就仅此而已，并不像从 Thread 继承而来的那些类，它本身并不带有任何和线程有关的特性。所以，要从 Runnable 对象产生一个线程，必须像上面描述的那样创建一个单独的 Thread 对象，并把 Runnable 对象传递给专门的 Thread 构造函数。然后，可以对这个线程对象调用 start( )方法以执行一些通常的初始化工作，接着调用 run( )。

8.2.3 程序实例

【例 8-1】 使用继承 Thread 类的方法实现多线程。

```
public class SimpleThread extends Thread {
        private static int threadCount = 0;
        private int countDown = 2;
        public SimpleThread( ) {
                super("" + ++threadCount);    //指定线程的名字
        }
        public void run( ) {
                while (true) {
                        System.out.println(this);
                        if (--countDown == 0)
                                return;
                }
        }
        public String toString( ) {
                return "#" + getName( ) + ":" + countDown;              //用 getName()获得线程名字
        }
        public static void main(String[ ] args) {
                for(int i=0;i<3;i++)
                        new SimpleThread( ).start( );
        }
}
```

上面的例子创建了三个线程，每个线程由一个唯一的数字来标识，这个数字由一个静态变量产生。Thread 类的 run( )方法被覆盖，以便在每次循环里计数值减 1。当计数值为零的时候返回（在 run( )方法返回的地方，将由线程机制终止此线程）。

因为线程调度机制的行为是不确定的，所以每次运行该程序都会产生不同的输出结果。程序某次运行的结果如下所示。

```
#1:2
#1:1
#2:2
#2:1
#3:2
#3:1
```

【例 8-2】 使用实现 Runnable 接口的方法实现多线程。

```
public class RunnableThread implements Runnable {
    private int countDown = 2;
    public void run( ) {
        while (true) {
            System.out.println(this);
            if (--countDown == 0)
                return;
        }
    }
    public String toString( ) {
        //用静态方法 currentThread()获得当前线程
        return Thread.currentThread( ).getName( ) + ":" + countDown;
    }
    public static void main(String[ ] args) {
        for(int i=0;i<3;i++) {
            Runnable r=new RunnableThread( );
            Thread t=new Thread(r);
            t.start( );
        }
    }
}
```

程序某次运行的结果如下所示。

```
Thread-0:2
Thread-0:1
Thread-1:2
Thread-1:1
Thread-2:2
Thread-2:1
```

8.3 控制线程和线程状态

8.3.1 线程的控制

1. 让步

如果知道 run( )方法中已经完成了所需的工作，就可以给线程调度机制一个暗示——可以让别的线程使用 CPU 了。这个暗示将通过调用 yield( )方法来发出（这只是一个暗示，没有任何机制保证它将会被采纳）。

修改例 8-1 中的 run( )方法，在每次循环之后调用 yield( )。

```
public void run( ) {
    while (true) {
```

```
                System.out.println(this);
                if (--countDown == 0)
                    return;
                yield( );
            }
        }
```

2．休眠

另一种控制线程行为的方法是调用 sleep( )，这将使线程停止执行一段时间，该时间由给定的毫秒数决定。在调用 sleep( )方法的时候，必须把它放在 try 块中。这是因为 sleep( )方法在休眠时间到期之前有可能被中断。如果某人持有对此线程的引用，并且在此线程上调用了 interrupt( )方法就会发生这种情况。

修改例 8-1 中的 run( )方法，在每次循环之后调用 sleep( )。

```
public void run( ) {
    while (true) {
        System.out.println(this);
        if (--countDown == 0)
            return;
        try {
            sleep(100);
        } catch (InterruptedException e) {
            e.printStackTrace( );
        }
    }
}
```

同 yield( )方法类似，sleep( )也不是控制线程执行顺序的方法，它仅仅使线程停止执行一段时间。在上面的例子中，我们得到的唯一保证是线程将休眠至少 100ms。这段时间可能更长，因为在休眠时间到期后，线程调度机制也需要时间来恢复线程。

3．优先级

线程的优先级能告诉调度程序该线程的重要性。尽管 CPU 处理现有线程集的顺序是不确定的，但是如果有许多线程被阻塞并在等待运行，那么调度程序将倾向于让优先级最高的线程先执行。然而，这并不是意味着优先级较低的线程将得不到执行，它们仅仅是执行的频率较低。

对于已经存在的线程，我们可以通过 getPriority( )方法得到它的优先级，也可以在任何时候使用 setPriority( )方法更改其优先级。线程的优先级可以设置为 MAX_PRIORITY（定义为 10）与 MIN_PRIORITY（定义为 1）之间的任何值，NORM_PRIORITY 被定义为 5。但是，线程的优先级是高度依赖于系统的。当它被映射到宿主机平台的优先级上时，优先级也许更高，也许更低。因此，不要让程序功能的正确性依赖于优先级。

4．后台线程

所谓后台（daemon）线程，是指在程序运行的时候在后台提供一种通用服务的线程，而且这种线程并不属于程序中不可或缺的部分。当所有的非后台线程结束时，程序也就终止了。

因此，不要在后台线程中访问固有资源，如文件、数据库，因为它会在任何时候发生中断。

【例 8-3】 后台线程示例。

```
public class DaemonThread extends Thread {
    public DaemonThread( ) {
        setDaemon(true);
        start( );
    }
    public void run( ) {
        while (true) {
            try {
                sleep(100);
            } catch (InterruptedException e) {
                e.printStackTrace( );
            }
            System.out.println(this);
        }
    }
    public static void main(String[ ] args) {
        for(int i=0;i<3;i++)
            new DaemonThread( );
    }
}
```

必须在线程启动之前调用 setDaemon( )方法才能把它设置为后台线程。在 run( )方法里，线程被设定为休眠一段时间。一旦所有的线程都启动了，程序马上就会在所有的线程能打印信息之前立刻终止，这是因为没有非后台线程使得程序保持运行。因此，程序未打印任何信息就终止了。

可以通过调用 isDaemon( )方法来确定线程是否是一个后台线程。如果一个线程是后台线程，那么它创建的任何线程都将被自动设置成后台线程。

5. 加入到某个线程

一个线程可以在其他线程上调用 join( )方法，其效果是等待一段时间直到第二个线程结束才继续执行。如果某个线程在另一个线程 t 上调用 t.join( )，此线程将被挂起，直到目标线程 t 结束才恢复（即 t.isAlive( )返回值为 false）。也可以在调用 join( )时带上一个超时参数，这样如果目标线程在这段时间到期时还没有结束的话，join( )方法总能返回。

对 join( )方法的调用可以被中断，作法是在调用线程上调用 interrupt( )方法，因此必须把它放到 try 块中。

【例 8-4】 加入线程用法示例。

```
class Sleeper extends Thread {
    public Sleeper(String name) {
        super(name);
        start();
    }
```

```
    public void run() {
        try {
            sleep(1000);
        } catch (InterruptedException e) {
            System.out.println(getName()+"被中断。");
            return;
        }
        System.out.println(getName()+"休眠时间结束。");
    }
}
class Joiner extends Thread {
    private Sleeper sleeper;
    public Joiner(String name,Sleeper sleeper) {
        super(name);
        this.sleeper=sleeper;
        start();
    }
    public void run() {
        try {
            sleeper.join();
        } catch (InterruptedException e) {
            e.printStackTrace();
        }
        System.out.println("加入线程"+getName()+"结束。");
    }
}
public class Joining {
    public static void main(String[] args) {
        Sleeper s1=new Sleeper("Sleeper1") , s2=new Sleeper("Sleeper2");
        Joiner j1=new Joiner("Joiner1",s1) , j2=new Joiner("Joiner2",s2);
        s2.interrupt();
    }
}
```

程序某次运行的结果如下所示。

```
Sleeper2 被中断。
加入线程 Joiner2 结束。
Sleeper1 休眠时间结束。
加入线程 Joiner1 结束。
```

Joiner 线程将通过在 Sleeper 对象上调用 join( )方法等待 Sleeper 醒来。在 main( )里面，每一个 Sleeper 都有一个 Joiner。在输出中可以发现，如果 Sleeper 被中断或者是正常结束，Joiner 将和 Sleeper 一同结束。

8.3.2　线程的状态

线程可以有新生状态（New）、可运行状态（Runnable）、被阻塞状态（Blocked）和死亡状态（Dead）四个状态。

下面将分别解释每一个状态。

1．新生状态

当使用 new 操作符创建一个线程时，该线程还没有开始运行，此时线程处在新生状态。当一个线程处于新生状态时，程序还没有开始运行线程中的代码。

2．可运行状态

一旦调用了 start( )方法，该线程就成为可运行的了。一个可运行线程可能实际上正在运行，也可能没有，这取决于操作系统为该线程提供的运行时间。不过，Java 规范并没有把这种情况作为一种单独的状态，一个正在运行的线程仍然处于可运行状态。

一旦线程开始运行，它不需要始终保持运行。事实上，线程在运行过程中有时需要被中断，目的是让其他线程获得运行的机会，线程调度的细节取决于操作系统提供的服务。使用抢占式调度的系统给每个可运行的线程分配一个时间片来处理任务，当这个时间片用完时，操作系统剥夺该线程对资源的占用，使其他线程有机会运行。在选择下一个线程时，操作系统会考虑到线程的优先级。

所有的现代桌面应用程序和服务器操作系统都使用抢占式调度，但在一些小型设备（例如手机），可能会采用协作式调度。在这样的设备中，一个线程只有在调用 sleep( )或 yield( )这样的方法时才会丢失控制权。

3．被阻塞状态

当发生以下任何一种情况时，线程就进入被阻塞状态。

- 线程通过调用 sleep( )方法进入休眠状态。
- 线程调用一个在 I/O 上被阻塞的操作，即该操作在输入输出操作完成之前不会返回到它的调用者。
- 线程试图得到一个锁，而该锁正被其他线程持有。
- 线程在等待某个触发条件。

图 8-1 显示了线程的各种状态及状态之间的转化关系。当一个线程被阻塞（或者死亡）时，另一个线程就可以被调度运行了。当一个被阻塞的线程重新被激活时，调度程序检查它的优先级是否高于当前的运行线程。如果是，它就抢占当前线程的资源并开始运行。

通过以下途径中的任意一种，线程可以从被阻塞状态回到可运行状态。

- 线程处于休眠状态，且已经经过指定的时间。
- 线程正在等待 I/O 操作的完成，且该操作已经完成。
- 线程正在等待另一个线程所持有的锁，且另一个线程已经释放该锁的所有权。也有可能是等待超时。当超时发生时，线程解除阻塞。
- 线程正在等待某个触发条件，且另一个线程发出了信号表明该条件已经发生了变化。如果为线程的等待设置了一个超时，那么当超时发生时该线程将解除阻塞。

在较早的代码中，也可能会看到调用 suspend( )和 resume( )方法来阻塞和唤醒线程。但这些方法都已经过时，不应该在代码中再调用它们。

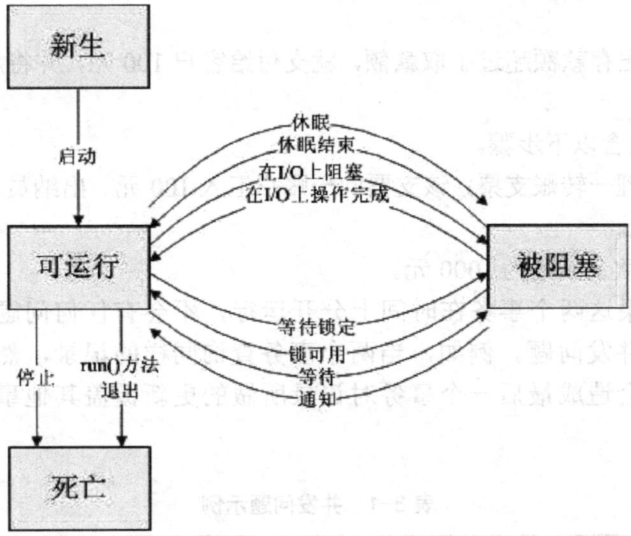

图 8-1　线程的状态

4. 死亡状态

有两个原因会导致线程死亡。

- run( )方法结束而自然死亡。
- 一个未捕获的异常终止了 run( )方法而使线程猝死。

特殊情况下，可以通过调用 stop( )方法来杀死一个线程。不过这个方法已经过时，编写程序时不应该再使用它。

为了确定线程是否存活（即是否处于可运行状态或被阻塞状态），可以使用 isAlive( )方法。如果线程是可运行或被阻塞的，这个方法返回 true；如果线程处于新生状态且不是可运行的，或者线程死亡了，这个方法返回 false。

8.4　线程的同步

8.4.1　共享受限资源

单线程程序可以当作是在问题域求解的单一实体，每次只能做一件事情。因为只有一个实体，所以永远也不会担心诸如“两个实体试图同时使用一个资源”这样的问题。在多线程的环境中，可以同时做多件事情。但是，两个或多个线程同时使用一个受限资源的问题也出现了。必须防止这种资源访问的冲突，否则就可能会发生两个线程试图同时访问同一个银行账户，或向同一个打印机打印、改变同一个值等诸如此类的问题。

1. 不正确的访问资源

考虑一个取款事务和一个支票汇入事务操作同一个账户的情形。先假定这两个事务不是同时发生的，而是先执行取款事务，然后再执行支票转账事务。

取款事务包含以下步骤。

1）某银行客户在银行前台请求取款 100 元，出纳员先查询账户信息，得知存款余额为

1000 元。

2）出纳员判断出存款额超过了取款额，就支付给客户 100 元，并将账户上的存款余额改为 900 元。

支票转账事务包含以下步骤。

1）某出纳员处理一转账支票，该支票向一账户汇入 100 元。出纳员先查询账户信息，得知存款余额为 900 元。

2）出纳员将存款余额改为 1000 元。

由此可见，如果这两个事务在时间上分开运行，不会有任何问题。但是如果它们并发执行，就会出现并发问题。例如，当两个事务查询同样的记录，然后各自基于最初查询的结果更新时，会造成最后一个事务对记录所做的更新覆盖其他事务已提交的更新，如表 8-1 所示。

表 8-1　并发问题示例

时　间	取 款 事 务	支票转帐事务
T1	开始事务	
T2		开始事务
T3	查询账户的存款余额为 1000 元	
T4		查询账户的存款余额为 1000 元
T5	取出 100 元，把存款余额改为 900 元	
T6	提交事务	
T7		汇入 100 元，把存款余额改为 1100 元
T8		提交事务

如表 8-1 所示，取款事务在 T5 时刻根据 T3 时刻的查询结果，把存款余额改为 1000－100 元，在 T6 时刻提交事务。支票转帐事务在 T7 时刻根据在 T4 时刻的查询结果，把存款余额改为 1000＋100 元。由于支票转账事务覆盖了取款事务对存款余额所做的更新，导致银行最后损失 100 元。

【例 8-5】 模拟不正确的银行事务。

```
class BankCount {
    private int count;
    public int getCount( ) {
        return count;
    }
    public void setCount(int count) {
        this.count=count;
    }
    public void withdraw(int money) {
        String name="[取款事务]: ";
        System.out.println(name+"开始。");
        int value=getCount( );
```

```
            System.out.println(name+"当前余额为"+value+"元。");
            sleep(100);
            setCount(value-money);
            System.out.println(name+"取出 100 元，当前余额为"+getCount( )+"元。");
            System.out.println(name+"结束。");
        }
        public void deposit(int money) {
            String name="[转帐事务]：";
            System.out.println(name+"开始。");
            int value=getCount( );
            System.out.println(name+"当前余额为"+value+"元。");
            sleep(100);
            setCount(value+money);
            System.out.println(name+"转入 100 元，当前余额为"+getCount( )+"元。");
            System.out.println(name+"结束。");
        }
        public void sleep(int time) {
            try {
                Thread.sleep(time);
            } catch (InterruptedException e) {
                e.printStackTrace( );
            }
        }
    }

    public class UncorrectBankCount {
        public static void main(String[ ] args) {
            final BankCount count=new BankCount( );
            count.setCount(1000);
            System.out.println("银行事务模拟开始......");
            new Thread("取款事务") {
                public void run( ) {
                    count.withdraw(100);
                }
            }.start( );
            count.sleep(50);
            new Thread("支票转帐事务") {
                public void run( ) {
                    count.deposit(100);
                }
            }.start( );
        }
    }
```

程序某次运行的结果如下所示。

```
银行事务模拟开始......
```

```
[取款事务]：开始。
[取款事务]：当前余额为 1000 元。
[转帐事务]：开始。
[转帐事务]：当前余额为 1000 元。
[取款事务]：取出 100 元，当前余额为 900 元。
[取款事务]：结束。
[转帐事务]：转入 100 元，当前余额为 1100 元。
[转帐事务]：结束。
```

上面的例子表明了使用线程会遇到的基本问题。在试图使用某个资源的同时，有时并不关心它是否正在被访问。但为了让多线程能正确工作，就需要采用某种方法来防止两个线程访问同一个资源，至少是在某个关键时间内避免此问题。

要防止这类冲突，只要在线程使用资源的时候给它加上一把锁就行了。访问资源的第一个线程给资源加锁，然后其他线程就只能等到锁被解除后才能访问资源，锁解除的同时另一个线程就可以对该资源加锁并进行访问了。

2．解决共享资源竞争

基本上所有的多线程模式在解决线程冲突问题的时候，都是采用序列化访问共享资源的方案。这意味着在给定时刻只允许一个线程访问共享资源。通常这是通过在代码前面加上一条锁语句来实现的，这就保证了在一段时间内只有一个线程运行这段代码。因为锁语句产生了一种互相排斥的效果，所以这种机制常常称为“互斥量”（mutex）。

Java 以提供关键字 synchronized 的形式为防止资源冲突提供了内置支持。可以通过把方法标记为 synchronized 的方式来防止资源冲突，下面是声明 synchronized 方法的方式。

```
public synchronized void f( ) { }
public synchronized void g( ) { }
```

每个对象都含有单一的锁（也称为监视器），这个锁本身就是对象的一部分。当在对象上调用其任意 synchronized 方法的时候，此对象都被加锁，这时该对象上其他 synchronized 方法只有等到前一个方法调用完成并释放了锁之后才能被调用。所以，对于某个特定对象来说，其所有 synchronized 方法共享同一个锁，这能防止多个线程同时访问被编码公用的内存。

一个线程可以多次获得对象上的锁。如果一个方法在同一个对象上调用了第二个方法，后者又调用了同一个对象上的另一个方法，就会发生这种情况。JVM 负责跟踪对象被加锁的次数。如果一个对象被解锁（即锁被完全释放），其计数变为 0。在线程第一次给对象加锁的时候，计数变为 1。每次线程在这个对象上获得了锁，计数都会增加。显然，只有首先获得了锁的线程才能允许继续获取多个锁。每当线程离开一个 synchronized 方法，计数减少，当计数为 0 的时候，锁被完全释放，此时别的线程就可以使用此资源。

修改例 8-4 中的 BankCount 类的方法，将它们全部改为 synchronized 方法。语句如下所示。

```
class BankCount {
    private int count;
    public synchronized int getCount( ) {
```

```
        ......
    }
    public synchronized void setCount(int count) {
        ......
    }
    public synchronized void withdraw(int money) {
        ......
    }
    public synchronized void deposit(int money) {
        ......
    }
    public synchronized void sleep(int time) {
        ......
    }
}
```

程序某次运行的结果如下所示。

```
银行事务模拟开始......
[取款事务]：开始。
[取款事务]：当前余额为 1000 元。
[取款事务]：取出 100 元，当前余额为 900 元。
[取款事务]：结束。
[转帐事务]：开始。
[转帐事务]：当前余额为 900 元。
[转帐事务]：转入 100 元，当前余额为 1000 元。
[转帐事务]：结束。
```

3．临界区

有时，我们只是希望防止多个线程同时访问方法内部的部分代码，而不是防止访问整个方法。通过这种方式分离出来的代码段被称为“临界区”（critical section），它也是使用 synchronized 关键字建立。这里，synchronized 被用来指定某个对象，此对象的锁被用来对括号内的代码进行同步控制。

```
synchronized(syncObject) {
    //编写自己的代码
}
```

这也被称为“同步控制块”。在进入此代码前，必须得到 syncObject 对象的锁。如果其他线程已经得到了这个锁，那么就得等到锁被释放以后，才能进入临界区。

同步控制块必须指定一个对象才能进行同步，通常最合理的对象就是方法调用所应用的当前对象——synchronized(this)。这样，当为同步控制块请求锁的时候，对象的其他同步控制方法就不能被调用了，所以其效果不过是缩小了同步控制的范围。有时这并不符合我们的要求，这时可以创建一个单独的对象，并对其进行同步控制。

【例 8-6】 同步控制块的使用。

```
class DualSynch {
	private Object syncObject=new Object( );
	public synchronized void f( ) {
		System.out.println("Inside f( )");
		try {
			Thread.sleep(500);
		} catch (InterruptedException e) {
			e.printStackTrace( );
		}
		System.out.println("Leaving f( )");
	}
	public void g( ) {
		synchronized(syncObject) {
			System.out.println("Inside g( )");
			try {
				Thread.sleep(500);
			} catch (InterruptedException e) {
				e.printStackTrace( );
			}
			System.out.println("Leaving g( )");
		}
	}
}

public class SyncObject {
	public static void main(String[ ] args) {
		final DualSynch ds=new DualSynch( );
		new Thread( ) {
			public void run( ) {
				ds.f( );
			}
		}.start( );
		ds.g( );
	}
}
```

程序某次运行的结果如下所示。

```
Inside g( )
Inside f( )
Leaving g( )
Leaving f( )
```

上面的例子说明了如何利用同步控制块进行同步。通过对运行结果的分析，我们可以了解到，当对象中的方法在不同的锁上同步的时候，两个线程可以访问同一个对象。DualSync对象的 f( )方法在 this 上同步（通过在整个方法上同步），g( )的同步控制块在 syncObject 对象上同步，因此两个同步控制相互独立。从输出中可以观察到两个方法同时运行，它们没有在对方的同步控制上阻塞。

通过使用同步控制块而不是对整个方法进行同步控制，可以使多个线程访问对象的时间性能得到显著提高。所以在安全的情况下，我们应当尽可能多的采用同步控制块进行同步，因为它可以使其他线程进行更多的访问。

4．锁对象

除使用 synchronized 关键字外，Java SE 5.0 引入了 ReentrantLock 类。使用 ReentrantLock 类保护代码块的基本结构如下所示。

```
myLock.lock( );
try {
    //被保护的代码块
} finally {
    myLock.unlock( );
}
```

这一结构确保任何时候只有一个线程访问代码块。一旦一个线程封锁了锁对象，其他任何线程都无法通过 lock 语句。当其他线程调用 lock 方法时，它们被阻塞，直到第一个线程释放锁对象。

需要注意的是，把解锁操作放在 finally 语句中是至关重要的。如果被保护的代码块抛出异常，锁必须被释放，否则其他线程将永远被阻塞。

8.4.2 线程间的协作

在理解了线程之间可能存在相互冲突，以及怎样避免冲突之后，下一步就是要学习怎样使线程之间相互协作。这种协作关键是通过线程之间的“握手机制”来进行的，这种握手可以通过 Object 的方法 wait( )和 notify( )来安全的实现，也可以通过条件对象来实现。

Object 有两种形式的 wait( )。第一种接受毫秒数作为参数，含义与 sleep( )方法里参数意思相同，都是指“在此期间停止”。不同之处在于，wait( )有以下特点。

1）在 wait( )调用期间对象锁是释放的。

2）可以通过 notify( )、notifyAll( )，或者令时间到期，从 wait( )中恢复执行。

第二种形式的 wait( )不要参数，这种方法更常见。wait( )将无限等待下去，直到线程接收到 notify( )或 notifyAll( )消息。

一般情况下，在等待某个条件（该条件必须由当前方法以外的因素才能改变，即该条件一般由另一个线程所改变）时，就应该使用 wait( )。这是因为如果在线程里测试条件的时候空等会极大的占用 CPU 时间，而 wait( )允许在等待外部条件的时候让线程休眠，只有在收到 notify( )或 notifyAll( )的时候线程才被唤醒，并对变化进行检查。所以，wait( )为在线程之间进行同步控制提供了一种方法。

wait( )、notify( )以及 notifyAll( )有一个比较特殊的方面，那就是这些方法是基类 Object 的一部分，而不像 sleep( )那样属于 Thread 类。所以，可以把 wait( )放进任何同步控制方法里，而不用考虑这个类是继承自 Thread 类还是实现了 Runnable 接口。实际上，只能在同步控制方法或同步控制块里调用 wait( )、notify( )和 notifyAll( )方法。如果在非同步控制方法里调用这些方法，会在运行的时候抛出异常。而 sleep( )方法可以在非同步控制方法里调用，因为它不用操作锁。

同锁对象一样，条件对象（Condition）也是在 Java SE 5.0 中引入的。条件对象与锁对象一起使用，一个锁对象可以有一个或多个相关的条件对象，通过锁对象的 newCondition( )方法可以获得一个条件对象。Condition 接口为它的子类提供了 await( )、signal( )和 signalAll( )三个方法，它们的使用方法与 wait()、notify( )和 notifyAll( )方法类似。

8.4.3 死锁

因为线程可以阻塞，而且对象可以具有同步控制方法用以防止别的线程在锁还没有释放的时候就访问这个对象，所以就可能会出现这样的情况：某个线程在等待另一个线程，而后者又等待别的线程，这样一直下去，直到这个链条上的线程又在等待第一个线程释放锁。这得到了一个线程之间相互等待的连续循环，没有哪一个线程能继续，这被称之为“死锁”。

当下面四个条件同时满足时，就会发生死锁。

1）互斥条件，线程使用的资源中至少有一个是不能共享的。

2）至少有一个线程，它必须持有一个资源且正在等待获取一个当前被别的线程持有的资源。

3）资源不能被线程抢占，所有的线程必须把资源释放当作普通事件。

4）必须有循环等待。这时，一个线程等待其他线程所持有的资源，后者又在等待另一个线程所持有的资源，这样一直下去，直到有一个线程在等待第一个线程所持有的资源，使得大家都被锁住。

只有这些条件全部满足时死锁才会发生。所以要防止死锁只需要破坏其中一个即可。Java 对死锁并没有提供语言层面上的支持，我们只能通过仔细的设计程序来避免死锁。

8.4.4 中断线程

有时线程会阻塞，比如在等待输入的时候，这时可以使用 Thread.interrupt( )方法来跳出阻塞代码。线程被中断后，可以将线程的引用设为 null，这样垃圾回收器就可以清理这个对象了。对于长期运行的程序来说，这很重要。

在较早的代码中，可能会调用 stop( )方法来停止一个线程，在 Java 2 中已经废弃了这个方法。废弃 stop( )方法的原因是无法知道什么时候调用它是安全的，什么时候会导致对象处于不一致的状态。例如，如果在从一个账户向另一个账户转帐的过程中 stop( )方法被调用，钱已经被转出，却没有转入到目标账户，这时该银行账户对象就被破坏了。我们希望的是被中断的线程会在安全的时候停止，因此 stop( )方法被弃用了。

8.5 应用实例

多线程有多种用途，它简化了在单一程序中同时交织在一起的多个操作的处理。例如，考虑某个餐馆，有一个厨师和一个服务员，服务员必须等待厨师准备好食物。当厨师准备好食物时，他通知服务员，后者将得到食物，然后回去继续等待。这是线程协作（“生产者－消费者”方式）的极好的例子：厨师代表了生产者，服务员代表了消费者。

【例 8-7】 餐馆场景模拟。

```
class Order {
    private static int i=0;
    private int count=i++;
    public Order() {
        if(count==6) {
            System.out.println("Out of food,closing!");
            System.exit(0);
        }
    }
    public String toString( ) {
        return "Order "+count;
    }
}

class WaitPerson extends Thread {
    private Restaurant restaurant;
    public WaitPerson(Restaurant r) {
        restaurant=r;
        start( );
    }
    public void run( ) {
        while(true) {
            while(restaurant.order==null) {
                synchronized(this) {    //进入等待模式，直到被 Chef 的 notify( )方法唤醒
                    try {
                        wait( );
                    } catch (InterruptedException e) {
                        e.printStackTrace( );
                    }
                }
            }
            System.out.println(" Waitperson got "+restaurant.order);
            restaurant.order=null;
        }
    }
}

class Chef extends Thread {
    private Restaurant restaurant;
    private WaitPerson waitPerson;
    public Chef(Restaurant r, WaitPerson w) {
        restaurant=r;
        waitPerson=w;
```

```
            start( );
        }
        public void run( ) {
            while(true) {
                if(restaurant.order==null) {
                    restaurant.order=new Order( );
                    System.out.print("Order up!");
                    synchronized(waitPerson) {
                        waitPerson.notify( );
                    }
                }
                try {
                    sleep(100);
                } catch (InterruptedException e) {
                    e.printStackTrace( );
                }
            }
        }
    }

    public class Restaurant {
        public Order order;
        public static void main(String[ ] args) {
            Restaurant restaurant=new Restaurant( );
            WaitPerson waitPerson=new WaitPerson(restaurant);
            Chef chef=new Chef(restaurant,waitPerson);
        }
    }
```

程序的运行结果如下所示。

```
Order up! Waitperson got Order 0
Order up! Waitperson got Order 1
Order up! Waitperson got Order 2
Order up! Waitperson got Order 3
Order up! Waitperson got Order 4
Order up! Waitperson got Order 5
Out of food,closing!
```

8.6 本章小结

本章从基本概念、实现机制、线程的状态和控制以及线程的同步四个方面对多线程进行了介绍。

基本概念部分主要介绍了什么时候应该使用多线程。使用多线程的主要原因是需要处理很多任务，它们相互交织在一起。应用多线程能够更有效地使用计算机，能够更好地组织代码，或者更便于用户的使用。

实现机制部分主要介绍了如何通过继承 Thread 类或实现 Runnable 接口来编写多线程程序。

线程的状态和控制部分首先介绍了如何通过 yield( )、sleep( )和 join( )等方法来控制线程的运行，然后介绍了线程的四种状态（新生、可运行、被阻塞和死亡）及状态间的转换方法。

线程的同步部分则着重介绍了如何在多线程间共享受限资源以及实现线程间的协作。

8.7 习题

一、填空题

1．创建线程时有实现_________接口和继承 Thread 类两种方法。

2．下列程序实现简单的线程调度，请回答以下问题。

```
Thread myThread=new MyThreadClass();
myThread.start();
try {
myThread.sleep(10000);
} catch(InterruptedException e) {
}
```

程序执行完第一行后，线程进入________状态；程序执行完第二行后，线程进入________状态；程序开始执行第四行时，线程进入________状态；程序执行完第四行后，线程进入________状态。

3．编译下面的程序，得到的结果是________。

```
public class A implements Runnable {
public void run( ){
System.out.println("OK");
}
public static void main(String[ ] args) {
Thread t=new Thread(new A( ));
t.start( );
}
}
```

二、选择题

1．下面________是 Runnable 接口中的方法。

A．start　　B．stop　　C．yield　　D．run

2．在________可以设置线程的优先级。

A．当第一次创建线程时　　B．创建线程后的任意时间

C．只有在线程启动后　　D．以上都不对

3．一个线程的 run 方法如下所示。

```
try {
sleep(100);
} catch(InterruptedException e) {
}
```

假设线程不会被中断，下面说法中正确的是____。

A．代码不会被编译，因为异常不会在线程的 run 方法中被捕获。

B．在代码的第 2 行，线程将停止运行，至多 100 毫秒后恢复运行。

C．在代码的第 2 行，线程将停止运行，恰好在 100 毫秒恢复运行。

D．在代码的第 2 行，线程将停止运行，在 100 毫秒后的某个时间恢复运行。

三、简答题

1．什么是多线程？多线程与多进程的区别是什么？

2．怎样解决线程的并发访问问题？

3．线程有哪些状态？它们之间是如何进行转换的？

4．什么是死锁？如何防止死锁出现？

5．修改例 8-1 中的 run( )方法，在每次循环之后调用 yield( )，观察运行结果。

6．修改例 8-1 中的 run( )方法，在每次循环之后调用 sleep( )，观察运行结果。

7．修改例 8-1 中的线程的优先级，观察运行结果。

四、编程题

1．建立两个 Thread 的子类，一个在 run( )方法中调用 wait( )，另一个在 run( )方法休眠几秒后对第一个线程调用 notifyAll( )，使第一个线程能打印一条信息。

2．修改例 8-7，加入多个服务员，并能够指明是谁得到了每个订单。注意在这个例子中必须使用 notifyAll( )方法，而不是 notify( )。

3．使用继承 Thread 类的方法实现一个多线程程序，该程序先后启动三个线程。每个线程首先打印出一条创建信息，然后休眠一段时间，最后打印出结束信息并退出。

4．用实现 Runnable 接口的方法实现上面的题目。

第 9 章　Java 输入输出处理

输入输出是程序的重要组成部分。Java 采用面向对象的文件读写方式来操作文件，即将要读写的文件数据转化为相应的流类的对象，然后通过流对象访问其方法。实现输入输出操作的类和接口都在 java.io 包中。

本章学习目标

- 理解流的基本概念
- 掌握常用输入/输出流的使用方法
- 熟悉目录和文件的管理
- 掌握文件的顺序访问和随机存取方法

9.1　输入输出

9.1.1　输入输出概述

对程序设计者来说，输入和输出技术是非常必要的。如果没有读写数据的能力，编写出来的程序会受到很大的限制。然而，创建一个好的输入/输出（I/O）系统是一项艰难的任务，不仅存在各种 I/O 源端和想要与之通信的接收端（文件、控制台、网络连接等)，而且还需要以多种不同的方式来与它们通信，包括顺序、随机存取、缓冲、二进制、按字符、按行等方式。

Java 类库的设计者通过创建大量的类来解决这个问题。I/O 类库中常使用“流”这个抽象概念，它代表任何有能力产出数据的数据源对象或者有能力接收数据的接收端对象。“流”屏蔽了实际 I/O 设备中处理数据的细节。在 Java 程序设计语言中，一个可以读取字节序列的对象被称为输入流（input stream)，一个可以写入字节序列的对象被称为输出流（output stream)，在抽象类 InputStream 和 OutputStream 中对它们进行了说明。由于把以字节为单位的流处理存储为 Unicode 码的信息时很不方便，所以有一个专门的类层次来处理 Unicode 字符，这些类继承于抽象类 Reader 和 Writer。

抽象类最关键的就是提供了一种将许多类的公共行为提取到更高层次的一种机制。这使得代码更加清晰，并使类的继承树更易于理解，Java 程序设计语言中的输入和输出也是同样的道理。通过继承，任何由 InputStream 或 Reader 派生而来的类都含有名为 read( )的基本方法，用于读取单个字节或字节数组。同样，任何由 OutputStream 或 Writer 派生而来的类都含有名为 write( )的基本方法，用于写单个字节或者字节数组。

当完成了对一个流的读取或者写入后，就应该调用 close( )方法将它关闭，这样可以释放流占用的系统资源。这些系统资源很有限，如果一个应用程序打开了太多的流而没有关闭它们，系统资源将会耗尽。关闭一个输出流也可以刷新（flush）输出流占用的缓存区，即临时存储在缓冲区中等待形成较大的数据包后再发送的那些字符将会发送出去。特别要注意的是，如果不关闭输出流，最后一个字节包可能永远也不会被发送，当然也可以用 flush( )方法手工刷新输出。

即使一个流类提供了具体的方法与原始的read( )和write( )方法一起工作，Java程序员也很少直接使用这些方法，它们存在是因为别的类可以使用它们，以便提供更有用的接口。因此，我们很少使用单一的类来创建流对象，而是通过叠合多个对象来提供期望的功能。实际上，Java中的流让人难以理解的主要原因是创建单一的结果流，却需要创建多个对象。

9.1.2 字节流 InputStream 和 OutputStream

1. InputStream 类型

InputStream 用来表示那些从不同数据源产生输入的类，如表 9-1 所示。这些数据包括以下几种类型。

- 字节数组。
- String 对象。
- 文件。
- 管道。其工作方式与实际管道类似，即从一端输入，从另一端输出。
- 一个由其他种类的流组成的序列，以便可以将它们收集合并到一个流内。
- 其他数据源，如 Internet 连接等。

每一种源都有相应的 InputStream 子类。另外，FilterInputStream 也属于一种 InputStream，它为装饰器类提供基类，从而可以把属性或有用的接口与输入流连接在一起。

表 9-1 InputStream 类型

类	功 能
ByteArrayInputStream	允许将内存的缓冲区当作 InputStream 使用
StringBufferInputStream	将 String 转换成 InputStream
FileInputStream	用于从文件中读取信息
PipedInputStream	产生用于写入相关 PipedOutputStream 的数据，实现“管道化”概念
SequenceInputStream	将两个或多个 InputStream 对象转换成单一的 InputStream
FilterInputStream	抽象类，作为“装饰器”的接口，其中装饰器为其他的 InputStream 类提供有用功能

2. OutputStream 类型

OutputStream 类型决定了输出的目标：字节数组、文件或管道（没有 String 类型，但可以用字节数组创建），如表 9-2 所示。另外，FilterOutputStream 也为装饰器类提供了一个基类，从而可以把属性或有用的接口与输出流连接在一起。

表 9-2 OutputStream 类型

类	功 能
ByteArrayOutputStream	在内存中创建缓冲区，所有送往流的数据都要放置在此缓冲区
FileOutputStream	用于将信息写入文件
PipedOutputStream	任何写入其中的信息都会自动作为相关 PipedInputStream 的输出，实现“管道化”概念
FilterOutputStream	抽象类，作为“装饰器”的接口，其中装饰器为其他 OutputStream 提供有用功能

3．添加属性和有用的接口

装饰器（Decorator）可以利用层叠的数个对象为单个对象动态地、透明地添加职责。如果不使用装饰器而采用直接使用扩展子类的方法，可能会产生大量用以满足所需的各种可能的组合的子类。Java I/O 类库需要多种不同功能的组合，这正是使用装饰器的理由所在。

FilterInputStream 和 FilterOutputStream 是用来提供装饰器类接口以控制特定输入流和输出流的两个类，它们分别从 I/O 类库的基类 InputStream 和 OutputStream 派生而来。这两个类是装饰器的必要条件，它们为所有正在被装饰的对象提供通用接口。

（1）通过 FilterInputStream 从 InputStream 读取数据

FilterInputStream 为被装饰的输入流提供了通用接口，其类型如表 9-3 所示。

表 9-3　FilterInputStream 类型

类	功　能
DataInputStream	与 DataOutputStream 搭配使用，因此可以按照可移植方式从流读取基本类型数据（int，char，long 等）
BufferedInputStream	使用它可以自动创建一个缓冲区，防止每次读取时都进行实际写操作
LineNumberInputStream	跟踪输入流中的行号，可以调用 getLineNumber( )和 setLineNumber( )
PushbackInputStream	具有能弹出一个字节的缓冲区，因此可以将读到的最后一个字符退回

FilterInputStream 类能够完成两件完全不同的事情。其中，DataInputStream 允许我们读取不同的基本类型数据以及 String 对象（所有方法都以“read”开头，如 readByte( )、readFloat( )等）。搭配相应的 DataOutputStream 就可以通过数据流将基本类型的数据从一个地方迁移到另一个地方。其他类型则在内部修改 InputStream 的行为方式：是否缓冲、是否保留它所读过的行，以及是否把单一字符退回输入流等。最后两个类看起来很像是为了创建一个编译器，在一般编程当中很少用到它们。

（2）通过 FilterOutputStream 向 OutputStream 写入数据

FilterOutputStream 为被装饰的输出流提供了通用接口，其类型如表 9-4 所示。

表 9-4　FilterOutputStream 类型

类	功　能
DataOutputStream	与 DataInputStream 搭配使用，因此可以按照可移植方式从流读取基本类型数据（int，char，long 等）
PrintStream	用于产生格式化输出，其中 DataOutputStream 处理数据的存储，PrintStream 处理显示
BufferedOutputStream	使用它可以自动创建一个缓冲区，避免每次发送数据时都要进行实际的写操作，可以调用 flush()清空缓冲区

与 DataInputStream 对应的是 DataOutputStream，它可以将各种基本数据类型以及 String 对象格式化输出到流中，这样任何 DataInputStream 都能够读取它们。所有方法都以“write”开头，如 writeByte( )、writeFloat( )等。PrintStream 的目的是为了以可视化格式打印所有的基本数据类型和 String 对象，它有两个重要的方法 print( )和 println( )。它们之间的差异是后者在操作完毕后会添加一个换行符。BufferedOutputStream 是一个修改过的 OutputStream，它对数据流使用缓冲技术。每次向流写入数据时，不必都进行实际的物理写入操作，所以在实际输出时会经常使用它。

9.1.3 字符流 Reader 和 Writer

Java 1.1 对基本的 I/O 流类库进行了重大修改，新类库使得它的操作比旧类库更快。除此之外，Java 1.1 中还增加了以字符为单位的输入输出流 Reader 和 Writer，设计 Reader 和 Writer 继承层次结构主要是为了国际化。老的 I/O 流继承层次结构仅支持 8 位字节流，并且不能很好的处理 16 位的 Unicode 字符。由于 Unicode 用于字符国际化，所以添加 Reader 和 Writer 继承层次结构就是为了在所有的 I/O 操作中都支持 Unicode。

Reader 中包含了字符输入流需要的方法，可以完成从输入流读入数据的功能，其层次结构如图 9-1 所示。

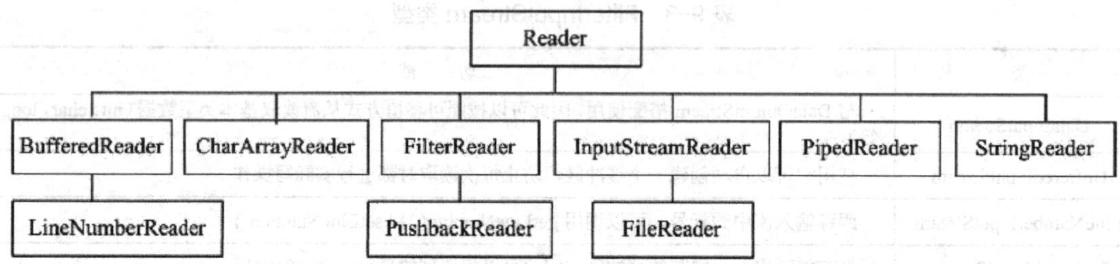

图 9-1 Reader 层次结构

Writer 中包含了字符输出流需要的方法，可以完成输出数据到输出流的功能，其层次结构如图 9-2 所示。

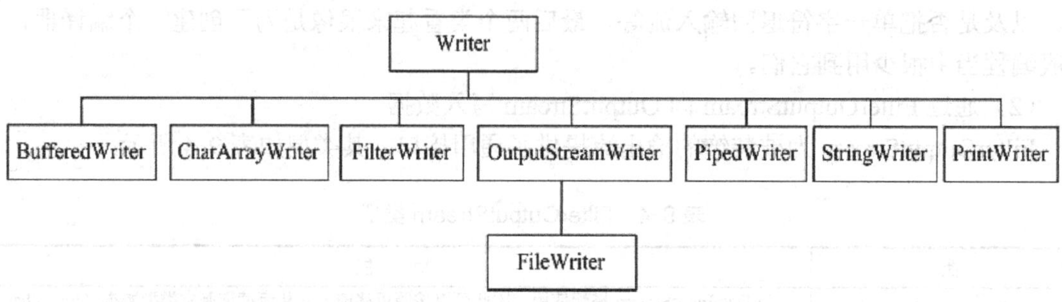

图 9-2 Writer 层次结构

9.1.4 标准输入输出流

标准输入输出流这个术语来自“程序所使用的单一信息流”这个概念。为了方便使用计算机常用的输入输出设备，各种高级语言与操作系统都规定了可用的标准设备。程序的所有输入都可以来自标准输入，它的所有输出也都可以发送到标准输出，所有的错误信息都可以发送到标准错误。标准输入输出流的意义在于可以很容易地把程序串联起来。一个程序的标准输出可以作为另一个程序的标准输入。一般的，标准输入设备是键盘，标准输出设备是终端显示器，标准错误输出设备也是终端显示器。

1．从标准输入读取

按照标准 I/O 模型，Java 提供了 System.in、System.out 和 System.err。在前面章节的例子中，我们已经知道怎样用 System.out 将数据写出到标准输出，其中 System.out 已经事先被包装成了 PrintStream 对象。System.err 同样也是 PrintStream，但 System.in 却是一个没有被包装过的 InputStream。这意味着尽管我们可以立即使用 System.out 和 System.err，但是在读取 System.in 之前必须对其进行包装。

为了把来自字节层次结构中的类和字符层次结构中的类结合在一起使用，需要用到适配器类 Adapter。InputStreamReader 可以把 InputStream 转换为 Reader，而 OutputStreamWriter 可以把 OutputStream 转换为 Writer。

【例 9-1】 标准输入示例：将键盘输入的每一行信息输出到屏幕。

```
import java.io.*;
public class Echo {
    public static void main(String[ ] args) throws IOException {
        BufferedReader in = new BufferedReader(new InputStreamReader(System.in));
        String s = " ";
        while ((s = in.readLine( )) != null && s.length( ) != 0)
            System.out.println(s);
    }
}
```

System.in 和大多数流一样，通常应该对它进行缓冲。因此，首先用 InputStreamReader 把 System.in 转换成 Reader，然后再将它包装成 BufferedReader。这样，可以使用 readLine( )来每次读取一行输入，按下〈Enter〉键后将会显示在该行中输入的字符串。要结束输入，可以按下〈Ctrl+Z〉组合键或输入一个空行。

程序某次运行的结果如下所示。

```
hello（回车）
hello
标准输入程序测试（回车）
标准输入程序测试
（回车，由于输入一个空行，程序退出）
```

2．将 System.out 转换成 PrintWriter

System.out 是一个 PrintStream，而 PrintStream 是一个 OutputStream。如果需要将 System.out 转换成 PrintWriter，可以利用 PrintWriter 的构造函数来进行转换，它可以接受 OutputStream 作为参数。其一般格式如下所示。

```
PrintWriter(OutputStream out);
PrintWriter(OutputStream out, boolean autoFlush);
```

【例 9-2】 将标准输出转换为 PrintWriter。

```
import java.io.*;
public class ChangeSystemOut {
```

```
    public static void main(String[ ] args) {
        PrintWriter out=new PrintWriter(System.out,true);
        out.println("Hello,world!");
    }
}
```

程序的运行结果如下所示。

```
Hello,world!
```

需要注意的是，在上面的例子中使用的是有两个参数的 PrintWriter 构造函数，并将第二个参数设为 true，以便开启自动清空功能。否则，为了看到输出结果，需要手动刷新输出流占用的缓冲区。

3．标准 I/O 重定向

Java 的 System 类提供了一些简单的静态方法，允许我们对标准输入、输出和错误 I/O 流进行重定向。这些静态方法包括 setIn(InputStream)、setout(PrintStream)、setErr (PrintStream)。

如果在显示器上创建了大量输出，而这些输出滚动得太快以至于无法阅读时，重定向输出就显得极为有用了。对于想重复测试某个特定输入序列的命令行程序来说，重定向输入也是很有价值的。

【例 9-3】 标准 I/O 重定向示例。

```
import java.io.*;
public class Redirect {
    public static void main(String[ ] args) throws IOException {
        PrintStream console=System.out;
        BufferedInputStream in=new BufferedInputStream(new FileInputStream("Redirect.java"));
        PrintStream out=new PrintStream(new BufferedOutputStream(new FileOutputStream("test.out")));
        System.setIn(in);
        System.setOut(out);
        System.setErr(out);
        BufferedReader br=new BufferedReader(new InputStreamReader(in));
        String s="";
        while((s=br.readLine( ))!=null)
            System.out.println(s);
        out.close( );
        System.setOut(console);
    }
}
```

I/O 重定向操作的是字节流，而不是字符流，因此需要使用 InputStream 和 OutputStream，而不是 Reader 和 Writer。另外，上面的例子将标准输入附接到文件上，并将标准输出和错误输出重定向到另外一个文件。因此程序执行后，文件 Redirect.java 中的内容并没有被输出到屏幕上，而是写入到文件 test.out 中。

9.2 文件与目录

9.2.1 Java 文件和目录管理

我们进行文件操作时，需要知道一些关于文件的信息，而抽象类 File 提供了一些可以操作和获取文件信息的方法。File 类这个名字有一定的误导性，我们可能会认为它指的是文件。实际上却并非如此，它既能代表一个特定文件的名称，又能代表一个目录下的一组文件的名称。通过 File 类的方法，可以得到文件或目录的描述信息，包括名称、所在路径、读写性、长度等，还可以生成新的目录和临时文件、改变文件名、删除文件、列出一个目录中的所有文件或与某个模式相匹配的文件等。

由于不同的操作系统对文件路径的描述不尽相同，为了做到与平台无关，在 Java 语言中使用了抽象路径的概念，不同系统平台的文件路径描述与抽象路径之间的转换工作是自动进行的。

1．创建一个新的文件对象

可以通过 File 类的构造方法来创建一个新的文件对象。File 类的构造方法有以下几种。

- File(String pathname)通过给定的路径名变换的抽象路径创建文件对象。
- File(File parent, String child)从父抽象路径和子路径字符串创建文件对象。
- File(String parent, String child)从父路径和子路径字符串创建文件对象。

2．File 类提供的方法

文件对象创建以后，就可以使用下面的方法获得文件的相关信息，对文件进行操作。

1）文件名的操作

- public String getName( )：返回一个文件名。
- public String getParent( )：返回一个文件对象的父路径名。
- public File getParentFile( )：返回一个文件对象的父文件名。
- public String getPath( )：返回一个文件对象的路径名。
- public String getAbsolutePath( )：返回一个文件对象的绝对路径名。
- public boolean renameTo(File dest)：将文件名重命名为给定的新文件名。
- public boolean delete( )：删除指定的文件。若为目录，必须为空才能删除。

2）文件属性测试

- public boolean exists( )：测试指定的文件是否存在。
- public boolean canWrite( )：测试指定的文件是否可写。
- public boolean canRead( )：测试指定的文件是否可读。
- public boolean isFile( )：测试指定的文件是否为一般文件（非目录）。
- public boolean isDirectory( )：测试指定文件是否为目录。
- public boolean isAbsolute( )：测试路径名是否为绝对路径。

3）一般文件信息

- public long lastModified( )：返回指定文件最近的一次修改时间。
- public long length( )：返回指定文件的长度。

4）目录操作

- public boolean mkdir( )：创建指定的目录。
- public boolean mkdirs( )：创建指定的目录，包括那些需要但并不存在的目录。
- public String[ ] list( )：返回指定目录下的文件。
- public String[ ] list(FilenameFilter filter) 返回指定目录下满足指定文件过滤器的文件。

3．程序实例

【例 9-4】 本例练习获取文件信息，要求显示给定文件的基本信息，文件名通过命令行参数给出。

```
import java.io.*;
public class FileInfo {
    public static void main(String[ ] args) {
        File file;
        if(args.length>0) {
            file=new File(args[0]);
            if(file.exists( )) {
                System.out.println(file.getName( )+"存在。");
                System.out.println("绝对路径："+file.getAbsolutePath( ));
                System.out.println("路      径："+file.getPath( ));
                System.out.println("目      录？"+file.isDirectory( ));
                System.out.println("可      读？"+file.canRead( ));
                System.out.println("可      写？"+file.canWrite( ));
                System.out.println("文件长度："+file.length( ));
                System.out.println("最后修改日期："+file.lastModified( ));
            } else {
                System.out.println("文件不存在！");
            }
        } else {
            System.out.println("未输入文件名！");
        }
    }
}
```

在命令行输入下面的内容（当前目录中应包含 FileInfo.java 文件，否则应给出路径全名）。

```
java FileInfo FileInfo.java
```

则程序的运行结果如下所示。

```
FileInfo.java 存在。
绝对路径：D:\workspace\ch09\bin\FileInfo.java
路      径：FileInfo.java
目      录？false
可      读？true
可      写？true
文件长度：753
最后修改日期：1198586522000
```

9.2.2 文件的顺序访问

前面已经介绍过，在 Java 中流 I/O 基于 InputStream、OutputStream、Reader 和 Writer 类。InputStream 和 OutputStream 用于面向字节的流（如处理二进制文件），而 Reader 和 Writer 用于面向字符的流（如处理文本文件）。我们一般不直接使用这些类，而是从这几个类中派生出新的类。

类 FileInputStream 和 FileOutputStream 分别直接继承于 InputStream 和 OutputStream，它们重写或实现了父类中的一些方法来访问本地文件，是字节流操作的基础类。类 FileReader 和 FileWriter 分别是 InputStreamReader 和 OutputStreamReader 的子类，而后两个类又分别继承于 Reader 和 Writer。利用 FileReader 和 FileWriter 可以方便地对文件进行字符输入输出操作。

几乎所有原始的 Java I/O 流类都有相应的 Reader 和 Writer 类来提供天然的 Unicode 操作。然而在某些场合，面向字节的 InputStream 和 OutputStream 才是正确的解决方案，特别是那些面向字节而不是面向字符的流（如 java.util.zip 类库）。因此，最明智的做法是尽量尝试使用 Reader 和 Writer。如果它们无法正确处理问题，再使用面向字节的类库。

尽管可以通过不同的方式组合 I/O 流类，但是经常用到的只是其中几种组合。下面展示了一些典型的 I/O 配置的创建和使用。

1．缓冲输入文件

如果想要打开一个文件用于字符输入，可以使用以 String 或 File 对象作为文件名的 FileReader，其相应的构造方法包括以下两种。

- FileReader(File file)：对指定要读取的 file 对象创建 FileReader 对象。
- FileReader(String fileName)：对指定要读取的字符串 fileName 创建 FileReader 对象。

为了提高速度需要对那个文件进行缓冲，因此所得到的引用传递给一个 BufferedReader 构造函数。然后可以通过最终的 BufferedReader 对象及其 readLine( )方法读取字符。一旦抵达文件末尾，readLine( )方法将返回 null。

【例 9-5】 缓冲输入文件。

```
import java.io.*;
public class BufferedInputFile {
    public static void main(String[ ] args) {
        try {
            BufferedReader in = new BufferedReader(new FileReader("BufferedInputFile.java"));
            String s, buffer=" ";
            while((s=in.readLine( ))!=null)
                buffer+=s+"\n";
            in.close();
            System.out.println("文件内容为：");
            System.out.println(buffer);
        } catch (Exception e) {
            e.printStackTrace( );
        }
    }
}
```

在上面的例子中，字符串 buffer 用来累积文件的全部内容（包括必须添加的换行符，readLine( )方法已经将它们删掉）。因此，最后一条输出语句会将文件内容全部输出。

采用 BufferedReader 每次只能读取一行输入，而且没有能够读取一个单词或者一个数值的方法。Java SE 5.0 中引入了 Scanner 类，提供了很多处理输入的方法。可以通过一个 InputStream 或者 File 对象作为参数来构造一个 Scanner 对象，相应的构造方法有以下两种。

- Scanner(InputStream in)：用给定的输入流创建一个 Scanner 对象。
- Scanner(File source)：从指定的文件创建一个 Scanner 对象。

Scanner 对象构造后就可以使用它的各种方法来实现输入操作了。下面是一些常用的方法。

- public String nextLine( )：读取输入的下一行内容。
- public String next( )：读取输入的下一个单词（以空格作为分隔符）。
- public int nextInt( )：读取并转换下一个表示整数的字符序列。
- public double nextDouble( )：读取并转换下一个表示浮点数的字符序列。

【例 9-6】 使用 Scanner 读取文件输入。

```
import java.io.File;
import java.io.FileNotFoundException;
import java.util.Scanner;

public class ScannerFile {
    public static void main(String[ ] args) {
        try {
            Scanner in = new Scanner(new File("data.txt"));
            String line=in.nextLine( );
            int i=in.nextInt( );
            double d=in.nextDouble( );
            System.out.println("一行信息："+line);
            System.out.println("整数："+i);
            System.out.println("浮点数："+d);
        } catch (FileNotFoundException e) {
            e.printStackTrace( );
        }
    }
}
```

上面的例子通过 Scanner 对象从 data.txt 文件中读取了一行信息、一个整数和一个浮点数，然后将它们分别输出到屏幕上。data.txt 是一个文本文件，包含下面三行信息。

```
Hello,world!
9
3.14
```

程序的运行结果如下所示。

```
一行信息：Hello,world!
```

整数：9
浮点数：3.14

2．文件输出

为了向文件写入数据，首先需要创建一个与指定文件连接的 FileWriter。实际上，我们通常会用 BufferedWriter 将其包装起来用以缓冲输出。然后，为了格式化再把它转换成 PrintWriter。按照这种方式创建的数据文件可以作为普通文本文件读取。

【例 9-7】 文件输出示例。

```
import java.io.*;
public class FileOutput {
    public static void main(String[ ] args) {
        try {
            String s = "hello,world!\nJava 输入输出流\n 输出文件示例";
            BufferedReader in = new BufferedReader(new StringReader(s));
            PrintWriter out = new PrintWriter(new BufferedWriter(new FileWriter("Demo.out")));
            int count = 1;
            while ((s = in.readLine( )) != null)
                out.println(count++ + ": " + s);
            out.close( );
        } catch (Exception e) {
            e.printStackTrace( );
        }
    }
}
```

在上面的例子中，字符串 s 中包含了需要输出到文件 Demo.out 中的全部内容，我们用它创建了一个 StringReader 作为输入流。为了缓冲输入，将 StringReader 对象的引用传递给 BufferedReader 构造函数。一旦读完输入流，readLine( )方法就会返回 null，这时需要显式调用 close( )方法关闭输出流。否则就会发现缓冲区内容不会被刷新清空，文件 Demo.out 中的内容就不完整。

程序执行后，文件 Demo.out 中的内容如下所示。

```
1: hello,world!
2: Java 输入输出流
3: 输出文件示例
```

3．存储和恢复数据

PrintWriter 可以对数据进行格式化以便人们阅读。但是为了输出可供另外一个流恢复的数据，需要用 DataOutputStream 写入数据，并用 DataInputStream 恢复数据。当然，这些流可以是任意的形式，但这里以文件作为示例。需要注意的是，DataInputStream 和 DataOutputStream 是面向字节的，因此要使用 InputStream 和 OutputStream。

【例 9-8】 存储和恢复数据示例。

```
import java.io.*;
```

```java
public class RestoreDemo {
    public static void main(String[ ] args) {
        try {
            DataOutputStream out = new DataOutputStream(
                    new BufferedOutputStream(new FileOutputStream("Data.dat")));
            out.writeDouble(3.1415926);
            out.writeUTF("PI 的值");
            out.writeInt(9);
            out.close( );
            DataInputStream in = new DataInputStream(new BufferedInputStream(
                    new FileInputStream("Data.dat")));
            System.out.println(in.readDouble( ));
            System.out.println(in.readUTF( ));
            System.out.println(in.readInt( ));
            in.close( );
        } catch (Exception e) {
            e.printStackTrace();
        }
    }
}
```

程序某次运行的结果如下所示。

```
3.1415926
PI 的值
9
```

从上面的例子可以看出，使用 DataOutputStream 时，writeDouble( )方法将 double 类型的数据存储到流中，并用相应的 readDouble( )方法恢复它（对于其他的数据类型，也有类似的方法用于读写）。对于字符串而言，写字符串并且能让 DataInputStream 恢复它的唯一可靠的做法就是使用 UTF-8 编码。UTF-8 编码是 Unicode 的变体，它将 ASCII 字符编码成单一字节的形式，而非 ASCII 字符则被编码成两到三个字节的形式，而 Unicode 则把所有的字符都存储成两个字节的形式。如果使用的只是 ASCII 字符或几乎都是 ASCII 字符，那么采用 Unicode 编码就显得极其浪费空间。

在存储和恢复数据时，为了保证所有的读方法都能够正常工作，我们必须知道流中数据项所在的确切位置，否则很有可能会出现将保存的 double 数据作为 char 或其他类型读入的现象。因此可以采用两种方法来进行存储，一是为文件中的数据采用固定的格式；二是将额外的信息保存的文件中，以便能够对其进行解析来确定数据的存放位置。

9.2.3 随机存取文件

有时我们读文件并不是从头到尾顺序来读的。你也许想将一个文本文件当作一个数据库，读完一个记录后跳到另一个记录，而这些记录是在文件的不同位置。Java 提供的 RandomAccessFile 类可进行这种类型的输入输出。

RandomAccessFile 适用于由大小已知的记录组成的文件，我们可以使用 seek( )方法将记录从一处转移到另一处，然后读取或修改记录。文件中记录的大小不一定都相同，只要能够确定那些记录有多大以及它们在文件中的位置即可。

RandomAccessFile 不是 InputStream 或 OutputStream 继承层次结构中的一部分。除了实现 DataInput 和 DataOutput 接口（DataInputStream 和 DataOutputStream 也实现了这两个接口）之外，它和这两个层次结构没有任何关联。它甚至不使用 InputStream 和 OutputStream 类中已有的任何功能，而是一个完全独立的类。

1．创建随机访问文件流对象

创建 RandomAccessFile 对象有两种方式。

- RandomAccessFile(File file, String mode)：通过文件对象创建随机访问文件。
- RandomAccessFile(String name, String mode)：通过文件名创建随机访问文件。

构造函数中的第二个参数 mode 用来指示访问文件的方式，r 为只读方式，rw 为可读写方式。

例如，以可读写的方式打开一个随机访问文件的语句如下所示。

```
RandomAccessFile raf=new RandomAccessFile("database.dat", "rw");
```

2．访问随机访问文件

RandomAccessFile 对象的读写操作和 DataInput/DataOutput 对象的访问操作一样，可以使用在 DataInputStream 和 DataOutputStream 里出现的所有 read( )和 write( )方法。

3．移动文件指针

随机访问文件的任意位置数据记录的读写是通过移动文件指针指定文件读写位置来实现的。与移动文件指针有关的常用方法有以下几种。

- public long getFilePointer( ) throws IOException：返回文件指针的当前位置。
- public void seek(long pos) throws IOException：将文件指针移至绝对位置 pos 处。
- public long length( ) throws IOException：返回文件长度。

4．向随机访问文件增加信息

可以用“可读写”的访问模式打开随机访问文件，然后向文件添加信息。

例如，下面的语句以可读写的方式打开文件 message.log，将文件指针定位至文件尾后就可以向文件中追加信息。

```
RandomAccessFile raf=new RandomAccessFile("message.log", "rw");
raf.seek(raf.length( ));  //将文件指针定位到文件尾，追加数据信息。
```

【例 9-9】 读写随机访问文件示例。

```
import java.io.*;
public class RandomAccessFileTest {
    public static void main(String[ ] args) {
        try {
            RandomAccessFile raf=new RandomAccessFile("raf.dat","rw");
            for(int i=0;i<10;i++)
                raf.writeDouble(i*3.1415926);
            raf.close( );
```

```
            raf=new RandomAccessFile("raf.dat","rw");
            raf.seek(5*8);
            raf.writeDouble(99.000);
            raf.close( );
            raf=new RandomAccessFile("raf.dat","r");
            for(int i=0;i<10;i++)
                System.out.println("Value "+i+": "+raf.readDouble());
            raf.close( );
        } catch (Exception e) {
            e.printStackTrace( );
        }
    }
}
```

程序的运行结果如下所示。

```
Value 0: 0.0
Value 1: 3.1415926
Value 2: 6.2831852
Value 3: 9.424777800000001
Value 4: 12.5663704
Value 5: 99.0
Value 6: 18.849555600000002
Value 7: 21.9911482
Value 8: 25.1327408
Value 9: 28.2743334
```

9.3 应用实例

一个很常见的程序化任务就是读取文件到内存，修改，然后再写出。Java I/O 类库的问题之一就是它需要编写相当多的代码去执行这些常用操作，没有任何基本的帮助功能可以实现这一切。因此，实现一个帮助类就显得相当有意义，这样就可以很容易地完成这些基本任务。

【例 9-10】 文件读写的实用工具。

```
import java.io.*;
public class FileUtils {
    public static String read(String fileName) throws IOException {
        StringBuffer sb=new StringBuffer( );
        BufferedReader in=new BufferedReader(new FileReader(fileName));
        String s;
        while((s=in.readLine( ))!=null) {
            sb.append(s);
            sb.append("\n");
        }
        in.close( );
        return sb.toString( );
```

```
    }
    public static void write(String fileName,String text) throws IOException {
        PrintWriter out=new PrintWriter(new BufferedWriter(new FileWriter(fileName)));
        out.print(text);
        out.close( );
    }
    public static void main(String[ ] args) {
        try {
            StringBuffer sb=new StringBuffer( );
            String[ ] content=read("FileUtils.java").split("\n");
            for(int i=0;i<content.length;i++) {
                sb.append((i+1)+": "+content[i]);
                sb.append("\n");
            }
            write("NewFile.txt",sb.toString( ));
        } catch(Exception e) {
            e.printStackTrace( );
        }
    }
}
```

上面的例子中，静态方法 read( )用来将文件内容转换成字符串，静态方法 write( )方法则把保存在字符串中的内容写入到文件中。在 main( )方法中使用了这两个方法来完成文件读取和写出工作。首先，通过 read( )方法将 FileUtils.java 文件中的内容读入到字符串中；接着，使用 String.split( )方法以换行符为界把结果划分为行，并在每行开始处加上行号；最后，通过 StringBuffer 将字符串数组连接成一个字符串，然后利用 write( )方法将它写入到文件 NewFile.txt 中。

9.4 本章小结

本章从输入输出流和文件与目录的管理两个方面对 Java I/O 系统进行了介绍。

在输入输出流部分，首先对流的相关概念进行了简单介绍，然后分别介绍了字节流、字符流和标准输入输出流。I/O 类库的流代表任何有能力产出数据的数据源对象或者是有能力接收数据的接收端对象，它屏蔽了实际 I/O 设备中处理数据的细节。在使用时要注意把握 InputStream、OutputStream、Reader 和 Writer 四个类之间的区别。

文件与目录管理部分则主要介绍了操作和获取文件信息的方法，以及文件的顺序访问和随机存取。

9.5 习题

一、填空题

1．____________对象可以使用 read 方法从标准的输入设备（通常是键盘）读取数据，____________对象可以使用 print 方法向标准的输出设备（通常是屏幕）输出显示。

2．运行下面的程序。若从键盘上输入 12345 后回车，程序输出____________。

```
import java.io.*;
public class Class1 {
    public static void main(String[ ] args) {
       byte buffer[ ]=new byte[128];
       int n;
       try {
           n=System.in.read(buffer);
           for(int i=0;i<n;i++)
             System.out.print((char)buffer[n-i-1]);
       } catch(IOException e) {
             System.out.print(e);
       }
    }
}
```

3．下面的程序编译运行后的输出结果是____________。

```
import java.io.*;
public class Class1 {
   public static void main(String[ ] args) {
     int b;
     byte buf[ ]=new byte[2500];
     try {
       FileInputStream fis=new FileInputStream("Class1.java");
         b=fis.read(buf,0,19);
       String str=new String(buf,0,b);
       System.out.println(str);
       } catch(IOException e) {
       }
   }
}
```

4．下面程序的功能是从屏幕输入一行字符串，并将其保存为文件 a.txt。请完成下面的程序填空。

```
import java.io.*;
public class Class1 {
    public static void main(String[] args) {
    int k;
    byte b[ ]=new byte[255];
    try    {
           k=System.in.read(b);
           FileOutputStream fos=new FileOutputStream(________________________);
           ________________________;
    } catch(IOException e) {
           System.out.println("Wrinting error.");
```

```
        }
    }
}
```

二、选择题

1．下面说法不正确的是____________。

A．InputStream 和 OutputStream 类通常用来处理字节流，也就是二进制文件

B．Reader 与 Writer 类用来处理字符流，也就是纯文本文件

C．Java 中 I/O 流的处理通常分为输入和输出两部分

D．File 类是输入/输出流类的子类

2．下面说法正确的是____________。

A．InputStream 和 OutputStream 类都是抽象类　　B．Reader 与 Writer 类不是抽象类

C．RandomAccessFile 是抽象类　　D．File 类是抽象类

3．创建一个新目录，可以使用下面的____________类来实现。

A．FileInputStream　　B．FileOutputStream

C．RandomAccessFile　　D．File

三、简答题

1．什么是流？简述流的分类。

2．简述字节流和字符流的区别。

四、编程题

1．求 100 以内的所有素数，并将它们保存到文件 Primer.dat 中。

2．列出 C 盘根目录下的所有文件和文件夹，并将输出结果保存到 Content.txt 文件中。

3．检查上一题中建立的 Content.txt 文件是否存在，若存在输出文件的相关信息。

4．输入 10 个学生的信息（学号、姓名、联系方式），将这些信息保存到二进制文件 Student.dat 文件中。

5．从 Student.dat 文件中读取数据，并将它们输出到屏幕上。

6．从 Student.dat 文件中读取数据，修改第 2 个学生的学号，将修改后的信息重新保存到 Student.dat 文件中。

7．将 Student.dat 文件中的内容重定向输出到 message.txt 文件中。

第 10 章　Java 网络编程

在 Internet 广泛使用的今天，网络编程已非常重要，Java 已成为一种流行的网络编程语言。

本章学习目标

- 了解 TCP/IP 协议、通信端口和 URL 等网络基础知识
- 掌握使用 InetAddress 类获取主机信息的方法
- 理解使用 URL 类访问网络资源的过程
- 掌握使用 Socket 实现网络通信的方法

10.1　网络基础

10.1.1　TCP/IP 协议

TCP/IP 是 Transmission Control Protocol/Internet Protocol（传输控制协议/网际互联协议）的缩写。它起源于美国的 ARPANET 网，由它的两个主要协议，即 TCP 协议和 IP 协议得名。TCP/IP 是 Internet 上所有网络和主机之间进行交流所使用的共同“语言”，是 Internet 上使用的一组完整的标准网络连接协议。通常所说的 TCP/IP 协议实际上包含了大量的协议和应用，且由多个独立定义的协议组合在一起。因此，更确切的说，应该称其为 TCP/IP 协议集。

由于 Internet 在全世界飞速发展，使得 TCP/IP 协议得到了广泛的使用。虽然 TCP/IP 不是 ISO 标准，但事实上已经成为计算机网络的工业标准，并形成了 TCP/IP 参考模型。ISO 的 OSI 参考模型的制定也参考了 TCP/IP 协议集及其分层体系结构，而 TCP/IP 在不断发展的过程中也吸收了 OSI 的概念及特征。

1．TCP/IP 的层次结构

TCP/IP 共有 4 个层次，分别是主机至网络层、互联网层、传输层和应用层。TCP/IP 的层次结构与 OSI 层次结构的对照关系如图 10-1 所示。

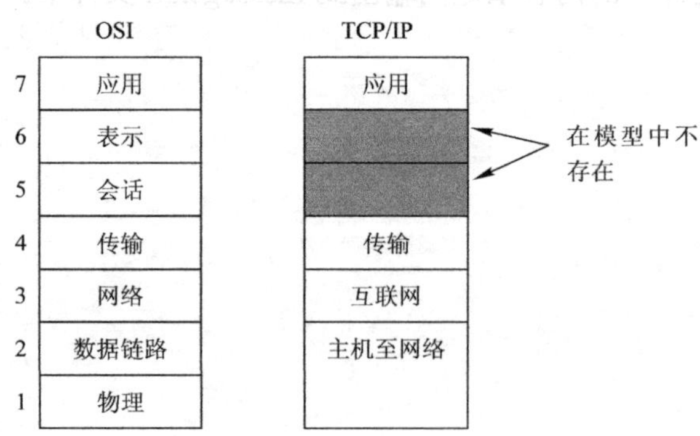

图 10-1　TCP/IP 参考模型

- 应用层。在 TCP/IP 模型中，应用程序接口是最高层，它与 OSI 模型中高 3 层的任务

相同，用于提供网络服务，如文件传输（FTP）、远程登陆（TELNET）、域名服务（DNS）和简单网络管理（SNMP）等。

- 传输层。TCP/IP 的传输层也被称为主机至主机层，与 OSI 的传输层类似，主要负责主机到主机之间的端到端通信。该层使用了两种端到端的协议来支持数据的传送，即 TCP 协议和 UDP 协议。
- 互联网层。它是整个体系结构的关键部分，其主要功能是处理来自传输层的分组，将分组形成数据包（IP 数据包），并为该数据包进行路径选择，最终将它们从源主机发送到目的主机。该层最常用的协议是 IP 协议，其他一些协议用来协助 IP 的操作。
- 主机至网络层。主机至网络层是 TCP/IP 模型的最低层，也称网络访问层，包括能使用 TCP/IP 与物理网络进行通信的协议，对应着 OSI 的物理层和数据链路层。TCP/IP 标准在该层没有定义具体的协议，只是指出主机必须使用某种协议与网络连接，以便能在其上传递 IP 分组。这极大地提高了网络的灵活性，使得 TCP/IP 协议可以运行在任何网络之上。

2．TCP/IP 协议集

在 TCP/IP 的层次结构中包括 4 个层次，但实际上只有 3 个层次包含了实际的协议。TCP/IP 中各层的协议如图 10-2 所示。

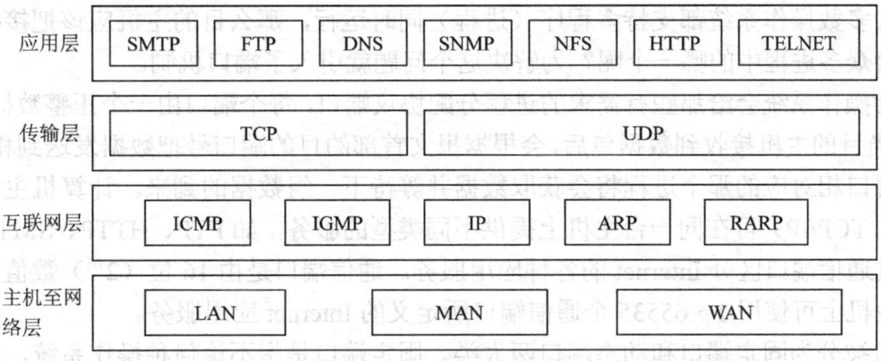

图 10-2　TCP/IP 协议集

从图 10-2 中可以看出，TCP/IP 协议集中包含了大量的协议。这里仅对其中的 IP 协议、TCP 协议和 UDP 协议作一些简单的介绍。

（1）网际协议（Internet Protocol，IP）

IP 协议的任务是对数据包进行相应的寻址和路由，并从一个网络转发到另一个网络。IP 协议在每个发送的数据包前加入一个控制信息，其中包含了源主机的 IP 地址和其他一些信息。IP 协议的另一项工作是分割和重编在传输层被分割的数据包。由于数据包要从一个网络转发到另一个网络，当两个网络支持传输的数据包大小不相同时，IP 协议就要在发送端将数据包分割，然后在分割的每一段前再加入控制信息进行传输。当接收端接收到数据包后，IP 协议将所有的片段重新组合形成原始的数据。

IP 是一个无连接的协议。无连接是指主机之间不建立用于可靠通信的端到端的连接，源主机只是简单地将数据包发送出去，而数据包可能会丢失、重复、延迟时间长或者次序混乱。因此，要实现数据包的可靠性传输，就必须依靠高层的协议或应用程序，如传输层的 TCP 协议。

（2）传输控制协议（Transmission Control Protocol，TCP）

TCP 协议是传输层的一种面向连接的通信协议，它提供可靠的数据传送。TCP 协议将源主机应用层的数据分成多个分段，然后将每个分段传送到互联网层。互联网层将数据封装为数据包并发送到目的主机。目的主机的互联网层将数据包中的分段传送给传输层，再由传输层对这些分段进行重组，还原成原始数据并传送给应用层。另外，TCP 协议还要完成流量控制和差错检验的任务，以保证可靠的数据传输。

（3）用户数据报协议（User Datagram Protocol，UDP）

UDP 协议是一种面向无连接的协议，不能提供可靠的数据传输。而且 UDP 不进行差错检验，必须由应用层的应用程序来实现可靠性控制和差错控制。虽然 UDP 与 TCP 相比显得非常不可靠，但在一些特定环境下还是非常有优势的。例如，面向连接的通信通常只能在两个主机之间进行，若要实现多个主机之间的一对多或多对多的数据传输，即广播或多播，就需要使用 UDP 协议。

10.1.2 通信端口

在 Internet 上各主机之间通过 TCP/IP 协议发送和接收数据，各个数据包根据其目的主机的 IP 地址进行互联网络中的路由选择。可见，把数据包顺利的传送到目的主机是没有问题的。但是，大多数操作系统都支持多程序（进程）同时运行，那么目的主机应该把接收到的数据包传送给众多进程中的哪一个呢？为解决这个问题就引入了端口机制。

通常操作系统会给那些有需求的进程分配协议端口，每个端口由一个正整数标识，如 80、139 等。当目的主机接收到数据包后，会根据报文首部的目的端口号把数据发送到相应的端口，而与此端口相对应的那个进程将会获取数据并等待下一组数据的到来。计算机主机通过通信协议（如 TCP/IP）可在同一台主机上提供不同类型的服务，如 FTP、HTTP、SMTP 等。通信协议通过通信端口区分 Internet 的各种应用服务。通信端口是由 16 位（2^{16}）数值代表的，因而同一主机上可使用 1～65535 个通信端口所定义的 Internet 应用服务。

端口被分为固定端口和动态端口两大类。固定端口是指不论何种操作系统，这些端口代表的应用服务都相同，因此可以通过扫描这些端口来判断是否开启了相应的服务。国际认证组织 IANA 将 1～1023 号端口保留为固定端口，其中常见的部分固定通信端口与其对应的 Internet 服务如表 10-1 所示。

表 10-1　部分固定通信端口与其对应的 Internet 服务

通 信 端 口	服　务	协　议	说　明
7	echo	TCP/UDP	回显服务
9	discard	TCP/UDP	放弃服务
13	daytime	TCP/UDP	时间日期服务
21	ftp	TCP	文件传输协议
23	telnet	TCP	远程登陆服务
25	smtp	TCP	简单邮件传输协议
80	http	TCP	HTTP
110	pop3	TCP	邮局协议——版本 3

动态端口并不固定地捆绑于某一服务，操作系统将这些端口动态地分配给各个进程，同一进程有可能分配到不同的端口。例如，当客户端使用服务器端的应用程序时，同样需要使用通信端口与服务器建立连接。这时，操作系统为它分配一个随机的端口，这个端口是1024后任意一个未被使用的通信端口。当应用程序执行完毕后，这个通信端口会自动释放。

10.1.3 URL概念

URL是指统一资源定位符，是Uniform Resource Location的缩写。通俗地说，URL是Internet上用来描述信息资源的字符串，主要用在各种WWW客户程序和服务器程序上，特别是著名的Mosaic。采用URL可以用一种统一的格式来描述各种信息资源，包括文件、服务器的地址和目录等。

标准的URL由协议类型、主机名和路径名3部分组成。图10-3为山东电子职业技术学院的WWW服务器的URL。

图10-3　标准的URL组成

其中，“http”指出要使用HTTP协议，“www.sdcet.cn”指出要访问的服务器的主机名，“Index.html”指出要访问的主页的路径及文件名。

URL的构成如下所示。

信息服务方式://信息资源的地址/文件路径

1．信息服务方式

目前，WWW系统中编入URL最普遍的服务连接方式有以下4种。

- HTTP。使用HTTP协议提供超文本信息服务的WWW信息资源空间。
- FTP。使用FTP协议提供文件传送服务的FTP资源空间。
- FILE。使用本地HTTP协议提供超级文件信息服务的WWW信息资源空间。
- TELNET。使用TELNET协议提供远程登陆信息服务的TELNET信息资源空间。

2．信息资源的地址

信息资源的地址是指提供信息服务的主机在Internet上的域名。例如，www.sdcet.cn是山东电子职业技术学院WWW服务器的主机域名。信息资源地址的格式如下所示。

主机域名：端口号

一般情况下，由于常用的信息服务程序采用的是标准端口号，用户在URL中可以不必给出，如http://www.sdcet.cn和http://www.sdcet.cn:80是完全相同的。但是，当某些信息服务使用非标准的端口时，就要求用户必须在URL中进行端口的说明。

3．文件路径

文件路径指的是资源在主机中存放的具体位置。根据查询要求的不同，在给出URL时这一部分可有可无。如果在查询要求中要求包括文件路径，那么在 URL 中就要具体指出要访问的文件名称。例如，http://www.company.com 表示使用超文本传输协议 HTTP 访问信息资源，信息资源存储在域名为 www.company.com 的主机上，该资源在主机中的路径为根目录，文件名使用了缺省的文件名，即 index.htm 或 default.htm 等。它提供服务时使用缺省端口号，缺省值为 80。又如，ftp://test.net:22/pub/readme.txt 表示使用文件传输协议 FTP 传送文件资源。主机域名为 test.net，使用的不是缺省的 FTP 端口号 21，而是 22。资源在主机中存放的路径和文件名为 pub/readme.txt。

10.1.4 Java 与网络编程

Java 最初是作为一种网络编程语言出现的，它能够使用网络上的各种资源和数据，与服务器建立各种传输通道，将自己的数据传送到网络的各个地方。Java 类库提供了很强大的网络功能，因此我们可以借助它很轻松的完成这些工作。

Java 中与网络相关的功能都定义在 java.net 包中，提供的网络功能可大致分为三类。

（1）URL 和 URLConnection

URL 表示 Internet 上某一信息资源的地址。当我们得到了一个 URL 对象后，就可以通过它来读取指定的 WWW 资源。如果我们同时还想输出数据，例如向服务器端发送一些请求参数，那么必须先与 URL 建立连接，然后才能对其进行读写，这时就要用到 URLConnection 了。

（2）Socket 通信

套接字是网络上运行的两个程序间双向通信的一端，它既可以接受请求，也可以发送请求，利用它可以较为方便地实现两台计算机之间的通信。套接字有两种：一种套接字在服务器端创建，叫做服务器套接字（ServerSocket）；还有一种在客户端被创建，就是客户端套接字（Socket）。

（3）数据报通信

当用户进行网络编程时，除了可以选择流式通信外，还可以选择数据报通信。选择这种方式时无需建立发送方和接收方的连接，每个数据报都给出了完整的地址信息。数据报在网络上以任何可能的路径传往目的地，因此能否到达目的地、到达时间以及内容的正确性都是不能被保证的。对于某些通信来说，并不需要严格保证传输的正确性，例如时钟服务就可以使用数据报通信。本书对这部分内容不再过多地介绍。

10.2 URL 编程

10.2.1 创建 URL 对象

前面介绍过，URL 表示 Internet 上各种数据资源的位置，已经成为一种标准的方式。为了处理方便，Java 将 URL 封装成 URL 类，我们可以用一个 URL 对象描述完整的 URL 信息，通过下面的构造方法来初始化一个 URL 对象。

- public URL(String spec)：通过一个表示 URL 地址的字符串构造一个 URL 对象，如

```
URL url=new URL("http://www.sdcet.cn");
```

- public URL(URL context, String spec)：通过基地址和相对 URL 构造一个 URL 对象，如

```
URL base=new URL("http://www.sdcet.cn");
URL index=new URL(base, "Index.html");
```

- public URL(String protocol, String host, String file)：通过指定的协议、主机名、路径和文件名创建一个 URL 对象，如

```
URL url=new URL("http","www.sdcet.cn","Index.html");
```

- public URL(String protocol, String host, int port, String file)：通过指定的协议、主机名、端口号、路径和文件名创建一个 URL 对象，如

```
URL url=new URL("http","www.sdcet.cn",80, "Index.html");
```

需要注意的是，类 URL 的构造方法都声明抛出非运行时异常（MalformedURLException）。因此，创建 URL 对象时必须要对这一异常进行处理，例如通过 try-catch 语句进行捕获。

```
try {
    URL url=new URL(…);
} catch(MalformedURLException e) {
    …… //处理异常
}
```

10.2.2　获取 URL 对象的属性

一个 URL 对象创建后就可以通过 URL 类提供的方法来获取它的属性。

- public String getProtocol( )：获取该 URL 的协议名。
- public String getHost( )：获取该 URL 的主机名。
- public String getFile( )：获取该 URL 的文件名。
- public String getPath( )：获取该 URL 的路径。
- public int getPort( )：获取该 URL 的端口号。如果没有设置端口，返回-1。

【例 10-1】　创建一个 URL 对象，并输出它的属性。

```
import java.net.*;
public class ParseURL {
    public static void main(String[ ] args) {
        try {
            URL base=new URL("http://www.sdcet.cn");
            URL url=new URL(base,"Index.html");
            System.out.println("协议：\t"+url.getProtocol( ));
            System.out.println("主机名：\t"+url.getHost( ));
            System.out.println("端口：\t"+url.getPort( ));
            System.out.println("路径：\t"+url.getPath( ));
            System.out.println("文件名：\t"+url.getFile( ));
        } catch(MalformedURLException e) {
            e.printStackTrace( );
        }
```

```
        }
    }
```

程序的运行结果如下所示。

```
协议：    http
主机名：www.sdcet.cn
端口：    -1
路径：    /Index.html
文件名：/Index.html
```

10.2.3 使用 URL 类访问网络资源

当我们得到一个 URL 对象后，可以通过类 URL 的 openStream( )方法打开一个到资源的输入流并从流中读取数据。

【例 10-2】 利用 URL 类的 openStream( )方法获取网上资源并输出到屏幕上。

```
import java.io.*;
import java.net.*;
public class ShowWebResource {
    public static void main(String[ ] args) {
        try {
            URL url = new URL("http://www.sdcet.cn/Index.html");
            BufferedReader in = new BufferedReader(new InputStreamReader(url.openStream( )));
            String line = "";
            while ((line = in.readLine( )) != null)
                System.out.println(line);
            in.close( );
        } catch (Exception e) {
            e.printStackTrace( );
        }
    }
}
```

程序运行后将得到 http://www.sdcet.cn/Index.html 中 html 文件的内容，并把它输出到屏幕上，如下所示。

```
<html>
<head>
<title>欢迎访问山东电子职业技术学院网站 >> 首页</title>
<meta http-equiv="Content-Type" content="text/html; charset=gb2312">
<link href='/Skin/DefaultSkin.css' rel='stylesheet' type='text/css'> <script language='JavaScript' type='text/JavaScript' src='/js/menu.js'></script>

</head>
…… //后面的内容省略
```

10.3 InetAddress 类

IP 地址是用一串数字表示的主机地址，它由 4 个字节组成，IPv6 规定为 16 个字节。通常不用过多考虑 IP 地址的问题。如果需要在主机名和 IP 地址之间进行转换时，可以使用 InetAddress 类。

静态的 getByName( )方法可以返回代表某个主机的 InetAddress 对象，例如

```
InetAddress address=InetAddress.getByName("www.sdcet.cn");
```

上面的语句将返回一个 InetAddress 对象。该对象封装了 1 个 4 字节的序列 222.173.43.135。然后可以使用 getAddress( )方法来访问这些字节。

```
byte[ ] addressBytes=address.getAddress( );
```

一些访问量较大的主机通常会对应多个 IP 地址以实现负载均衡。当主机被访问时，其 IP 地址将从所有地址里面随机产生。可以通过调用 getAllByName( )方法来获得所有主机。

```
InetAddress[ ] address=InetAddress.getAllByName(host);
```

最后需要说明的是，有时可能需要知道本机的地址。只要求得到 localhost 地址时总会得到地址 127.0.0.1，这个地址可能不是很有用。可以使用静态方法 getLocalHost( )来得到本机的地址。

```
InetAddress address=InetAddress.getLocalHost( );
```

【例 10-3】 编写一个程序输出主机的 IP 地址，主机名称通过命令行参数给出。如果命令行没有设置任何参数，则输出本机 IP 地址。

```
import java.net.*;
public class InetAddressTest {
    public static void main(String[ ] args) {
        try {
            if(args.length>0) {
                String host=args[0];
                InetAddress[ ] address=InetAddress.getAllByName(host);
                for(int i=0;i<address.length;i++) {
                    System.out.println(address[i]);
                }
            } else {
                InetAddress localAddress=InetAddress.getLocalHost( );
                System.out.println(localAddress);
            }
        } catch(Exception e) {
            e.printStackTrace( );
        }
    }
}
```

如果在命令行输入

```
java InetAddressTest （回车）
```

则输出为

```
MICROSOF-E5839F/192.168.16.104
```

如果在命令行输入

```
java InetAddressTest www.sina.com.cn
```

则输出为

```
www.sina.com.cn/60.215.128.148
www.sina.com.cn/60.215.128.149
www.sina.com.cn/60.215.128.150
www.sina.com.cn/60.215.128.123
……  //此处省略
```

10.4 Socket 通信

Socket（套接字）是网络上的两个程序通过一个双向的通信连接实现数据交换的通道。这个双向链路的每一端都称为一个 Socket。Socket 通常用来实现客户端和服务器端的连接，其中在客户端建立的 Socket 称为客户端套接字，在服务器端建立的 Socket 称为服务器套接字。套接字非常简单易用，它隐藏了建立网络连接和通过连接发送数据的复杂过程。

10.4.1 Socket 类

客户端套接字的工作过程包含以下四个基本步骤。

1）创建 Socket。

2）打开连接到 Socket 的输入/输出流。

3）对 Socket 进行读写操作。

4）关闭 Socket。

第三步是实现程序功能的关键步骤，其他三步基本相同。java.net 包中的 Socket 类对客户端套接字进行了很好的封装，可以通过它来实现客户端套接字应用程序。

1．创建 Socket

类 Socket 的构造函数如下所示。

- public Socket(String host, int port) throws UnknownHostException, IOException
- public Socket(InetAddress host, int port) throws IOException

在创建客户端套接字时需要指定远程服务器地址和端口号。如果连接失败将抛出一个 UnknownHostException 异常。如果存在其他问题将抛出一个 IOException 异常。因此，在创建客户端套接字时必须对异常进行处理，例如

```
try {
        Socket s=new Socket("www.sdcet.cn",80);
} catch(UnknownException e1) {
        …… //处理异常
} catch(IOException e2) {
        …… //处理异常
}
```

2. 打开输入/输出流

一旦 Socket 被打开，我们就可以使用 Socket 类的 getInputStream( )和 getOutputStream( )方法来得到对应的输入/输出流。

- public InputStream getInputStream( ) throws IOException
- public OutputStream getOutputStream( ) throws IOException

对于获得的这两个流，可以像使用其他任何流一样去使用它们，例如在返回的流对象上建立过滤流等。

3. 关闭 Socket

每一个 Socket 都占有一定的资源，因此在 Socket 对象使用完毕时应当通过 close( )方法将其关闭。在关闭 Socket 之前，应当将与该 Socket 相关的所有的输出/输出流全部关闭，以释放所有的资源。

【例 10-4】 客户端 Socket 应用程序示例。

```
import java.net.*;
import java.io.*;
public class SocketTest {
        public static void main(String[ ] args) {
                try {
                        Socket s=new Socket("time-A.timefreq.bldrdoc.gov",13);
                        BufferedReader in=new BufferedReader(new InputStreamReader(s.getInputStream( )));
                        String line="";
                        while((line=in.readLine( ))!=null)
                                System.out.println(line);
                        in.close( );
                        s.close( );
                } catch(Exception e) {
                        e.printStackTrace( );
                }
        }
}
```

上面的例子建立了连接到 time-A.timefreq.bldrdoc.gov 服务器的套接字。这台服务器设在美国科罗拉多州博尔德市国家标准与技术研究所，这家研究所负责提供铯原子钟的计量时间。大多数 UNIX 计算机都支持“当日时间”服务，该服务总是连接到端口 13。因此，程序运行后将会返回类似下面的一行信息。

```
54490 08-01-25 01:30:24 00 0 0    62.3 UTC(NIST) *
```

10.4.2 ServerSocket 类

ServerSocket 类对服务器套接字进行了封装，通过它可以实现服务器套接字应用程序。在 ServerSocket 类中包含了在指定端口上创建 ServerSocket 对象的构造函数、监听指定端口以及发送和接收数据的方法。

服务器套接字的工作过程如下所示。

1）在指定端口创建一个 ServerSocket 对象。

2）调用 accept( )方法在指定端口监听连接。accept( )方法一直处于阻塞状态，直到有客户端试图建立连接，这时该方法返回连接客户端与服务器端的 Socket 对象。

3）调用 getInputStream( )方法和 getOutputStream( )方法打开 Socket 输入/输出流。

4）对 Socket 进行读/写操作。

5）操作完成后，关闭 Socket 断开连接。

6）服务器回到第 2）步，继续监听下一次连接，直到服务器关闭。

【例 10-5】 服务器 Socket 应用程序示例。

```
import java.io.*;
import java.net.*;
public class EchoServer {
    public static void main(String[ ] args) {
        try {
            ServerSocket server=new ServerSocket(8080);
            Socket s=server.accept( );
            BufferedReader in=new BufferedReader(new InputStreamReader(s.getInputStream( )));
            PrintWriter out=new PrintWriter(s.getOutputStream( ),true);
            out.println("Hello! Enter Bye to exit.");
            String line="";
            while((line=in.readLine( ))!=null) {
                out.println("Echo:"+line);
                if(line.trim( ).equalsIgnoreCase("BYE"))
                    break;
            }
            in.close( );
            out.close( );
            s.close( );
            server.close( );
        } catch(Exception e) {
            e.printStackTrace( );
        }
    }
}
```

上面的例子实现了一个简单的服务器程序，它仅仅读取客户端输入。每次读取一行，然后回送这一行，表明程序接收到了客户端的输入。可以使用 telnet 通过端口 8080 来连接这个应用程序，在命令行中输入：telnet 127.0.0.1 8080。

IP 地址 127.0.0.1 是一个专用地址，这个被称为本地回送地址的 IP 地址指的就是本地计算机。因为回送服务器运行在本地，所以它就是应该连接的地址。

当连接到 8080 端口时，可以看到“Hello! Enter Bye to exit.”信息。随意键入一条信息，观察屏幕上的回送信息。输入 BYE（不区分大小写）可以断开连接，同时服务器程序也会终止运行。

程序某次运行的结果如下所示。

```
Hello! Enter Bye to exit.
Hello,Tom!（回车）
Echo:Hello,Tom!
This program is written in Java. （回车）
Echo:This program is written in Java.
bye （回车）
Echo:bye
```

10.5 应用实例

前面例子中的简单服务器存在一个问题：同一时刻只能有一个客户端连接到服务器上。通常，服务器总是不间断地运行，我们希望有多个客户端能够同时使用服务器，拒绝多客户端连接将使得一个用户因长时间连接而独占服务。可以运用线程很好地解决这个问题。

每当程序建立一个新的套接字连接，也就是说当 accept( )方法被成功调用的时候，将创建一个新的线程来处理服务器和该客户端的连接。主程序将立即返回并等待下一个连接。为了实现这个机制，服务器应该具有类似以下代码的循环操作。

```
while(true) {
    Socket s=server.accept( );
    Runnable r=new ThreadServerHandler(s);
    new Thread(r).start( );
}
```

ThreadServerHandler 类实现了 Runnable 接口，而且它的 run( )方法中包含了与客户端通信的代码。

```
class ThreadServerHandler implements Runnable {
    ……
    public void run( ) {
        try {
            InputStream inStream=s.getInputStream( );
            OutputStream outStream=s.getOutputStream( );
            //处理输出与输出
            s.close( );
        } catch(IOException e) {
            //处理异常
```

```java
            }
        }
    }
```

由于每一个连接都会启动一个新的线程，因而多个客户端就可以同时连接到服务器了。这里，服务器程序一旦运行就不会停止运行，可以使用〈Ctrl+C〉强行关闭它。

【例 10-6】 编写一个程序实现文本文件的传输。

服务器端的程序代码如下所示。

```java
import java.io.*;
import java.net.*;
public class FileTransferServer {
    public static void main(String[ ] args) {
        try {
            ServerSocket server=new ServerSocket(8080);
            while(true) {
                Socket s=server.accept( );
                Runnable r=new FileTransferHandler(s);
                new Thread(r).start( );
            }
        } catch(Exception e) {
            e.printStackTrace( );
        }
    }
}
class FileTransferHandler implements Runnable {
    private Socket socket;
    public FileTransferHandler(Socket socket) {
        this.socket=socket;
    }
    public void run( ) {
        try {
            BufferedReader in=new BufferedReader(new InputStreamReader(socket.getInputStream( )));
            PrintWriter out=new PrintWriter(socket.getOutputStream( ),true);
            out.println("File Transfer Server verion 1.0.0");
            String line="";
            while((line=in.readLine( ))!=null) {
                String content=line.trim( );
                if(content.equals("BYE")) {  //客户端请求断开连接
                    break;
                } else if(content.startsWith("GET")) {    //客户端请求传输文件
                    String[] split=content.split(" ");
                    File file=new File(split[1]);
                    out.println(file.getName( ));
                    BufferedReader br=new BufferedReader(new FileReader(file));
                    String s,buffer="";
```

```
                    while((s=br.readLine())!=null) {
                        buffer+=s+"\n";
                    }
                    out.println(buffer);
                    out.println("DONE");    //发送传输结束标记
                    br.close( );
                }
            }
            in.close( );
            out.close( );
            socket.close( );
        } catch(Exception e) {
            e.printStackTrace( );
        }
    }
}
```

客户端的程序代码如下所示。

```
import java.io.*;
import java.net.*;
public class FileTransferClient {
    public static final String host = "127.0.0.1";
    public static final int port = 8080;
    public static void main(String[ ] args) {
        try {
        Socket s = new Socket(host, port);
        BufferedReader in = new BufferedReader(new InputStreamReader(s.getInputStream( )));
        PrintWriter out = new PrintWriter(s.getOutputStream( ), true);
        System.out.println(in.readLine( ));
        out.println("GET FileTransferServer.java");     //请求传输文件
        System.out.println("开始接收文件...");
        PrintWriter pw = new PrintWriter(new BufferedWriter(new FileWriter(in.readLine().trim( ) + "[1]")));
        String line="";
        while((line=in.readLine( ))!=null) {
            if(line.trim( ).equals("DONE"))     //接收到传输结束标记
                break;
            pw.println(line);
        }
        pw.close( );
        System.out.println("文件传送结束！");
        out.println("BYE");
        in.close( );
        out.close( );
        s.close( );
    } catch (Exception e) {
        e.printStackTrace( );
```

```
            }
        }
    }
```

10.6 本章小结

本章主要介绍了 Java 的网络编程。Java 最初是作为一种网络编程语言出现的，所以利用 Java 进行网络编程非常方便，它隐藏了建立网络连接和通过连接发送数据的复杂过程。

本章在网络基础部分介绍了 TCP/IP 协议、通信端口和 URL 概念等一些基础知识，为后面内容的理解作了铺垫。然后介绍了在网络编程中很重要的类，如 InetAddress、URL、Socket、ServerSocket 等，这些类包含了进行基本网络编程的内容。要熟练的应用这些类，关键是要多多练习。基于套接字的编程基本上是客户/服务器模式，本章最后通过一个文件传输的例子给出了如何实现这种模式。

10.7 习题

一、填空题及选择题

1．Java 的许多网络类都包含在______________包中。

2．______________类的对象包含一个 IP 地址。

3．TCP/IP 系统中的端口号是一个______________位的数字，它的范围是 0～65535。

A．8　　B．16　　C．32　　D．64

4．在 Java 编程语言中，TCP/IP Socket 连接是用 java.net 包中的类实现的，它的连接步骤和方法是______________。

A．服务器分配一个端口号，如果客户请求一个连接，服务器使用 accept()方法打开 socket 连接

B．客户在 host 的 port 端口建立连接

C．服务器和客户使用 InputStream 和 OutputStream 进行通信

D．以上全部

二、简答题

1．简述 TCP 协议与 UDP 协议的不同。

2．什么是 URL？它由哪几部分构成？

三、编程题

1．利用 URL 类读取文件系统中的文件，输出该文件的属性和内容。

2．利用 URL 类读取网络中的资源，并把它们保存到本地计算机中。

3．编写一个程序输出主机的 IP 地址，并判断此地址属于哪一类。

4．修改例 10-6，使它可以传输二进制文件。

第 11 章　Java 对数据库的访问

目前，越来越多的企业使用不受平台限制的 Java 语言来开发程序，其中也包括数据库应用程序。为了保证 Java 应用程序与数据库的连接，Sun 公司开发了 JDBC，为各种常用数据库提供连接，进而实现对数据库的访问。

本章学习目标

- 了解 JDBC 的体系结构和基本功能
- 熟悉 JDBC 驱动程序的类型
- 掌握结构化查询语言 SQL 的使用方法
- 掌握 JDBC 连接和访问数据库的方法

11.1　JDBC 数据库连接简介

11.1.1　JDBC 的基本功能

现实世界中的许多计算机应用都是面向数据库的，因此在 Java 程序设计中经常会需要对数据库进行访问。应用 Java 访问数据库最直接的方式就是使用 JDBC API。JDBC 是 Java Database Connectivity（Java 数据库连接）的缩写，编程人员可以通过这个 API 接口连接到数据库，并使用结构化查询语言（SQL）完成对数据库的查找和更新。

JDBC 的目标是屏蔽不同的数据库驱动程序之间的差别，为开发者提供一个标准的、纯粹的 Java 数据库程序设计接口，为在 Java 中访问不同类型的数据库提供技术支持。它的体系结构如图 11-1 所示。从图中可以看出，JDBC 接口包含两层。

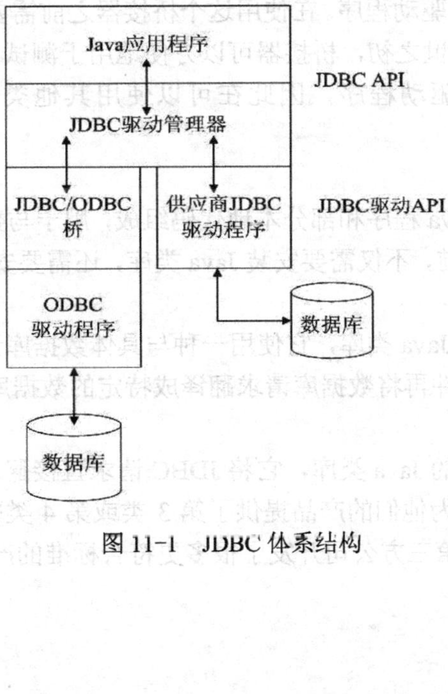

图 11-1　JDBC 体系结构

1）JDBC API：负责与 JDBC 驱动程序管理器 API 进行通信，供应用程序开发人员使用。

2）JDBC 驱动 API：JDBC 驱动程序管理器与实际连接到数据库的第三方驱动程序进行通信，供各数据库供应商和工具开发商使用。

这种接口组织方式遵循了微软公司非常成功的 ODBC 模式，ODBC 为 C 语言访问数据库提供了一套编程接口。JDBC 和 ODBC 都基于同一个思想：根据 API 编写的程序都可以与驱动管理器进行通信，而驱动管理器则通过驱动程序与实际数据库进行通信。

作为应用程序开发人员，我们要学习的是 JDBC API。简单来说，JDBC API 的主要作用有以下三个方面。

- 建立与数据库的连接。
- 向数据库发起查询、更新请求。
- 处理数据返回的结果。

这些作用是通过一系列 API 实现的，其中几个重要的接口如表 11-1 所示。

表 11-1　JDBC API 中重要的接口

接　口	功　能
java.sql.DriverManager	驱动程序管理器，负责创建数据库连接
java.sql.Connection	代表数据库连接
java.sql.Statement	负责执行 SQL 语句
java.sql.PreparedStatement	负责执行 SQL 语句，具有预定义 SQL 语句的功能
java.sql.ResultSet	代表 SQL 查询语句的查询结果集

11.1.2　JDBC 驱动程序类型

JDBC 驱动程序可以归结为以下几类。

（1）JDBC/ODBC 桥

这类驱动程序将 JDBC 翻译成 ODBC，然后使用 ODBC 驱动程序与数据库进行通信。Sun 公司发布的 JDK 中包含这个驱动程序。在使用这个桥接器之前需要对 ODBC 进行相应的部署和正确的设置。在 JDBC 问世之初，桥接器可以方便地用于测试，却不太适合产品的开发。目前可以得到更多更好的驱动程序，因此在可以使用其他类型驱动程序时不建议使用 JDBC/ODBC 桥。

（2）本地 API

这类驱动程序由部分 Java 程序和部分本地代码组成，用于与数据库的客户端 API 进行通信。在使用这种驱动程序之前，不仅需要安装 Java 类库，还需要安装一些与平台相关的代码。

（3）JDBC-Net

这类驱动程序是纯粹的 Java 类库，它使用一种与具体数据库无关的协议将数据库请求发送给服务器构件，然后该构件再将数据库请求翻译成特定的数据库协议。

（4）本地协议

这类驱动程序也是纯粹的 Java 类库，它将 JDBC 请求直接翻译成特定的数据库协议。

大部分数据库供应商都为他们的产品提供了第 3 类或第 4 类驱动程序。与数据库供应商提供的驱动程序相比，许多第三方公司开发了很多更符合标准的产品，它们支持更多的平台、运行性能也更好，某些情况下甚至具有更高的可靠性。

11.2 结构化查询语言 SQL

11.2.1 SQL 概述

SQL（Structured Query Language）是目前关系数据库领域中的主流查询语言，它不仅能够在单机环境下提供对数据库的各种操作访问，而且还作为一种分布式数据库语言用于客户机/服务器模式下数据库应用的开发。

数据库管理系统（DBMS）的典型特征就是允许用户以有组织而有效的方式来存储、访问及修改数据库中的数据。在 DBMS 最初出现的时候，其用户通常为程序员，对数据库数据的访问则需要通过 COBOL 之类的编程语言编写相应的程序。然而，对于那些普通用户则需要一个相对友好的界面。因此，那时访问数据库中的数据时必须要有一个熟练的程序员的帮助。

当用户访问数据库时，通常需要一个特殊的软件。例如，如果人事部门需要查询公司员工的信息并希望按照工作时间长短进行排序，这就需要请程序员编写这样一个程序。一般来说，编写这样的程序需要做许多工作，从而使耗费的劳动超出了其事情本身的价值。当越来越多的用户需要简便的访问时，这个问题就越来越突出。允许用户在特定需要的基础上访问数据，需要给他们提供解释他们的要求的语言。

对数据库来说，一个获取数据库数据的要求被定义为一个查询，而为此目的开发的语言称为查询语言。几十年来出现了许多种查询语言，但它们中只有一种最为流行，即结构化查询语言 SQL。SQL 的概念是由 Boyce 和 Chamberlin 于 1974 年提出的，IBM 公司的 San Joes 实验室研制的 System R 实现了这种语言。1986 年 SQL 成了一个 ANSI 标志，并于 1987 年成为 ISO 标准，目前它广泛应用于数据库管理系统中。

虽然 SQL 的英语全称可翻译为结构化查询语言，但实际上它除了具有数据查询功能，还具有数据定义、数据操作和数据控制功能，如表 11-2 所示。

表 11-2 SQL 语言的类型

语 言 类 型	描 述	SQL 语句
DDL(Data Definition Language)	数据定义语言：定义数据库中的表、视图和索引等	create、drop 和 alter 语句
DML(Data Manipulation Language)	数据操作语言：保存、更新或删除数据	insert、update 和 delete 语句
DQL(Data Query Language)	数据查询语言：查询数据库中的数据	select 语句
DCL(Data Control Language)	数据控制语言：设置数据库用户权限	grant 和 revoke 语句

11.2.2 数据定义

DDL 语言用于定义数据库中的表、视图和索引等。与定义表相关的 DDL 语句如下所示。

- create table 语句：创建一个表。
- alter table 语句：修改一个表。
- drop table 语句：删除一个表，同时删除表中所有记录。

例如，以下 SQL 语句用于创建“学生成绩”表。

```
CREATE TABLE 学生成绩 (
    ID bigint NOT NULL ,
    NAME varchar(20) NOT NULL ,
    SEX bit,
    BIRTHDAY datetime,
    C_SCORE int,
    DS_SCORE int,
    ENGLISH_SCORE int,
    PRIMARY KEY (ID)
)
```

其中，primary key 关键字用于定义主键，数据库系统根据这个主键来保证实体的完整性（即表的每一行在表中是唯一的实体）。not null 关键字用于定义 not null 约束，数据库系统根据每个字段的类型以及 not null 约束来保证域的完整性（即数据库表的列必须符合某种特定的数据类型或约束）。例如，当用户试图向学生成绩表中插入一条 NAME 字段为 null 的记录时，数据库系统会禁止插入这条记录。

11.2.3 数据更新

DML 用于向数据库插入、更新或删除数据，这些操作分布对应 insert、update 和 delete 语句。例如下面的 insert 语句向学生成绩表中插入一条记录。

```
INSERT INTO 学生成绩(ID,NAME,SEX,BIRTHDAY,C_SCORE,DS_SCORE,ENGLISH_SCORE)
VALUES(1,'TOM',1,'12/01/1980',90,80,90)
```

在执行 insert、update 或 delete 语句时，数据库系统先进行数据完整性检查。如果这些语句违反了数据完整性，数据库系统会终止执行 SQL 语句。例如，下面的 insert 语句试图向学生成绩表中插入一条 NAME 字段为 null 的记录。

```
INSERT INTO 学生成绩(ID,NAME,SEX,BIRTHDAY, C_SCORE,DS_SCORE,ENGLISH_SCORE)
VALUES(2,null,1,'12/31/1981',80,90,80)
```

如果在 MS SQL Server 中执行该 SQL 语句，会抛出以下错误信息。

```
无法将 NULL 值插入列 'NAME'，表 '学生.dbo.学生成绩'；该列不允许空值。INSERT 失败。
```

语句已终止。

下面的 delete 语句将删除学生成绩表中的一条记录。

```
DELETE FROM 学生成绩 WHERE ID=1
```

下面的 delete 语句将删除学生成绩表中的所有记录。

```
DELETE FROM 学生成绩
```

下面的 update 语句将更新学生成绩表中的一条记录。

```
UPDATE 学生成绩 SET C_SCORE=100 WHERE ID=1
```

11.2.4 数据查询

SQL 语言的核心就是数据查询，查询语句的语法如下所示。

```
SELECT 目标列 FROM 基本表（或视图）
    [WHERE 条件表达式]
        [GROUP BY 列名 1 [HAVING 条件表达式] ]
        [ORDER BY 列名 2 [ASC | DESC] ]
```

下面通过具体的例子来介绍 SQL 查询语句的使用。其中 WHERE 子句用于设定查询条件，ORDER BY 子句用于设定查询结果的排序方式，表 11-3 给出了学生成绩表中的测试数据。

表 11-3 学生成绩表的数据

ID	姓名	性别	出生日期	C 语言成绩	数据结构成绩	英语成绩
1	TOM	1	1980-12-01	90	80	90
2	Jerry	1	1980-04-10	100	90	90
3	Marry	0	1979-06-02	50	60	50
4	Rose	0	1983-10-05	85	80	85
5	Mike	1	1982-07-08	100	80	90
6	Jack	1	1981-07-02	90	100	90
7	Linda	0	1981-09-04	100	90	90
8	Daniel	1	1983-11-01	60	70	40

1）查询所有学生的成绩。

```
SELECT * FROM 学生成绩
```

2）查询英语成绩在 60～100 分之间的学生，查询结果按照名字升序排列。

```
SELECT * FROM 学生成绩 WHERE ENGLISH_SCORE BETWEEN 60 AND 100 ORDER BY
NAME ASC
```

3）查询姓名的第二个字母是 a 的学生。

```
SELECT * FROM 学生成绩 WHERE NAME LIKE '_a%'
```

其中，'_a%'中的下画线代表任意的单个字符，百分号代表任意长（可以为零）的字符串。

4）在查询语句中为表和字段指定别名。

```
SELECT NAME C_NAME,DS_SCORE SCORE FROM 学生成绩 STU WHERE STU.ID=1
```

上面的查询语句为 NAME 字段指定别名“C_NAME”，为 DS_SCORE 字段指定别名“SCORE”，为学生成绩表指定别名“C”。查询结果如下所示。

C_NAME	SCORE
TOM	80

5）报表查询用来对数据进行分组统计，其中 GROUP BY 子句指定按照哪些字段分组，HAVING 子句设定分组查询条件。在报表查询中可以使用以下 SQL 汇总函数。

- count( )：统计记录条数。
- min( )：求最小值。
- max( )：求最大值。
- sum( )：求和。
- avg( )：求平均值。

如果需要查询英语成绩不及格的人数，可以使用下面的查询语句。

```
SELECT COUNT(*) FROM 学生成绩 WHERE ENGLISH_SCORE<60
```

查询结果如下所示。

COUNT(*)
2

如果需要查询 C 语言、数据结构和英语的平均成绩，可以使用下面的查询语句。

```
SELECT AVG(C_SCORE),AVG(DS_SCORE),AVG(ENGLISH_SCORE) FROM 学生成绩
```

查询结果如下所示。

AVG(C_SCORE)	AVG(DS_SCORE)	AVG(ENGLISH_SCORE)
84	81	78

如果需要查询 C 语言成绩的最高分和最低分，可以使用下面的查询语句。

```
SELECT MIN(C_SCORE),MAX(C_SCORE) FROM 学生成绩
```

查询结果如下所示。

MIN(C_SCORE)	MAX(C_SCORE)
50	100

11.3 JDBC 应用

11.3.1 与数据库建立连接

JDBC 应用的第一步是与想要使用的数据库建立一个连接。通过连接，可以执行 SQL 语句、返回数据库操作结果等。

1．数据库 URL

要建立与数据库的连接，首先要创建指定数据库的 URL。连接通常是通过数据库的 URL 对象利用 DriverManager 的 getConnection( )方法建立的。数据库 URL 对象与网络资源的统一资源定位类似，其构成的一般格式如下所示。

```
jdbc:subProtocol:other stuff、
```

其中，subProtocol 用于指明连接到数据库的特定驱动程序，other stuff 参数的格式随使用的 subProtocol 不同而不同。如果要了解具体格式，可以查阅数据库供应商提供的相关文档。

下面是两个具体的实例。

（1）jdbc:Microsoft:sqlserver://localhost:1433;DatabaseName=学生

该数据库 URL 表示利用 Microsoft 提供的机制，选择名称为 sqlserver 的驱动，通过 1433 端口访问本机上的“学生”数据库。

（2）jdbc:odbc:学生

该数据库 URL 表示利用 ODBC 驱动程序访问 ODBC 数据源“学生”。

2．注册驱动程序

DriveManager 类用于选择数据库驱动程序和创建新的数据库连接。不过，只有在驱动管理器中注册过的驱动程序才可以被激活。在 JDBC 中，有以下两种注册驱动程序的方式。

1）将驱动程序添加到 java.lang.System 的属性 jdbc.drivers 中。

jdbc.drivers 属性包含了一系列驱动程序的类名。驱动管理器会在启动时注册这些驱动程序，可以用命令行参数的方式设置 jdbc.drivers 属性，如

```
java –Djdbc.drivers = com.microsoft.jdbc.sqlserver.SQLServerDriver   MyProgram
```

也可以在程序中通过方法调用来设置系统属性，如

```
System.setProperty("jdbc.drivers","com.microsoft.jdbc.sqlserver.SQLServerDriver");
```

也可以同时添加多个驱动程序，只要用冒号将它们隔开即可，如

```
com.microsoft.jdbc.sqlserver.SQLServerDriver : org.postgresql.Driver
```

2）在程序中利用 Class.forName( )方法注册指定的驱动程序，如

```
Class.forName("com.microsoft.jdbc.sqlserver.SQLServerDriver");
```

这将通过加载驱动程序来手动注册它。由于这种方法与外部设置无关，因此推荐使用这种注册驱动程序的方法。

3．建立连接

在注册了驱动程序之后，就可以对数据库进行连接和访问了。本书主要介绍两种 JDBC 连接数据库的方式：使用 JDBC/ODBC 桥和直接使用某种数据库的驱动程序。下面以 SQL Server 2000 数据库为例，具体说明如何通过这两种方式连接和访问数据库。

（1）使用 JDBC/ODBC 桥

这种方式利用微软公司定义的 ODBC（开放数据库连接）对数据库访问的通用接口进行访问和操作。因为 ODBC 支持大多数数据库的连接和访问，JDBC 通过 JDBC/ODBC 桥将 JDBC API 转换成 ODBC API，进而通过 ODBC 来存取数据。

为了使用这种方式连接和访问数据库，需要在 Windows 系统中创建与数据库对应的数据源。在 Windows XP 中将数据库“学生”（在 SQL Server 中已经创建）设置为 ODBC 数据源的方法如下。

1）在控制面板中选择“管理工具”，在其中的项目中选择并打开“数据源（ODBC）”，将出现“ODBC 数据源管理器”对话框，如图 11-2 所示。

2）单击右侧的“添加”按钮，将出现“创建新数据源”对话框，如图 11-3 所示。

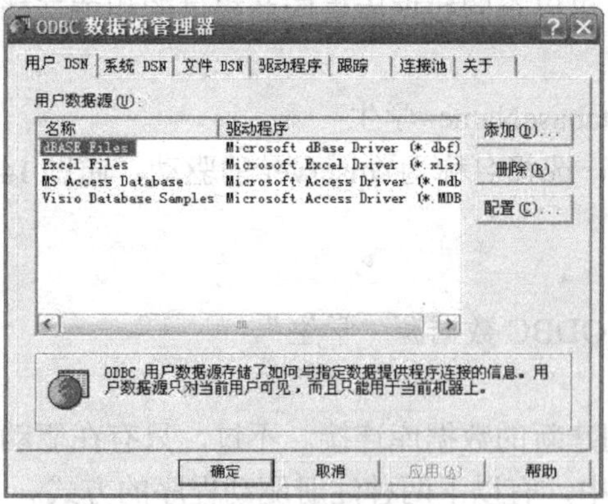

图 11-2　ODBC 数据源管理器

图 11-3　选择驱动程序类型

3）在图 11-3 中可以看到各种数据源的驱动程序，可以根据需要选择适当的驱动程序。这里需要的是 SQL Server 的驱动程序。在列表中拖动垂直滚动条，选择“SQL Server”列表项，然后单击“完成”按钮，将出现“创建到 SQL Server 的新数据源”对话框，如图 11-4 所示。

4）在图 11-4 中的名称框中输入在 ODBC 数据源中使用的名称，这里输入的是“学生”。在服务器框中，输入 SQL Server 的名称，这里输入的名称是“MICROSOF-E5839F”。单击“下一步”按钮，将显示图 11-5 所示的对话框。

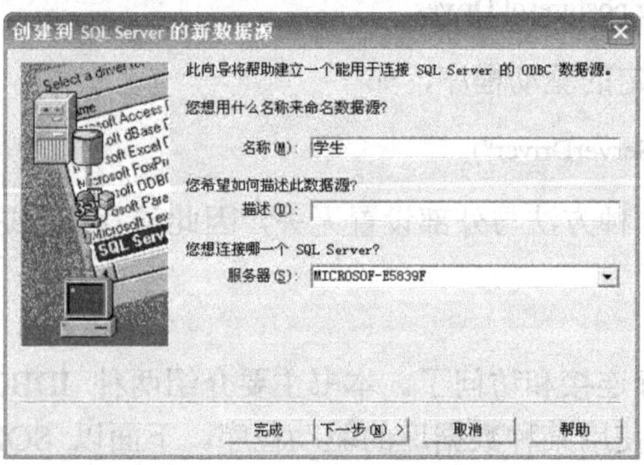

图 11-4　设定新数据源名称

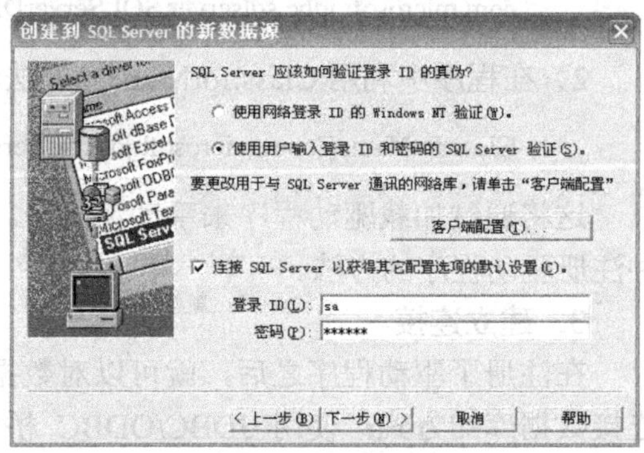

图 11-5　设置验证方式

5）按照图 11-5 进行选择，并在登录 ID 和密码框中输入 SQL Server 的登录 ID 和密码。在验证方式上，这里选择的是“使用用户输入的登录 ID 和密码的 SQL Server 验证”，它表示 SQL Server ODBC 驱动程序不要求到 SQL Server 的安全（或信任）连接。选中之后，SQL Server 使用标准登录安全机制来建立使用此数据源的连接。单击“下一步”按钮，将出现图 11-6 所示的对话框。

6）在图 11-6 所示的对话框中使用默认设置，直接单击“下一步”按钮。在其后出现的两个对话框中单击“完成”和“确定”按钮，即可完成数据源的设置。完成后的“ODBC 数据源管理器”对话框如图 11-7 所示，在数据源列表框中可以看到已经设置好的数据源“学生”。

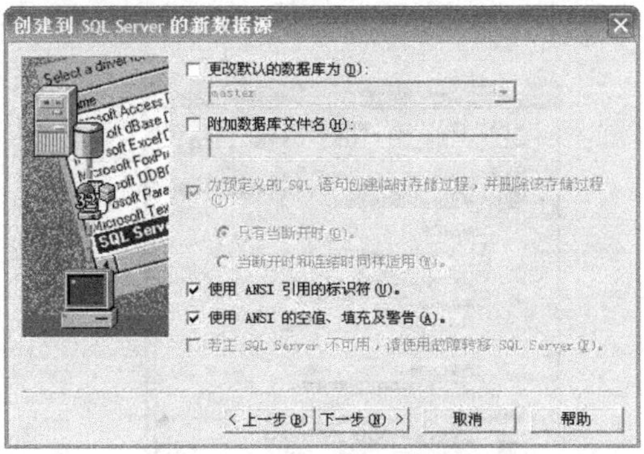

图 11-6　默认数据库设置

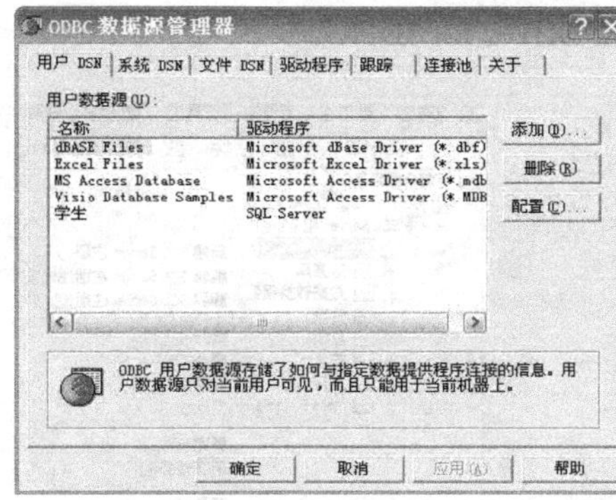

图 11-7　“学生”数据源创建完成

（2）直接使用某种数据库的驱动程序

这种方式是使用 JDBC 与某种数据库的专用驱动程序连接，不需要创建 ODBC 数据源就能进行数据库的访问。下面具体说明如何通过 Microsoft SQL Server 2000 JDBC 驱动程序连接并访问 SQL Server 2000。

1）下载并安装 SQL Server 2000 Service Pack 4（SP4）

SQL Server 2000 Service Pack 4 是 SQL Server 2000 最新、最全面的更新，在微软的网站上可以下载。在通过 JDBC 驱动程序连接并访问 SQL Server 2000 之前应当安装这个更新程序，否则在连接数据库时会出现以下错误信息。

```
java.sql.SQLException: [Microsoft][SQLServer 2000 Driver for JDBC]Error establishing socket.
```

2）更改 SQL Server 2000 的验证模式

SQL Server 2000 JDBC 驱动程序不支持使用 Windows NT 验证模式进行连接，因此必须将 SQL Server 的验证模式设置为“混合模式”。该模式既允许 Windows 验证，也允许 SQL Server 验证。更改 SQL Server 2000 验证模式的步骤有以下两步。

- 启动企业管理器，展开左侧的树型菜单。选中使用的 SQL Server 服务器，单击鼠标右键，在弹出的菜单中选择“属性”菜单项，如图 11-8 所示。
- 在图 11-9 所示的属性对话框中，选择“安全性”选项卡，将身份验证模式设置为“SQL 和 Windows”，其他项使用默认设置。

如果将 SQL Server 2000 的验证模式设置为“Windows 验证模式”，在尝试连接到 SQL 服务器时将会出现以下错误信息。

```
java.sql.SQLException:[Microsoft][SQLServer 2000 Driver for JDBC][SQLServer]Login failed for user 'user'.Reason:Not associated with a trusted SQL Server connection.
```

3）下载并安装 SQL Server 2000 JDBC 驱动程序

实际上许多数据库供应商都为自己的产品开发了 JDBC 驱动程序。对于 SQL Server 2000 来说，SQL Server 2000 JDBC 驱动程序是最好的第四类 JDBC 驱动程序，它提供了面向企业的、与 Java 环境高度可靠高度可伸缩的连通性，为所有的 Java 应用程序提供了 JDBC 访问能力。在微软的网站可以下载到这个 JDBC 驱动程序，下载后会得到一个 Setup.exe 文件，运行该文件就可进行驱动程序的安装，默认的安装路径是 C:\Program Files\Microsoft SQL Server

2000 Driver for JDBC。

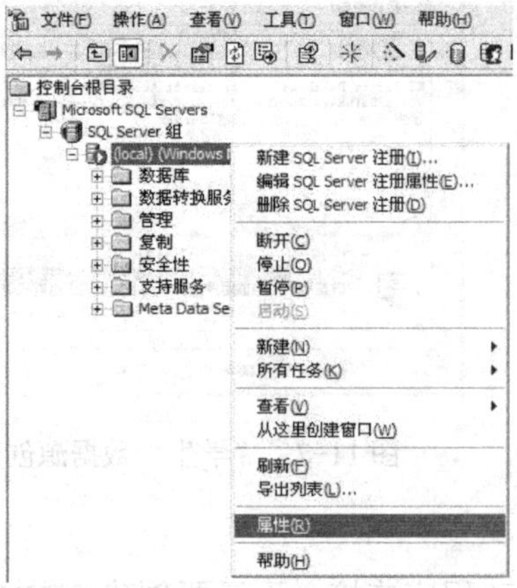

图 11-8　选择 SQL Server 服务器属性

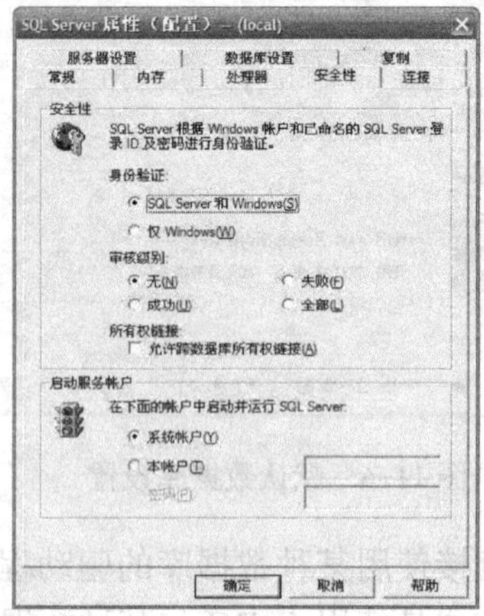

图 11-9　SQL Server 属性对话框

安装完 SQL Server 2000 JDBC 驱动程序后，可以通过两种方式从 Java 应用程序连接到数据库：一种是通过驱动管理器使用连接 URL，另一种是使用 JNDI 数据源。本书主要介绍如何使用连接 URL 进行数据库的连接和访问。

4）设置 CLASSPATH 变量

为了让 Java 虚拟机（JVM）找到 SQL Server 2000 JDBC 驱动程序，其所在的 jar 文件必须在 CLASSPATH 变量中列出，否则在尝试载入驱动程序时将会出现以下错误信息。

java.lang.ClassNotFoundException:com/microsoft/jdbc/sqlserver/SQLServerDriver

设置系统 CLASSPATH 变量的方法有以下三种。

- 使用-classpath 命令行参数启动应用程序。
- 修改 CLASSPATH 环境变量。
- 将数据库的驱动程序包复制到 JRE 的/lib/ext 目录中。

SQL Server 2000 JDBC 驱动程序需要的 jar 文件包括：msbase.jar、mssqlserver.jar 和 msutil.jar，它们位于安装目录的 lib 子目录中。按照上面三种方法中的任意一种将它们添加到 CLASSPATH 的搜索路径中。

11.3.2　执行 SQL 语句

数据库连接成功后就可以向数据库发送 SQL 语句来存取数据了。在执行 SQL 语句之前，需要创建一个 Statement 对象。Statement 用于在已经建立连接的基础上向数据库发送 SQL 语句的对象，它只是一个接口的定义，其中包括执行 SQL 语句和获取返回结果的方法。系统有 3 种 Statement 对象：Statement、PreparedStatement（继承自 Statement）和 CallableStatement（继承自 PreparedStatement）。它们都作为在给定连接上执行 SQL 语句的容器，每个都用于发送特定类型的 SQL 语句。Statement 对象用于执行不带参数的简单 SQL 语句，PreparedStatement 对象用于执行带或不带参数的预编译 SQL 语句，CallableStatement 对象用于执行数据库存储过程的调用。

要创建 Statement 对象需要调用 DriverManager.getConnection( )方法获得 Connection 对象。

例如，下面的语句创建了一个 Statement 对象。

```
Statement stmt=conn.createStatement( );
```

（1）Statement 接口

Statement 接口用于执行不带参数的简单 SQL 语句，该接口定义中包含的主要方法有以下几种。

- ResultSet executeQuery(String sql)：进行数据库查询，返回结果集。
- int executeUpdate(String sql)：进行数据库更新。
- boolean execute(String sql)：执行 SQL 语句。
- Connection getConnection( )：获取数据库的连接。
- int getFetchSize( )：获取返回的数据库结果集行数。
- void setFetchSize(int rows)：设置返回的数据库结果集行数。
- void close( )：关闭 Statement 对象打开的结果集。

值得注意的是，Statement 接口提供了 3 种执行 SQL 语句的方法：executeQuery、executeUpdate 和 execute，使用哪一个方法由 SQL 语句的内容决定。executeUpdate 方法既可以执行诸如 INSERT、UPDATE 和 DELETE 之类的操作，也可以执行诸如 CREATE TABLE 和 DROP TABLE 之类的数据定义命令。但是，执行 SELECT 查询时必须使用 executeQuery 方法。execute 方法可以执行任意的 SQL 语句，此方法通常只用于用户提供的交互式查询。

例如，下面的语句可用来查询学生成绩表中所有的学生信息。

```
String sql="SELECT * FROM 学生成绩表";
ResultSet rs=stmt.executeQuery(sql);
```

如果需要将学生成绩表中 ID 值等于 1 的学生的 C 语言成绩改为 100 分，可以使用下面的语句。

```
String sql=" UPDATE 学生成绩 SET C_SCORE=100 WHERE ID=1";
int result=stmt.executeUpdate(sql);
```

（2）PreparedStatement 接口

PreparedStatement 接口继承了 Statement 接口，但 PreparedStatement 语句中包含了经过预编译的 SQL 语句，因此获得更高的执行效率。在 PreparedStatement 语句中可以包含多个用“?”代表的字段，在程序中可以利用 setXXX 方法设置该字段的内容，从而增强程序设计的动态性。

例如，要使学生的 ID 值和 C 语言成绩在程序执行过程中动态获取，可以使用下面的语句。

```
PreparedStatement pstmt=conn.prepareStatement("UPDATE 学生成绩 SET C_SCORE=? WHERE ID=?");
```

该语句包括两个可以动态设置的字段：C_SCORE 和 ID。如果我们想将 ID 为 1 的学生的 C 语言成绩改为 100 分，则可以用下面的语句修改字段的内容。

```
pstmt.setInt(1, 100);    //设置第一个字段 C_SCORE，1 表示第一个?
pstmt.setInt(2, 1);      //设置第二个字段 ID，2 表示第二个?
```

PreparedStatement 与 Statement 的区别在于它构造的 SQL 语句不是完整的语句，而需要在程序中动态设置。这样一方面增强了程序设计的灵活性；另一方面，由于 PreparedStatement 语句是经过预编译的，因此它构造的 SQL 语句执行效率比较高。所以，对于某些使用频繁的 SQL 语句，用 PreparedStatement 语句比用 Statement 具有明显的优势。

（3）CallableStatement 接口

CallableStatement 对象用于执行数据库的存储过程。在 CallableStatement 对象中，有一个通用的成员方法 call，这个方法用于以名称的方式调用数据库的存储过程。

调用存储过程的语法如下所示。

```
{call procedure_name}                    //存储过程不需要参数
{call procedure_name[(?,?,?,…)]}         //存储过程需要若干个参数
{?=call procedure_name[(?,?,?,…)]}       //存储过程需要若干个参数，并返回一个结果参数
```

其中，procedure_name 为存储过程的名字，方括号中的内容是可选的多个用于存储过程执行的参数。

CallableStatement 对象的创建方法如下所示。

```
CallableStatement cstmt=conn.prepareCall("{call getTestData(?,?)}");
```

向存储过程传递执行所需要参数的方法是通过 setXXX 语句来完成的。例如，我们可以将两个参数设置为下面的方式。

```
cstmt.setByte(1,25);
cstmt.setFloat(2,9.49f);
```

如果需要存储过程返回运行结果，则需要调用 registerOutParameter 方法设置存储过程的输出参数，然后调用 getXXX 方法来获取存储过程的执行结果。例如，

```
cstmt.registerOutParameter(1, java.sql.Types.TINYINT);
cstmt.registerOutParameter(2, java.sql.Types.INTEGER);
ResultSet rs=cstmt.executeUpdate( );
byte a=cstmt.getByte(1);
int b=cstmt.getInt(2);
```

11.3.3 检索结果集

当我们执行查询操作时最感兴趣的是查询结果。executeQuery 方法返回一个 ResultSet 对象，可以通过循环来遍历查询结果中的所有记录。ResultSet 用来存放数据库查询操作获得的结果，它包含了满足 SQL 语句条件的所有行，并且提供了一套 getXXX 方法对这些行中的数据进行访问。

例如，下面的结果集中包含了所有学生的成绩信息。

```
ResultSet rs=stmt.executeQuery("SELECT * FROM 学生成绩表");
```

分析结果集时，通常可以使用类似如下循环语句的代码。

```
while(rs.next( )) {
    //查看结果集中的一行
}
```

ResultSet 提供了很多移动指针（cursor）的方法。cursor 是 ResultSet 维护的指向当前数据行的指针。最开始它位于第一行之前，因此第一次访问结果集时通常调用 next( )方法将指针置于第一行上，使它成为当前行。随后每次调用 next( )方法，指针向下移动一行。

查看每一行时，可能希望知道其中每一列的内容。有许多访问方法可以获取这些信息，例如，

```
String name=rs.getString(2);
int c_score=rs.getInt("C_SCORE");
```

不同的数据类型有不同的访问方法，如 getString 和 getInt。每一种访问方法都有两种形式：一种接受数字参数，另一种接受字符串参数。使用数字参数时指的是该数字所对应的列。例如，rs.getString(2)返回的是当前行中第二列的值。使用字符串参数时指的是结果集中以该字符串为列名的列。例如，rs.getInt("C_SCORE")返回列名为 C_SCORE 的列所对应的值。使用数字参数效率更高一些，但是使用字符串参数可以使代码易于阅读和维护。

当 getXXX 方法的类型和列的数据类型不一致时，每个 getXXX 方法都会进行合理的类型转换。例如，调用 rs.getString("C_SCORE")时，该方法会将 C_SCORE 列的整数值转换成字符串。

11.3.4 管理连接、语句和结果集

每个 Connection 对象都可以创建一个或一个以上的 Statement 对象，同一个 Statement 对象可以用于多个不相关的命令和查询。但是，一个 Statement 对象最多只能打开一个结果集。如果需要执行多个查询操作，且需要同时分析查询结果，那么必须创建多个 Statement 对象。

需要说明的是，有些数据库的 JDBC 驱动程序只允许同时存在一个激活的 Statement 对象，如 SQL Server 2000。使用 DatabaseMetaData 类中的 getMaxStatements 方法可以获取 JDBC 驱动程序同时支持的语句对象的总数。

这看上去似乎很有局限性。但实际上并不需要同时处理多个结果集。如果结果集互相关联，我们就可以使用组合查询，这样就只需要分析一个结果。对数据库进行组合查询比使用 Java 程序遍历多个结果集要高效得多。

使用完 ResultSet、Statement 或 Connection 对象后应立即调用 close( )方法。这些对象都使用了规模较大的数据结构，所以不应该等待垃圾回收器来处理它们。

如果 Statement 对象上有一个打开的结果集，那么调用 close( )方法将自动关闭该结果集。同样地，调用 Connection 类的 close( )方法将关闭该连接上的所有语句。

11.3.5 缓存结果集

结果集的功能虽然强大，却有一个重要的缺陷，那就是在与用户交互的整个过程中必须始终与数据库保持连接。因此，这种方式存在一定的问题，因为数据库连接属于稀有的资源。在这种情况下，可以选择使用行集。行集（RowSet 接口）继承了 ResultSet 接口，却无需始终

保持与数据库的连接。

CachedRowSet 扩展了 RowSet 接口，它可以缓存一个结果集中的所有数据。在执行用户命令时，只需要打开数据库连接、执行查询操作、将查询操作结果放入被缓存的行集，然后关闭数据库连接即可，甚至可以修改被缓存的行集中的数据，然后发起一个请求，以便让数据库真正接受所有修改。此时，CachedRowSet 类会重新连接到数据库，并通过执行 SQL 命令向数据库写入所有修改后的数据。

可以使用一个结果集来填充 CachedRowSet 对象。

```
ResultSet result=……;
CachedRowSet crs=new com.sun.rowset.CachedRowSetImpl( );
crs.populate(result);
conn.close( );          //关闭数据库连接
```

获得 CachedRowSet 对象后，可以使用与结果集中相同的命令来查看和修改行集中的数据。如果修改了行集中的内容，那么必须调用下面的方法将修改写回到数据库中。

```
crs.acceptChanges(conn);
```

11.3.6 事务

我们可以将一组命令构成一个事务（transaction）。当所有命令都顺利执行后事务可以被提交（commit），否则，如果其中某个命令遇到错误，那么事务将被回滚（rollback），就好像任何命令都没有被执行过一样。

将多个命令组合成事务的主要原因是为了确保数据库的完整性。例如，我们需要将钱从一个银行账户转到另一个账户。此时，一个非常重要的问题就是我们必须同时将钱从一个账户取出并且存入另一个账户。如果在将钱存入其他账户时系统发生了故障，那么我们必须撤销取款操作。

默认的情况下，数据库连接处于自动提交模式。每个 SQL 命令一旦被执行便被立即提交给数据库，这时就无法对它进行回滚操作。在使用事务时，需要首先关闭这个默认值。

```
conn.setAutoCommit(false);
```

现在可以使用通常的方法创建一个语句对象

```
Statement stmt=conn.createStatement( );
```

然后可以任意调用 executeUpdate( )方法

```
stmt.executeUpdate(command1);
stmt.executeUpdate(command2);
stmt.executeUpdate(command3);
……
```

执行了所有命令后，调用 commit( )方法

```
conn.commit( );
```

如果出现错误，调用 rollback( )方法撤销从上次提交以来的所有命令。

```
conn.rollback( );
```

11.3.7 元数据

前几节介绍了如何查询和更新数据库表。除了对数据库表进行操作外，JDBC 还提供了关于数据库结构和表的详细信息。例如，可以获取某个数据库的所有表的列表，也可以获得某个表中所有列的名称及其数据类型。

在 SQL 中，描述数据库或其组成部分的数据称为元数据，用于区别那些存在于数据库中的实际数据。我们可以获得三类元数据：关于数据库的元数据、关于结果集的元数据以及关于预编译语句参数的元数据。

如果要获取数据库的信息，可以从数据库连接中获取一个 DatabaseMetaData 对象。

```
DatabaseMetaData dm=conn.getMetaData( );
```

通过 DatabaseMetaData 对象可以了解数据库的各种信息，例如，

- public String getURL( )：获得数据库的 URL。
- public String getUserName( )：获得用户名。
- public String getDriverName( )：获得数据库驱动程序名称。
- public String getDriverVersion( )：获得数据库驱动程序版本。
- public String getDatabaseProductName( )：获得数据库产品名称。
- public String getDatabaseProductVersion( )：获得数据库产品版本。
- public ResultSet getCatalogs( )：获得数据库的可用编目。

ResultSetMetaData 类用于提供结果集的相关信息。每通过查询得到一个结果集，我们都可以获得该结果集的列数以及每一列的名称、类型和字段宽度。例如，下面的语句将会输出结果集中每一列的名称和字段宽度。

```
ResultSet rs=stmt.executeQuery("SELECT * FROM "+tableName);
ResultSetMeta meta=rs.getMetaData( );
for(int i=1; i<=meta.getColumnCount( ); i++) {
    System.out.println(meta.getColumnLabel(i)+ " "+meta.getColumnDisplaySize(i));
    }
```

11.4 应用实例

本节通过几个 Java 数据库访问的例子来说明数据库程序设计的方法和技术。从这些例子将会了解 JDBC 技术的应用，包括设置数据库驱动程序并建立连接，获取数据库的相关信息，以及查询、更新和显示数据库表。

【例 11-1】 利用前面创建的数据源“学生”，连接数据库并显示数据库名称、版本和可用编目。

```
import java.sql.*;
public class ODBC_Connection {
        private Connection conn = null;
        private final String url = "jdbc:odbc:学生";        //数据库 URL
        private final String username = "sa";                //访问数据库的用户名
        private final String password = "123456";//访问数据库的密码
        private Connection getConnection( ) {
                try {
                        Class.forName("sun.jdbc.odbc.JdbcOdbcDriver");
                        conn = DriverManager.getConnection(url, username, password);
                        if (conn != null)
                                System.out.println("【信息】连接数据库成功！");
                } catch (Exception e) {
                        System.out.println("【错误】连接数据库失败：" + e.getMessage( ));
                        e.printStackTrace( );
                }
                return conn;
        }
        private void closeConnection( ) {
                try {
                        if (conn != null)
                                conn.close( );
                        conn = null;
                        System.out.println("【信息】数据库连接关闭成功！");
                } catch (Exception e) {
                        System.out.println("【错误】数据库连接关闭失败：" + e.getMessage( ));
                        e.printStackTrace( );
                }
        }
        public void displayDbProperties( ) {
                try {
                        conn = this.getConnection( );
                        if (conn != null) {
                                DatabaseMetaData dm = conn.getMetaData();
                                System.out.println("驱动程序信息：");
                                System.out.println("\t 名称：   " + dm.getDriverName( ));
                                System.out.println("\t 版本：   " + dm.getDriverVersion( ));
                                System.out.println("数据库信息：");
                                System.out.println("\t 名称：" + dm.getDatabaseProductName( ));
                                System.out.println("\t 版本：   " + dm.getDatabaseProductVersion( ));
                                System.out.println("可用编目：");
                                ResultSet rs=dm.getCatalogs( );
                                while(rs.next( )) {
                                        System.out.println("\t"+rs.getString(1));
                                }
                                rs.close( );
                                rs=null;
```

```
                dm=null;
                closeConnection( );
            } else
                System.out.println("【错误】连接数据库失败！");
        } catch (Exception e) {
            e.printStackTrace( );
        }
    }
    public static void main(String[ ] args) {
        new ODBC_Connection( ).displayDbProperties( );
    }
}
```

程序的运行结果如下所示。

```
【信息】连接数据库成功！
驱动程序信息：
    名称：JDBC-ODBC Bridge (SQLSRV32.DLL)
    版本：2.0001 (03.85.1117)
数据库信息：
    名称：Microsoft SQL Server
    版本：08.00.2039
可用编目：
    master
    msdb
    Northwind
    pubs
    tempdb
    学生
【信息】数据库连接关闭成功！
```

【例 11-2】 数据库的连接信息保存在 database.properties 属性文件中，文件内容如下所示。

```
jdbc.drivers=com.microsoft.jdbc.sqlserver.SQLServerDriver
jdbc.url=jdbc:Microsoft:sqlserver://localhost:1433;DatabaseName=学生
jdbc.username=sa
jdbc.password=123456
```

读取该属性文件中的信息，使用 SQL Server 2000 JDBC 驱动程序的连接数据库并输出学生成绩表中 C 语言成绩不低于 90 分的学生信息。

```
import java.io.FileReader;
import java.sql.*;
import java.util.Properties;
public class JDBC_Connection {
    private Connection conn = null;
    private Connection getConnection( ) {
```

```
        try {
            Properties prop=new Properties( );
            FileReader fr=new FileReader("database.properties");
            prop.load(fr);
            fr.close( );
            String driver=prop.getProperty("jdbc.drivers");
            String url=prop.getProperty("jdbc.url");
            String username=prop.getProperty("jdbc.username");
            String password=prop.getProperty("jdbc.password");
            Class.forName(driver);
            conn = DriverManager.getConnection(url, username, password);
        } catch (Exception e) {
            System.out.println("【错误】连接数据库失败：" + e.getMessage( ));
            e.printStackTrace( );
        }
        return conn;
    }
    private void closeConnection( ) {
        try {
            if (conn != null)
                conn.close( );
            conn = null;
        } catch (Exception e) {
            System.out.println("【错误】数据库连接关闭失败：" + e.getMessage( ));
            e.printStackTrace( );
        }
    }
    public void displayStudentScore( ) {
        try {
            conn = this.getConnection( );
            if (conn != null) {
                Statement stmt=conn.createStatement( );
                String sql="SELECT ID,NAME,C_SCORE FROM 学生成绩 WHERE 
C_SCORE>=90";
                ResultSet rs=stmt.executeQuery(sql);
                while(rs.next( )) {
                    long ID=rs.getLong(1);
                    String name=rs.getString(2);
                    int score=rs.getInt(3);
                    System.out.println(ID+"\t"+name+"\t"+score);
                }
                rs.close( );
                rs=null;
                closeConnection( );
            }
        } catch (Exception e) {
```

```
                e.printStackTrace( );
            }
        }
        public static void main(String[ ] args) {
            new JDBC_Connection( ).displayStudentScore( );
        }
}
```

程序的运行结果如下所示。

```
1    TOM 90
2    Jerry    100
5    Mike     100
6    Jack     90
7    Linda    100
```

【例 11-3】 设计一个 SQL 执行器，它能够从 SQL 文件中读取 SQL 语句并执行。每次需要将数据装载到数据库时，就可以使用它来完成。

```
import java.io.BufferedReader;
import java.io.FileReader;
import java.util.Properties;
import java.sql.*;
public class SQL_Loader {
    public static Connection getConnection( ) throws Exception {
        Properties prop = new Properties( );
        FileReader fr = new FileReader("database.properties");
        prop.load(fr);
        fr.close( );
        String driver = prop.getProperty("jdbc.drivers");
        String url = prop.getProperty("jdbc.url");
        String username = prop.getProperty("jdbc.username");
        String password = prop.getProperty("jdbc.password");
        Class.forName(driver);
        return DriverManager.getConnection(url, username, password);
    }
    public static void showResult(Statement stmt) throws Exception {
        ResultSet rs=stmt.getResultSet( );
        ResultSetMetaData meta=rs.getMetaData( );
        int columnData=meta.getColumnCount( );
        for(int i=1;i<=columnData;i++) {   //输出列标题
            if(i>1)
                    System.out.print(",");
            System.out.print(meta.getColumnLabel(i));
        }
        System.out.println( );
        while(rs.next( )) {
```

```
                for(int i=1;i<=columnData;i++) {
                    if(i>1)
                        System.out.print(",");
                    System.out.print(rs.getString(i));
                }
                System.out.println( );
            }
            rs.close( );
        }
        public static void main(String[ ] args) {
            if(args.length==0) {
                System.out.println("使用方法：java SQL_Loader filename");
                return;
            }
            try {
                Connection conn=getConnection( );
                Statement stmt=conn.createStatement( );
                String s=" ";
                BufferedReader in=new BufferedReader(new FileReader(args[0]));
                while((s=in.readLine( ))!=null) {
                    if(s.length( )==0)
                        continue;
                    boolean hasResult=stmt.execute(s);
                    if(hasResult) { //查询操作
                        System.out.println("查询结果为");
                        showResult(stmt);
                    } else {    //更新操作
                        System.out.println("影响行数为"+stmt.getUpdateCount( )+"行。");
                    }
                }
            }catch(Exception e) {
                e.printStackTrace( );
            }
        }
    }
```

student.sql 文件中的内容如下。

```
select * from 学生成绩
insert into 学生成绩 values(9,'Bob',1,'1983/04/01',100,100,100)
select * from 学生成绩
delete from 学生成绩 where ID=9
select * from 学生成绩
```

如果 student.sql 文件与 SQL_Loader.class 在同一目录中，可以采用如下方法运行程序。

```
java SQL_Loader student.sql
```

程序的运行结果如下所示。

```
查询结果为
ID,NAME,SEX,BIRTHDAY,C_SCORE,DS_SCORE,ENGLISH_SCORE
1,TOM,1,1980-12-01 00:00:00.0,90,80,90
......（此处被省略）
8,Daniel,1,1983-11-01 00:00:00.0,60,70,40
影响行数为 1 行。
查询结果为
ID,NAME,SEX,BIRTHDAY,C_SCORE,DS_SCORE,ENGLISH_SCORE
1,TOM,1,1980-12-01 00:00:00.0,90,80,90
......（此处被省略）
8,Daniel,1,1983-11-01 00:00:00.0,60,70,40
9,Bob,1,1983-04-01 00:00:00.0,100,100,100
影响行数为 1 行。
查询结果为
ID,NAME,SEX,BIRTHDAY,C_SCORE,DS_SCORE,ENGLISH_SCORE
1,TOM,1,1980-12-01 00:00:00.0,90,80,90
......（此处被省略）
8,Daniel,1,1983-11-01 00:00:00.0,60,70,40
```

11.5 本章小结

JDBC 是 Java 数据库连接的 API，它为 Java 应用程序提供了一种与各种不同数据库进行访问的方式。使用 JDBC 可以很容易地把 SQL 语句传送到各种关系型数据库中。

本章首先对 JDBC 的基本概念进行了介绍，然后讲述了结构化查询语言 SQL。然后详细地讲解了使用 JDBC 连接和访问数据库的方法，包括与数据库建立连接、执行 SQL 语句、检索结果集、元数据等。最后通过一些完整的数据库访问的程序（例如 SQL 装载器）展现了 JDBC 技术的应用。

11.6 习题

一、填空及选择题

1. ______________包提供了在 Java 中处理关系型数据库的类和接口。

2. Java 中，JDBC 是指______________。

   A. Java 程序与数据库连接的一种机制　　B. Java 程序与浏览器交互的一种机制

   C. Java 类库名称　　D. Java 类编译程序

3. 在利用 JDBC 连接数据库时，为建立实际的网络连接不必传递的参数是______________。

   A. URL　　B. 数据库用户名　　C. 密码.　　D. 请求时间

4. JDBC 中显式地关闭连接的命令是______________。

   A. Connection.close( )　　B. RecordSet.close( )

C．Connection.stop( )　　　　　　　　　　D．Connection.release( )

二、简答题

1．JDBC 的功能是什么？它由哪几部分构成？

2．JDBC 驱动程序的类型有哪几种？

3．写出使用 JDBC 读取关系型数据库的操作步骤。

三、编程题

1．采用数据库专用驱动程序重新实现例 11-1。

2．编写一个程序，将学生成绩表所有 C 语言成绩不及格的分数改为 60 分，然后再输出所有学生的 ID、 姓名和 C 语言成绩。

3．编写一个程序，删除学生成绩表中一个学生的全部信息，学生的 ID 值在程序运行时输入。

4. 编写一个程序，统计每一个学生的平均成绩，并且按照从高到低的顺序输出学生的 ID、姓名和平均成绩。

5．修改例 11-3，将 SQL 执行器变为一个 SQL 装载器。它可以读取普通文本文件中的数据，并把它们装载到数据库中（所有数据以逗号分开）。

附录　全书实训

实训 1　Java 开发环境的安装、配置及 Java 程序运行

一、实训目的

1．了解 JDK 的安装。
2．掌握 JDK 的设置。
3．熟悉 JDK 开发环境的使用。
4. 了解 Java Application 和 Java Applet 的程序结构并掌握其运行过程。

二、实训任务

1. 下载并安装 JDK 软件包。
2. 配置 JDK 环境。
3. 使用记事本编辑 Application 程序 MyFirstProg.java，利用 JDK 命令编译运行 Application 程序 MyFirstProg.java。

Java 源程序如下所示。

```
class MyFirstProg{
public static void main (String args[ ]){
        System.out.println("Hello World!");}
    }
```

4. 使用记事本编辑 Applet 程序 HelloApplet.java 以及对应的 HTML 文件，分别利用 IE 和 JDK 自带的小程序查看器查看程序结果。

Java 源程序如下所示。

```
import java.awt.graphics;
import java.applet.Applet;
public class HelloApplet extends Applet{
   public void paint(Graphics g){
      g.drawString("Hello World! ",20,20);
   }
}
```

html 文件的内容如下所示。

```
<html>
      <body>
```

```
        <applet  code=HelloApplet  width=200  height=100></applet>
    </body>
</html>
```

将其保存为 html 文件，文件名为 HelloApplet.html。

三、实训方法指导

1．下载并安装 JDK。

可以到网站 http://java.sun.com 下载 JDK 1.5，它是一个自解压文件。运行该文件，按照提示可以完成安装。安装时需注意设置安装路径。

2．设置 JDK 的环境变量。

为了方便编译和运行 Java 程序，要根据实际安装路径对 path 和 classpath 两个环境变量进行设置。具体设置方法可参照教材。

注意：*在环境变量对话框中，有"用户变量"和"系统变量"两部分。如果将环境变量 path 和 classpath 创建在"用户变量"中，则只有用该用户名登录系统的用户才能使用该环境变量；如果创建在"系统变量"中，则所有用户都可以使用该环境变量。*

3．使用 JDK 命令编译运行程序。

JDK 主要包含以下命令，应该熟练掌握。

1）javac 命令。javac.exe 的功能是编译 Java 源程序，命令格式为

```
javac  Java 源程序文件名.java
```

注意：*Java 源程序文件的扩展名为.java，编译时必须列出。经过编译得到的字节码文件文件名保持不变，扩展名为.class，称为类文件。*

2）java 命令。运行 Java 类文件使用的解释程序是 java.exe，命令格式为

```
java  Java 类文件名
```

注意：*Java 类文件的扩展名为.class，在运行时不必列出。*

3）appletviewer 命令。appletviewer.exe 提供了一个 Java Applet 查看器，用于查看 Java Applet 的运行结果。命令格式为

```
appletviewer 超文本文件名.html
```

实训 2 Java 基本语法

一、实训目的

1．了解 Java 的数据类型。

2．掌握各种变量的声明方式。

3．理解运算符的优先级。

4．掌握 Java 的基本数据类型、运算符与表达式。

5．理解 Java 程序语法结构，掌握顺序结构、选择结构和循环结构的设计方法。

6．通过以上内容，掌握 Java 语言的编程规则。

二、实训任务

1．练习声明和使用变量和常用数据类型。编写程序要求显示以下内容。

请按照如下要求输入信息

```
请输入学号：
请输入姓名：
请输入班级：
请输入性别：
请输入年龄：
请输入体重：
请输入成绩：
```

按照要求输入信息后，程序自动显示输入的数据，格式为

```
学号：xxx
姓名：xx
班级：xx
性别：xxx
年龄：xx
体重：xx
成绩：xxx
```

选择适当的数据类型，用变量描述姓名、班级、学号、年龄、成绩、性别、体重这些信息，并编写输入/输出数据代码。

2．掌握常用的运算符和表达式，并熟练地进行计算和判断。声明下列变量并赋值，计算下列表达式的值，用布尔型变量 Result 和 Double 型变量 Total 存放结果，运行并观察计算结果。

```
a=3，b=4，c="hello"，d="bye"
```

表达式为

```
c.Length + 15 * 2 / 4 ^ 2
(!(b = 3 + 1) &&(2 < b)) ||(d = "N")
((b = 3 + 1) ||(2 < b)) ||(d = "N")
```

3．编程程序，要求从键盘输入数字 1、2 或 3 后，可显示抽奖得到的奖品。如果输入其他数字或字符显示“没有奖品给你!”。

参考程序如下所示。

```
import java.util.*;
class Sx2_3 {
```

```
public static void main(String args[]) {
    String s;
    int m;
    Scanner in=new  Scanner(System.in);
    System.out.println("按  1/2/3  数字键可得大奖!");
    System.out.println("按数字 0 键后回车可退出循环操作.");
    while ((m=in.nextInt())!=0)
        { switch (m) {
          case 1 :
           System.out.println("恭喜你得大奖，一辆汽车!");   break;
          case  2:
             System.out.println("不错呀，你得到一台笔记本电脑!"); break;
          case  3:
             System.out.println("没有白来，你得到一台冰箱!");   break;
          default:
             System.out.println("真不幸，你没有奖品!下次再来吧。");
          }
        }
      }
  }
```

将本程序用 if 结构改写，重新编译执行。

4．利用循环和判断结构编写程序——猜数字。运用 Math 类中的 random()方法随机产生一个 0~100 之间的一个数，并由玩家进行猜测。提示玩家是猜大了、猜小了或是猜对了。运行程序后显示

请输入一个整数（范围为 0~100）：

输入玩家猜的数值。如果猜大了，显示“猜大了”；如果猜小了，显示“猜小了 ”。直到猜对为止，并输出下列语句：

恭喜你，猜对了！若继续猜测输入 Y，若退出则输入 N！请输入：

继续游戏，直至输入 N 退出游戏。

说明：Math.random()产生大于等于 0.0 小于 1.0 的 double 型随机数；Math.round()方法可将一个 double 型数据四舍五入为 long 型数据，如(int) Math.round(Math.random()*100)。

5．多重循环练习。输出九九乘法表。

三、实训方法指导

1．首先使用记事本或其他编辑工具编辑源程序。

2．书写程序的风格不仅决定了程序的外观，好的编程风格还可以减少程序出错的机率，并能提高程序的可读性。

（1）适当的注释

应该在程序开头写一个摘要，说明程序的目的和主要特点，解释所有重要的数据结构和独特技术。对关键或难懂的语句应单独注释。注释要简明扼要。

（2）命名习惯

对变量、常量、类和方法的命名应简明易懂。下面列出了 Java 中为变量、常量、类和方法进行命名的一些习惯。

- 对变量和方法命名常用小写字母。如果名字包括几个单词，第一个词的字母小写而后面每个单词的首字母大写，如 readChar。
- 对类来说，每个单词的首字母大写，如 HelloApplet。
- 常量中的所有字母都大写，如 PI。

（3）适当的缩进和空白

一致的缩进风格会使程序清晰、易懂。缩进可直观地描述程序中语句间的层次关系，在嵌套结构中，每个内层的成分或语句应该比外层缩进两格。

为了使程序更容易阅读，还可以使用空行将代码分段。

（4）块的对齐方式

块是由一对大括号括起来的一组语句，它的风格有多种。下面的语句是等价的。

```
class MyFirstProg
{
    public static void main (String args[ ])
    {
        System.out.println("Hello World! ");
    }
}

class MyFirstProg{
  public static void main (String args[ ]){
      System.out.println("Hello World! ");
  }
}
```

前者称为次行（Next-Line）风格，后者称为行尾（End-Of-Line）风格。在次行风格中，开括号和闭括号位于同一列，所以容易看出块的起始和末尾。

3．编译、运行程序，如有错误，重新对源程序进行修改、编辑，存盘之后再进行编译、运行，直至程序运行正确。

4．程序中的错误。即使有经验的程序员也不能避免程序错误。程序错误分为编译错误（Compilation Error）、运行时错误（Runtime Error）和逻辑错误（Logic Error）三类。

（1）编译错误

在编译过程中出现的错误称为编译错误或语法错误（Syntax Error）。编译错误是由代码结构中的问题引起的，如拼写错误、丢掉了必要的标点或者开括号没有对应闭括号等。这些错误通常容易查出，因为编译器会指出错误在哪、原因是什么。

（2）运行时错误

运行时错误是使程序运行非正常中断的错误。程序运行时，当环境检测到一个不可执行的操作时就出现运行时错误，如数据输入错误、零作除数等。

（3）逻辑错误

逻辑错误是指程序没有按设计的要求执行。这种错误主要是程序设计上的错误，查找起来比较麻烦。

5．程序调试。

通常情况下，语法错误和程序运行时错误都可以较容易的查找出来，但对于逻辑错误查找起来就比较困难了。逻辑错误又称为 Bug（小虫子），查找和改正错误的过程称为调试（Debugging）。调试的一般途径是，采用各种方法逐步缩小程序中错误所在的范围。可以手动跟踪程序（即通过读程序找错误），或者插入输出语句，显示变量的值或程序的执行流程。这种方法适用于短小、简单的程序。对于较复杂的程序，最有效的调试方法是使用调试工具。

JDK 带有一个命令行调试器（jdb），它可以通过一次执行一条语句、设置断点、显示变量等方式跟踪程序的执行，从而定位错误的位置。但是这种调试工具需要花时间来熟练掌握，所以建议初学者使用在程序中插入输出语句的方法跟踪程序。

实训 3　数组和字符串的使用

一、实训目的

1．掌握 Java 中数组的定义和引用。

2．掌握利用一维数组解决实际问题的方法。

3．了解多维数组的应用。

4．掌握使用 String 和 StringBuffer 类处理字符串的方法。

二、实训任务及方法指导

1．声明一个数组，将一年中 12 个月的英文存入其中。当用户输入代表月份的数字时，打印相应出月份的英文。若输入 0 则退出，并提示输入信息不合法。程序显示信息如下。

```
请输入月份数，若输入 0 则退出。
```

若输入：2，则显示

```
February
```

2．编程实现 Fibonacci 数列。

Fibonacci 数列的定义为

$F_1=1$，$F_2=1$，… $F_n=F_{n-1}+F_{n-2}$　　$(n\geqslant 3)$

提示：关键代码如下所示。

```
f[0]=f[1]=1;
for(i=2;i<10;i++)
    f[i]=f[i-1]+f[i-2];
```

3．采用冒泡法实现对数组元素由小到大排序。冒泡法可以对相邻的两个元素进行比较，并把小的元素交换到前面。

提示：关键代码如下所示。

```
for(i=0;i<intArray.length-1;i++)
    for(j=i+1;j<intArray.length;j++)
        if(intArray[i]>intArray[j]){
            t=intArray[i];intArray[i]=intArray[j];intArray[j]=t;
    }
```

4．二维数组的使用。要求输入一个 N 阶方阵中各元素的值，求出两条对象线元素值之和（交叉位置的元素只计算一次）。

提示

1）定义 N 的值，定义一个二维数组 a[N][N]并初始化。

2）对角线元素两下标的关系应为相等或和为 N-1。

3）若为奇数阶方阵，则应减去交叉点元素。

5．字符串的使用。要求输入一个字符串，将其中的大写字母改为小写字母，将小写字母改为大写字母。

提示

1）可以用 Scanner 类对象的 next() 或 nextLine()方法获取从键盘输入的一个字符串。

2）判断字符串中的每个字符是大写还是小写，然后转换。可用 StringBuffer 类对象的方法 charAt()方法取字符串的一个字符，然后用 setCharAt()方法设置字符。

6．检查输入的字符串是否为"回文"。如果一个字符串顺读倒读都一样，则这个字符串为"回文"。例如，"level"、"madam"、"12344321"都是回文。

提示

1）可以用 Scanner 类对象的 next() 或 nextLine()方法获取从键盘输入的一个字符串。

2）可用 StringBuffer 类对象的方法 reverse()对字符串进行颠倒操作，然后和原来的字符串进行比较。

实训 4　面向对象的概念与 Java 实现

一、实训目的

1．掌握类及其成员的定义。

2．掌握对象的创建和使用。

3．理解构造方法的使用。

4．理解静态和非静态成员变量的区别。

5．理解类及成员的修饰符。

6．通过编程和上机实验理解 Java 语言如何体现面向对象的编程思想。

二、实训任务及方法指导

1．类的定义及对象的创建。定义一个学生类 Stu，要求如下。

1）类中包括的成员变量有常量 classid（表示班级号）、类变量 school（表示学校）、公共成员变量 id（表示学号）、公共成员变量 name（表示姓名）、私有成员变量 age（表示年龄）。其中，classid、school、id、name 为字符串型，age 为整型。

2)类中包括的方法有 Stu(String ids,String names)（用于对 id 和 name 初始化）、public Static getSchool()（用于获取 school 的值）、getAge()（用于获取 age 的值）。

编写一个 main()方法，根据 Stu 类的定义，创建该类的一个对象，存储并输出该学生的所有信息。

2．构造方法使用。编写一个程序，计算三个不同盒子的体积。将每个盒子的高度、宽度和长度传递给构造方法，计算并显示其体积。

3．运行以下程序，分析程序运行结果，理解静态变量与实例变量、静态方法与实例方法的区别。

程序源代码如下。

```
class StaticDemo {
  static int x;
  int y;
  public static int getX() {
    return x;
  }
  public static void setX(int newX) {
    x = newX;
  }
 public int getY() {
   return y;
 }
 public void setY(int newY) {
   y = newY;
 }
}
public class Sx4_3 {
  public static void main(String[] args) {
    System.out.println("静态变量 x="+StaticDemo.getX());
    System.out.println("实例变量 y="+StaticDemo.getY()); // 非法，编译时将出错
    StaticDemo a= new StaticDemo();
    StaticDemo b= new StaticDemo();
    a.setX(1);
    a.setY(2);
    b.setX(3);
    b.setY(4);
    System.out.println("静态变量 a.x="+a.getX());
    System.out.println("实例变量 a.y="+a.getY());
    System.out.println("静态变量 b.x="+b.getX());
    System.out.println("实例变量 b.y="+b.getY());
  }
}
```

对上面的源程序进行编译，排错并运行。

实训 5　类的继承

一、实训目的

1．掌握类继承的实现。

2．掌握成员变量的继承与隐藏。

3．掌握方法的继承、重载与覆盖。

4．理解子类构造方法与父类构造方法之间的关系。

二、实训任务及方法指导

1．根据下面的要求实现圆类 Circle。

1）Circle 类的成员变量为 radius（表示半径）。

2）Circle 类的方法成员包括以下几种。

- Circle()：构造方法，将半径置为 0。
- Circle(double r)：构造方法，创建 Circle 对象时将半径初始化为 r。
- double getRadius()：获得圆的半径值。
- double getPerimeter()：获得圆的周长。
- double gerArea()：获得圆的面积。
- void disp()：将圆的半径、周长、面积输出到屏幕。

2．继承上题中的圆 Circle 类，派生圆柱体类 Cylinder，要求如下所示。

1）Cylinder 类的成员变量为 height（表示圆柱体的高）。

2）Cylinder 类的方法成员包括以下几种。

- Cylinder(double r,double h)：构造方法，创建 Cylinder 对象时将圆半径初始化为 r，将圆柱高初始化为 h。
- double getHeight()：获得圆柱体的高。
- double getVol()：获得圆柱体的体积。
- void dispVol()：将圆柱体的体积输出到屏幕。

3．编写一个程序，用于创建一个名为 Employee 的父类和两个名为 Manager 和 Director 的子类。Employee 类包含三个属性和一个方法，属性为 name、basic 和 address，方法名为 show()，用于显示这些属性值。Manager 类有一个 department 的附加属性。Director 有一个 lengthOfService 的附加属性。创建 Manager 和 Director 的对象，并显示其详细信息。

实训 6　抽象类、包与接口的使用

一、实训目的

1．掌握抽象类的定义与应用。

2．掌握接口定义与接口实现。

3．掌握包的创建与引用。

4．熟悉系统 API 的使用。

二、实训任务及方法指导

1．编写一个程序，用于重写父类 Addition 中名为 add()的抽象方法。add()方法在 NumberAddition 类中实现两个整数相加，而在 StrConcatenation 类中连接两个字符串。

提示

1）父类中需要声明两个整型变量、两个 String 型变量，并在构造方法中进行初始化。父类中需声明一个抽象方法 add()。

2）在子类 NumberAddition 和 StrConcatenation 中重写 add()方法。子类的构造方法接收属性值，并将该值传递到父类的构造方法。

3）main()方法需要在一个单独的类 TestAddition 中定义。main()方法中将定义 NumberAddition 和 StrConcatenation 类的对象，并调用 add()方法来执行要求的操作，并输出结果。

2．定义一个车辆类接口 Car，该接口提供属性 wheel（用于记录轮子个数）、属性 seat（用于记录座位数）、方法 Eng()（表示启动）和方法 Stop（表示停车）。再定义两个类 Car1、Car2 实现该接口的属性和方法。

3．包的创建与使用。

（1）包的创建与编译

下面程序的功能是为 calculate 接口和 Sum 类创建一个包 mypackage。

```
package   mypackage1;   //创建包  mypackage
interface calculate{
        int   disp(int n);
}
 class   Sum   implements   calculate{
    public int disp(int    n){
      int s=0,i;
      for (i=1;i<=n;i++)
           s=s+i;
      return   s;
     }
}
```

（2）包的使用

如果下面 Test 类要使用 mypackage 包中的 Sum 类，一种方法是在程序的开始部分写出对应的 import 语句，指明要引入 mypackage 包中的 Sum 类；另一种方法是在要使用的 Sum 类前直接指出所在的包名。

```
import   mypackage1.Sum;
public   class   Test {
   public   static   void   main(String   args[]) {
      int n=10;
      Sum s=new   Sum();
```

```
            System.out.println("1—"+n+"的和为："+s.disp(n));
        }
    }
```

4．编写显示当前日期和时间的程序。

提示：定义类 Time，用于显示当前日期和时间。该类的定义如下所示。

```
class Time {
    private Calendar t;
    private int y, m, d, hh, mm, ss;
    Time (){
        t=Calendar.getInstance();
        y=t.get(t.YEAR);
        m=t.get(t.MONTH)+1;
        d=t.get(t.DATE);
        hh=t.get(t.HOUR_OF_DAY);
        mm=t.get(t.MINUTE);
        ss=t.get(t.SECOND);
    }
    public String getDate() {
        return y+" 年"+m+"月"+d+"日";
    }
    public String getTime() {
        String s=hh+" 时"+mm+"分"+ss+"秒";
        return s;
    }
}
```

实训 7　异常处理

一、实训目的

1．理解异常处理机制。
2．了解异常类的层次和主要子类。
3．掌握异常处理的方法与技巧。
4．掌握常见异常的捕获和处理方法。
5．了解自定义异常的抛出、捕获与处理。

二、实训任务及方法指导

1．运行分析以下程序，理解 try—catch 语句处理异常的方法及过程。程序源代码如下所示。

```
public class Sx7_1{
```

```
public static void main(String[] arg3) {
  System.out.println("这是一个异常处理的例子\n");
  try {
      int i=10;
      i /=0;
   }
  catch (ArithmeticException e) {
     System.out.println("异常是："+e.getMessage());
  }
 finally {
    System.out.println("finally 语句被执行");
 }
}
}
```

注意：如果在 catch 语句中声明的异常类是 Exception，catch 语句也能正确地捕获。这是因为 Exception 是 ArithmeticException 的父类。如果不能确定会发生哪种情况的异常，那么最好指定 catch 的参数为 Exception，即说明异常的类型为 Exception。

2．运行分析以下程序，理解包含多个 catch 子句的异常处理。源代码如下所示。

```
public class Sx7_2{
    public static void main(String[] args) {
        try {
            int a=args.length;
            System.out.println("\na = "+a);
            int b=42/a;
            int c[]={1};
            c[42]=99;
         }
        catch (ArithmeticException e) {
           System.out.println("发生了被 0 除："+e);
        }
        catch (ArrayIndexOutOfBoundsException e) {
          System.out.println("数组下标越界："+e);
        }
    }
}
```

3．编写一个程序，在运行时接受并输出学生信息。有关信息包括学生编号、姓名和所在系编号。如果用户输入的数据不完整或不正确，程序应引发异常。输入的值应符合以下条件。

1）学生姓名为字符串类型。

2）编号为整数。

3）所在系编号应为1～5 的整数。

如果不符合上述条件，则应用程序应引发异常，并执行相应 catch 子句中的语句。

提示：可以从命令行参数中接受数据，程序将检查这些数据是否存在以下异常。

1）ArrayIndexOutofBoundsException：检查运行时传递参数的数量。

2）NumberFormatException：检查输入值的数据类型。

3）DepartmentException：用户自定义异常检查系编号。

实训 8　图形用户界面程序设计（1）

一、实训目的

1．理解 Java 中 GUI 编程的基本思路。

2．了解容器类的基本特点。

3．掌握容器对象的使用方法。

4．了解 GUI 组件的继承关系。

5．理解 GUI 布局管理器的作用。

6．掌握常用 swing 组件的添加、属性设置及布局。

二、实训任务及方法指导

1．运行下面的程序，理解 GUI 编程的基本思路。

```
import java.awt.*;
import java.awt.event.*;
import javax.swing.*;
import java.util.*;
// 继承 JFrame 类并实现 ActionListener 接口
public class SwingDemo extends JFrame implements ActionListener{
JButton b1;                    // 声明按钮对象
JLabel l1,l2;                  // 声明标签对象
SwingDemo(){                   // 定义构造方法
super("Swing 应用程序的例");    // 调用父类的构造方法
l1=new JLabel("一个 GUI 应用程序的例子",JLabel.CENTER);
// 定义标签，文字居中
l2=new JLabel(" ");            // 定义无文字标签
b1=new JButton("现在时间[T]"); // 定义按钮
b1.setMnemonic(KeyEvent.VK_T);         // 设置按钮的快捷键
b1.setActionCommand("time");           // 设置按钮事件的控制名称
b1.addActionListener(this);            // 注册按钮事件
add(l1,BorderLayout.NORTH);            // 向内容窗格添加标签 l1
add(l2,BorderLayout.CENTER);           // 向内容窗格添加标签 l2
add(b1,BorderLayout.SOUTH);            // 向内容窗格添加标签 b1
}
// 对按钮引发事件编程
public void actionPerformed(ActionEvent e){          // 捕获按钮事件
Calendar c1 = Calendar.getInstance();                // 获取系统日期和事件
```

```
if(e.getActionCommand().equals("time")){                    // 判断是否为所需的按钮事件
l2.setText("现在时间是"+c1.get(Calendar.HOUR_OF_DAY)        // 设置标签文字
+"时"+c1.get(Calendar.MINUTE)+"分");
l2.setHorizontalAlignment(JLabel.CENTER);                   // 设置标签标签文字居中对齐
}else System.exit(0);
}
public static void main(String args[]){                     // 主方法
JFrame.setDefaultLookAndFeelDecorated(true);
JFrame frame = new SwingDemo();                             // 创建 JFrame 对象，初始不可见
frame.setDefaultCloseOperation(JFrame.EXIT_ON_CLOSE);
// 设置框架关闭按钮事件
frame.pack();                                               // 压缩框架的显示区域
frame.setVisible(true);                                     // 显示框架主窗口
}
}
```

2．编写程序，添加需要的组件，并通过合理的布局实现计算器的界面设计，如图附-1所示。

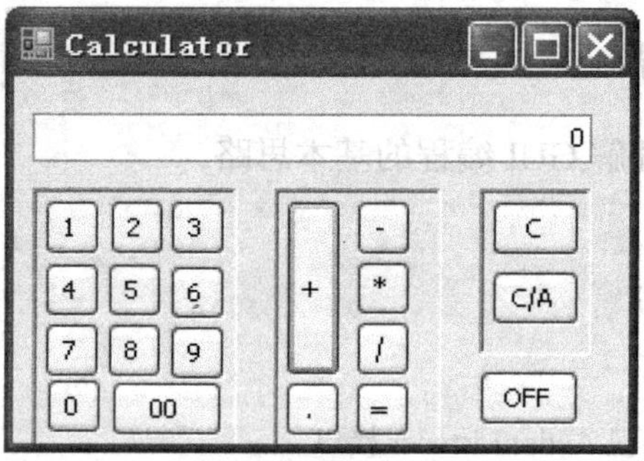

图附-1 “Calculator”界面

实训 9　图形用户界面程序设计（2）

一、实训目的

1．掌握菜单系统的创建与使用。
2．理解事件处理机制，掌握常用事件的处理方法。
3．掌握使用图形类 Graphics 画出不同图形的方法。

二、实训任务

1．为上一实训中创建的计算器界面添加事件处理代码，使其可以进行加减乘除基本运算。
2．为计算器建立一套菜单系统。
3．创建一个框架窗口，在其中绘制各种图形，并设置图形的颜色。

实训 10　Applet 小程序的设计

一、实训目的

1．了解 Applet 小程序的特点。
2．理解 Applet 小程序的运行原理。
3．掌握 Applet 小程序编写、编译与运行过程。
4．掌握 Applet 小程序与浏览器间参数传递的方法与技巧。

二、实训任务及方法指导

1．运行下面的程序，理解 Applet 程序结构、生命周期及常用的绘图方法。

```
import java.awt.*;
import java.applet.Applet;
public class AppletLife extends Applet{
   public static int colors=10;
   Font font;
   public void init(){
      System.out.println("Now init");
      font = new java.awt.Font("TimesRoman", Font.PLAIN, 36);
   }
   public void start(){
      System.out.println("Now start");
   }
   public void stop(){
      System.out.println("Now stop");
   }
   public void paint(Graphics g){
      int red = (int)(Math.random() * 50);
      int green = (int)(Math.random() * 50);
      int blue = (int)(Math.random() * 256);
      g.setFont(font);
      g.setColor(new Color((red + colors * 30) % 256, (green + colors / 3) % 256, blue));
      colors = colors + 10;
      System.out.println("Now paint");
      g.drawString("hello",30,30);
   }
   public void destroy(){
      System.out.println("Now destroy");
   }
}
```

2．在 Applet 上创建复选框、单选框、文本区域、单行文本框等组件，并可以用户输入的十进制数转换为二进制数、八进制数或十六进制数。

参考源代码如下所示。

```
import java.applet.Applet;
import java.awt.*;
import java.awt.event.*;
public class KY6_4 extends Applet implements ItemListener {
  TextArea area=new TextArea(6,30);//创建文本区
  String Item[]={"2 进制","8 进制","16 进制","10 进制"};
  Checkbox cb[]=new Checkbox[5];
  Checkbox radio[]=new Checkbox[5];
  Label l=new Label("输入 10 进制数");
  TextField tf=new TextField(6);//创建单行文本框
  public void init() {
    add(l);add(tf);
    add(area);
    add(new Label(" 请选择进制："));
    for(int i=0; i<4; i++) {
      cb[i]=new Checkbox(Item[i]);
      add(cb[i]);
      cb[i].addItemListener(this);
      }
    CheckboxGroup cbGroup=new CheckboxGroup();//创建单选框
    add(new Label("请选择进制："));
    for(int i=0; i<4; i++) {
      radio[i]=new Checkbox(Item[i],cbGroup,false);
      add(radio[i]);
      radio[i].addItemListener(this);
    }
  }
  public void itemStateChanged(ItemEvent e) {
    int x=Integer.parseInt(tf.getText());
    if (e.getItem ()=="2 进制")
      area.append ("你选择的是"+e.getItem ()+ Integer.toBinaryString(x)+"\n");
    if (e.getItem ()=="8 进制")
      area.append ("你选择的是"+e.getItem ()+ Integer.toOctalString(x)+"\n");
    if (e.getItem ()=="16 进制")
      area.append ("你选择的是"+e.getItem ()+Integer.toHexString(x)+"\n");
    if (e.getItem ()=="10 进制")
      area.append ("你选择的是"+e.getItem ()+x+"\n");
  }
}
```

3．编写 Applet 小程序用于显示字符串。字符串及其显示位置、字体、字形、大小和颜色通过 HTML 文件中的 PARAM 参数来传递。通过该程序的编写掌握 Applet 与 HTML 文件之间的参数传递。

实训 11　多线程及其应用

一、实训目的

1. 理解多线程的基本概念。
2. 掌握多线程的实现方法。
3. 了解线程的状态，掌握线程状态间的转换方法。
4. 理解在多线程间共享受限资源的方法，能够实现线程间的同步。

二、实训任务及方法指导

1．多线程的实现方法。

1）运行下面的程序，理解如何通过继承 Thread 类来实现多线程。

```
public class SimpleThread extends Thread {
    private static int threadCount = 0;
    private int countDown = 2;
    public SimpleThread( ) {
        super("" + ++threadCount);   //指定线程的名字
    }
    public void run( ) {
        while (true) {
            System.out.println(this);
            if (--countDown == 0)
                return;
        }
    }
    public String toString( ) {
        return "#" + getName( ) + ":" + countDown;//用 getName()获得线程名字
    }
    public static void main(String[ ] args) {
        for(int i=0;i<3;i++)
            new SimpleThread( ).start( );
    }
}
```

2）修改上面的程序，使用 Runnable 接口实现多线程，然后上机运行。

2．线程的控制。

1）修改上面程序中的 run()方法，在每次循环之后调用 yield()方法。上机运行修改后的程序，并观察运行结果。

```
public void run( ) {
    while (true) {
        System.out.println(this);
        if (--countDown == 0)
```

```
                return;
            yield( );
        }
    }
```

2）修改上面程序中的 run()方法，在每次循环之后调用 sleep()方法。上机运行修改后的程序，并观察运行结果。

```
public void run( ) {
    while (true) {
        System.out.println(this);
        if (--countDown == 0)
            return;
        try {
            sleep(100);
        } catch (InterruptedException e) {
            e.printStackTrace( );
        }
    }
}
```

3. 线程的同步。

1）下面的程序模拟了一个餐馆场景。有一个厨师和一个服务员，服务员必须等待厨师准备好食物。当厨师准备好食物时，他通知服务员，后者将得到食物，然后回去继续等待。上机运行程序，观察运行结果，理解如何在多线程间共享资源以及实现线程间的协作。

```
class Order {
    private static int i=0;
    private int count=i++;
    public Order() {
        if(count==6) {
            System.out.println("Out of food,closing!");
            System.exit(0);
        }
    }
    public String toString( ) {
        return "Order "+count;
    }
}

class WaitPerson extends Thread {
    private Restaurant restaurant;
    public WaitPerson(Restaurant r) {
        restaurant=r;
        start( );
    }
    public void run( ) {
```

```
            while(true) {
                  while(restaurant.order==null) {
                        synchronized(this) {
                              try {
                                    wait( );
                              } catch (InterruptedException e) {
                                    e.printStackTrace( );
                              }
                        }
                  }
                  System.out.println(" Waitperson got "+restaurant.order);
                  restaurant.order=null;
            }
      }
}

class Chef extends Thread {
      private Restaurant restaurant;
      private WaitPerson waitPerson;
      public Chef(Restaurant r, WaitPerson w) {
            restaurant=r;
            waitPerson=w;
            start( );
      }
      public void run( ) {
            while(true) {
                  if(restaurant.order==null) {
                        restaurant.order=new Order( );
                        System.out.print("Order up!");
                        synchronized(waitPerson) {
                              waitPerson.notify( );
                        }
                  }
                  try {
                        sleep(100);
                  } catch (InterruptedException e) {
                        e.printStackTrace( );
                  }
            }
      }
}

public class Restaurant {
      public Order order;
      public static void main(String[ ] args) {
            Restaurant restaurant=new Restaurant( );
```

```
        WaitPerson waitPerson=new WaitPerson(restaurant);
        Chef chef=new Chef(restaurant,waitPerson);
    }
}
```

2）修改上面的程序，加入多个服务员，并能够指定是谁得到了每个订单。

实训 12　Java 输入输出流

一、实训目的

1. 理解流的基本概念。
2. 掌握字节流、字符流和标准输入输出流的使用方法。
3. 掌握操纵和获取文件信息的方法。
4. 掌握文件的顺序读取和随机读取。

二、实训任务及方法指导

1．标准输入输出流。下面的程序将键盘输入的每一行内容都输出到屏幕上。上机运行该程序并观察输出结果，理解标准输入输出流的使用方法。

```
import java.io.*;
public class Echo {
    public static void main(String[ ] args) throws IOException {
        BufferedReader in = new BufferedReader(new InputStreamReader(System.in));
        String s = " ";
        while ((s = in.readLine( )) != null && s.length( ) != 0)
            System.out.println(s);
    }
}
```

2．文件和目录管理。下面的程序获取指定文件的基本信息，文件名通过命令行参数给出。上机运行该程序，并观察输出结果。

```
import java.io.*;
public class FileInfo {
    public static void main(String[ ] args) {
        File file;
        if(args.length>0) {
            file=new File(args[0]);
            if(file.exists( )) {
                System.out.println(file.getName( )+"存在。");
                System.out.println("绝对路径："+file.getAbsolutePath( ));
                System.out.println("路　　径："+file.getPath( ));
                System.out.println("目　　录？"+file.isDirectory( ));
```

```
                    System.out.println("可      读？ "+file.canRead( ));
                    System.out.println("可      写？ "+file.canWrite( ));
                    System.out.println("文件长度： "+file.length( ));
                    System.out.println("最后修改日期： "+file.lastModified( ));
                } else {
                    System.out.println("文件不存在！ ");
                }
            } else {
                System.out.println("未输入文件名！ ");
            }
        }
    }
```

3．文件的顺序读取。编写程序实现文件的复制，源文件名和目标文件名通过命令行参数给出。

4．文件的随机存取。运行下面的程序，观察运行结果，理解文件随机存取的方法。

```
import java.io.*;
public class RandomAccessFileTest {
    public static void main(String[ ] args) {
        try {
            RandomAccessFile raf=new RandomAccessFile("raf.dat","rw");
            for(int i=0;i<10;i++)
                raf.writeDouble(i*3.1415926);
            raf.close( );
            raf=new RandomAccessFile("raf.dat","rw");
            raf.seek(5*8);
            raf.writeDouble(99.000);
            raf.close( );
            raf=new RandomAccessFile("raf.dat","r");
            for(int i=0;i<10;i++)
                System.out.println("Value "+i+": "+raf.readDouble());
            raf.close( );
        } catch (Exception e) {
            e.printStackTrace( );
        }
    }
}
```

实训 13　Java 网络编程

一、实训目的

1. 掌握 URL 对象的创建与使用。
2. 掌握如何使用 InetAddress 类获取主机信息。

3. 理解 Socket 的概念，掌握利用 Socket 实现网络通信的方法。

二、实训任务及方法指导

1. URL 对象的创建与使用。

1）下面的程序创建了一个 URL 对象并输出了它的属性信息。上机运行该程序，观察运行结果，理解如何创建 URL 对象并获取该对象的信息。

```
import java.net.*;
public class ParseURL {
    public static void main(String[ ] args) {
        try {
            URL base=new URL("http://www.sdcet.cn");
            URL url=new URL(base,"Index.html");
            System.out.println("协议：\t"+url.getProtocol( ));
            System.out.println("主机名：\t"+url.getHost( ));
            System.out.println("端口：\t"+url.getPort( ));
            System.out.println("路径：\t"+url.getPath( ));
            System.out.println("文件名：\t"+url.getFile( ));
        } catch(MalformedURLException e) {
            e.printStackTrace( );
        }
    }
}
```

2）创建一个 URL 对象，并利用该对象的 openStream( )方法获取网上资源，然后把它输出到屏幕上。

2. 获取主机信息。编写一个程序输出主机的 IP 地址，主机名称通过 IP 地址输出。如果命令行中没有给出主机名称，输出本机 IP 地址。

3. Socket 编程。下面的程序实现了服务器端到客户端的文件传输。上机运行该程序，观察运行结果，理解如何通过 Socket 实现网络通信。

服务器端的源程序如下所示。

```
import java.io.*;
import java.net.*;
public class FileTransferServer {
    public static void main(String[ ] args) {
        try {
            ServerSocket server=new ServerSocket(8080);
            while(true) {
                Socket s=server.accept( );
                Runnable r=new FileTransferHandler(s);
                new Thread(r).start( );
            }
        } catch(Exception e) {
```

```
                e.printStackTrace( );
            }
        }
    }
class FileTransferHandler implements Runnable {
        private Socket socket;
        public FileTransferHandler(Socket socket) {
            this.socket=socket;
        }
        public void run( ) {
            try {
                BufferedReader in =
                    new BufferedReader(new InputStreamReader(socket.getInputStream( )));
                PrintWriter out=new PrintWriter(socket.getOutputStream( ),true);
                out.println("File Transfer Server verion 1.0.0");
                String line="";
                while((line=in.readLine( ))!=null) {
                    String content=line.trim( );
                    if(content.equals("BYE")) {   //客户端请求断开连接
                        break;
                    } else if(content.startsWith("GET")) {     //客户端请求传输文件
                        String[] split=content.split(" ");
                        File file=new File(split[1]);
                        out.println(file.getName( ));
                        BufferedReader br=new BufferedReader(new FileReader(file));
                        String s,buffer="";
                        while((s=br.readLine())!=null) {
                            buffer+=s+"\n";
                        }
                        out.println(buffer);
                        out.println("DONE");   //发送传输结束标记
                        br.close( );
                    }
                }
                in.close( );
                out.close( );
                socket.close( );
            } catch(Exception e) {
                e.printStackTrace( );
            }
        }
}
```

客户端的源程序如下所示。

```
import java.io.*;
```

```java
import java.net.*;
public class FileTransferClient {
        public static final String host = "127.0.0.1";
        public static final int port = 8080;
        public static void main(String[ ] args) {
          try {
              Socket s = new Socket(host, port);
              BufferedReader in =
                     new BufferedReader(new InputStreamReader(s.getInputStream( )));
              PrintWriter out = new PrintWriter(s.getOutputStream( ), true);
              System.out.println(in.readLine( ));
              out.println("GET FileTransferServer.java");      //请求传输文件
              System.out.println("开始接收文件...");
              PrintWriter pw = new PrintWriter(
                     new BufferedWriter(new FileWriter(in.readLine().trim( ) + "[1]")));
              String line="";
              while((line=in.readLine( ))!=null) {
                     if(line.trim( ).equals("DONE"))     //接收到传输结束标记
                            break;
                     pw.println(line);
              }
              pw.close( );
              System.out.println("文件传送结束！ ");
              out.println("BYE");
              in.close( );
              out.close( );
              s.close( );
          } catch (Exception e) {
              e.printStackTrace( );
          }
        }
}
```

实训 14　Java 数据库访问

一、实训目的

1．了解 JDBC 的体系结构和基本功能。

2．熟悉 SQL 命令。

3．掌握使用 JDBC 连接和访问数据库的方法。

二、实训任务及方法指导

1．创建一个数据库，然后建立如表附-1 所示的学生成绩表。

表附-1　学生成绩表

ID	姓名	性别	出生日期	C 语言成绩	数据结构成绩	英语成绩
1	TOM	1	1980-12-01	90	80	90
2	Jerry	1	1980-04-10	100	90	90
3	Marry	0	1979-06-02	50	60	50
4	Rose	0	1983-10-05	85	80	85
5	Mike	1	1982-07-08	100	80	90
6	Jack	1	1981-07-02	90	100	90
7	Linda	0	1981-09-04	100	90	90
8	Daniel	1	1983-11-01	60	70	40

2．将数据库的连接信息保存在 database.properties 属性文件中，如下所示。

```
jdbc.drivers=com.microsoft.jdbc.sqlserver.SQLServerDriver
jdbc.url=jdbc:Microsoft:sqlserver://localhost:1433;DatabaseName=学生
jdbc.username=sa
jdbc.password=123456
```

运行下面的程序，观察运行结果，理解建立与数据库的连接以及访问数据库的方法。

```
import java.io.FileReader;
import java.sql.*;
import java.util.Properties;
public class JDBC_Connection {
    private Connection conn = null;
    private Connection getConnection( ) {
        try {
            Properties prop=new Properties( );
            FileReader fr=new FileReader("database.properties");
            prop.load(fr);
            fr.close( );
            String driver=prop.getProperty("jdbc.drivers");
            String url=prop.getProperty("jdbc.url");
            String username=prop.getProperty("jdbc.username");
            String password=prop.getProperty("jdbc.password");
            Class.forName(driver);
            conn = DriverManager.getConnection(url, username, password);
        } catch (Exception e) {
            System.out.println("【错误】连接数据库失败：" + e.getMessage( ));
            e.printStackTrace( );
        }
        return conn;
    }
    private void closeConnection( ) {
        try {
            if (conn != null)
```

```
                conn.close( );
                conn = null;
            } catch (Exception e) {
                System.out.println("【错误】数据库连接关闭失败：" + e.getMessage( ));
                e.printStackTrace( );
            }
        }
        public void displayStudentScore( ) {
            try {
                conn = this.getConnection( );
                if (conn != null) {
                    Statement stmt=conn.createStatement( );
                    String sql="SELECT ID,NAME,C_SCORE
                                FROM 学生成绩  WHERE C_SCORE>=90";
                    ResultSet rs=stmt.executeQuery(sql);
                    while(rs.next( )) {
                        long ID=rs.getLong(1);
                        String name=rs.getString(2);
                        int score=rs.getInt(3);
                        System.out.println(ID+"\t"+name+"\t"+score);
                    }
                    rs.close( );
                    rs=null;
                    closeConnection( );
                }
            } catch (Exception e) {
                e.printStackTrace( );
            }
        }
        public static void main(String[ ] args) {
            new JDBC_Connection( ).displayStudentScore( );
        }
    }
```

3. 将学生成绩表中所有 C 语言成绩不及格的分数改为 60 分，然后再输出所有学生的 ID、姓名和 C 语言成绩。

4. 统计每一个学生的平均成绩，并按照从高到低的顺序输出学生的 ID、姓名和平均成绩。

实训 15　Java 综合应用程序设计——网吧计费系统

一、问题描述

“极速”网吧需要一个简易的网吧计费系统来自动收取费用。

上网的人都有一张卡，上机时选择机器，输入卡号和密码，验证之后上机。离开时要选择机器号，系统自动结算费用，从卡中扣除，并显示本次上机的机器号、卡号、上机开始时间、下机时间、本次费用与卡的余额。卡与机器的数据不从客户端添加，数据库中已有这些数据。一个机器号不能在同一时刻被两人使用。卡中余额不足时不能上机。

此网吧按小时收费，单价为 2 元/h。如果上机时间在 1h 之内，1s 也算 1h；如果上机时间在 1h 以上，每小时结束超过 10min 就另计 1h。

二、问题分析

1. 对象分析

- 卡需要包含的信息有卡号、密码、余额及用户姓名。
- 机器需要包含的信息有机器号、使用状态及备注。
- 费用记录需要记录编号、卡号、机器号、上机时间、下机时间及费用。

2. 主要功能分析

（1）上机

- 从系统中获取未被使用的机器号供用户选择，显示系统当前时间为上机时间。
- 用户输入卡号、密码，系统校验是否正确。
- 记录用户上机的机器号、卡号及开始上机时间。

（2）下机

记录下机的机器号并显示系统当前时间作为下机时间。确定用户下机后，系统处理以下内容。

- 计算机费用，并将费用从卡中扣除。
- 修改费用记录，将下机时间与此次费用保存到数据库。
- 修改机器的使用标志为未使用。
- 显示本次上机相关信息：机器号、卡号、上机时间、下机时间、本次费用及卡的余额。

3. 主要界面分析

- 系统主界面需要显示系统名字、欢迎用户进入。一级菜单为“使用”、“帮助”和“退出”。“使用”菜单中有“上机”与“下机”两个菜单项；“帮助”菜单中只有一个“关于”菜单项；“退出”菜单中有一个“退出”菜单项。
- 上机界面中包括机器号码下拉列表框、输入卡号的文本框、输入密码的文本框、显示上机时间文本框或选项卡。
- 下机界面中包括机器号码下拉列表框、显示下机时间的文本框或选项卡。
- 下机信息显示界面中包括机器号、卡号、上机时间、下机时间、本次费用、卡的余额。显示信息不能被修改。
- 帮助中“关于”对话框用于显示版本信息。

三、程序设计过程

- 第一阶段：数据库设计及创建。
- 第二阶段：实现所有功能界面。
- 第三阶段：实现上机操作。
- 第四阶段：实现下机操作。
- 第五阶段：实现帮助和退出。

参 考 文 献

[1] Bruce Eckel. Java 编程思想 [M]. 3 版. 陈昊鹏，饶若灿，等译. 北京：机械工业出版社，2006.

[2] Y Daniel Liang. Java 语言程序设计 [M]. 3 版. 北京：机械工业出版社，2006.

[3] Cay S Horstmann，Gary Cornell. Java 核心技术 [M]. 7 版. 北京：机械工业出版社，2006.

[4] 王建虹. Java 程序设计 [M]. 北京：高等教育出版社，2007.

[5] 赵国玲. Java 语言程序设计 [M]. 北京：机械工业出版社，2004.